婴语专家教你解决0~1岁宝宝的

喂养、睡眠、活动等日常养育难题

婴语的秘密

Secrets of the Baby Whisperer

[美]特蕾西·霍格 梅林达·布劳◎著　　高雪鹏◎译

图书在版编目（CIP）数据

婴语的秘密 /（美）特蕾西·霍格，（美）梅林达·布劳著 ；高雪鹏译．— 北京 ：北京联合出版公司，2023.4

ISBN 978-7-5596-6562-1

Ⅰ．①婴… Ⅱ．①特… ②梅… ③高… Ⅲ．①婴幼儿－哺育－基本知识 Ⅳ．① TS976.31

中国国家版本馆 CIP 数据核字 (2023) 第 011497 号

SECRETS OF THE BABY WHISPERER: How to Calm, Connect, and Communicate with Your Baby by Tracy Hogg with Melinda Blau

婴语的秘密

著　　者：[美] 特蕾西·霍格 梅林达·布劳
译　　者：高雪鹏
出 品 人：赵红仕
选题策划：北京天略图书有限公司
责任编辑：周　杨
特约编辑：高锦鑫
责任校对：钱凯悦
装帧设计：刘晓红

北京联合出版公司出版
（北京市西城区德外大街 83 号楼 9 层　100088）
北京联合天畅文化传播公司发行
水印书香（唐山）印刷有限公司印刷　新华书店经销
字数 262 千字　889 毫米 ×1194 毫米　1/16　18.25 印张
2023 年 4 月第 1 版　2023 年 4 月第 1 次印刷
ISBN 978-7-5596-6562-1
定价：49.00 元

献给萨拉和苏菲

特蕾西·霍格给父母们呈上了一份厚礼——早早地理解自己孩子脾性的能力。

——《洛杉矶家庭》

一本让新手父母安心的指南……让宝宝平静下来，让家里重新恢复平静。

——《今日美国》

这是献给新手妈妈及其家人的最好的礼物。

它涵盖了关于母亲和婴儿护理的方方面面，图表内容有趣，引文清晰。关于婴儿护理的好书有很多……但是，这本书写得极为用心、极其温柔，而且它把宝宝当作人来尊重，尽管是个小人儿。

——《图书馆杂志》

特蕾西对与宝宝有关的一切都了如指掌，知识渊博到让人难以置信。她将这些知识与敏锐的直觉结合起来，而且最重要的，她让每个人都能做到。

——克里斯塔·米勒（Christa Miller）
《宝贝一族》演员

这本书里随处可见特蕾西标志性的温柔和智慧，是所有准父母和新手父母的必读书。她不仅教给你应对你预料到的事情，还教给你解决那些意料之外的事情。

——苏珊娜·格兰特（Susannah Grant）
《永不妥协》编剧

在我怀孕期间，我读过无数本教我如何照料宝宝的书，但是，只有特蕾西写的这本书里提供的工具，让我能爱宝宝、尊重宝宝，并且养育一个快乐的宝宝。阅读《婴语的秘密》缓解了我的紧张情绪，并且帮助我树立了信心。我会把它当作礼物分享给所有准父母。

——达娜·瓦尔登（Dana Walden）

20世纪福克斯电视公司总裁

特蕾西提供了一个叫作“E.A.S.Y”的常规程序，从宝宝自医院回到家里的第一天起，它就能让父母满足宝宝的需求，而且既不会纵容他，也不会因为满足他的需求而把自己累倒……特蕾西还为那些有特殊需求的宝宝写了一章，并且带着英式幽默和同情心，解决了新手父母们要面对的其他事情，比如没有时间或者没有兴趣过性生活、母乳喂养，以及当出现养育问题时重新让生活回归正轨。

——《出版人周刊》

特蕾西是个才华横溢的人，而且现在全世界各地的新手父母都能够打开这本书，并且获得与给特蕾西打电话一样的效果。

——诺尼·怀特（Noni White）

《102真狗》编剧

由于在我儿子出生的头两年，我很努力地照顾他，所以我有机会与很多专业育儿人士打交道。到目前为止，特蕾西·霍格是最好的。特蕾西本能地理解宝宝和新手妈妈的需求。她是名副其实的“婴语专家”！

——艾利·沃克《Ally Walker》

《犯罪侧写师》女主角

前言

准父母们最常问我的一个问题是："你建议我们从哪些书里获取指导？"我的难题从来不在于难以选出一本与之有关的医学书籍，而是很难选出一本关于早期婴儿行为和发展的既简单实用又有个性化建议的书。现在，我的难题有了答案。

在《婴语的秘密》一书中，特蕾西·霍格给新手父母（甚至有经验的父母）呈上了一份厚礼：培养对脾性——理解宝宝早期沟通和行为的一个框架——的早期洞察力，以及由此形成的一套实用且可行的解决方案，来纠正宝宝的典型问题，比如过度哭泣、频繁进食以及晚上不睡觉。人们会忍不住对特蕾西的英式幽默拍案叫绝——她的语言就像聊家常一样轻松幽默，但又处处蕴含着实用的技能和智慧，让人读起来非常舒服。这本书写得深入浅出，无丝毫傲慢之态，而且充满了实用的内容，甚至也适用于那些脾性最难相处的孩子。

对于很多新手父母来说，甚至在宝宝出生前，来自好心的家人、朋友、书籍和电子媒介的过剩信息就让他们感到混乱、焦虑。当前处理典型新生儿问题的出版物往往过于教条，更糟糕的是，在理念上也过于松散。在这些极端的情况下，新手父母往往会养成一种"无规则养育"方式，本意是好的，但可能会给宝宝带来更多问题。在这本书中，特蕾西强调了用一个有规律的日常程序来帮助父母建立一个可预测的节奏的重要性。

她建议建立一个“E.A.S.Y.”循环，也就是吃（E）、活动（A）、然后睡觉（S），以便分辨宝宝是想吃还是想睡，从而创造出属于父母，也就是你自己（Y）的时间。因此，婴儿能学会自我安抚和安静下来，而不需要乳房或者奶瓶。婴儿吃饱后发出的哭声或做出行为，也能够被新手父母更切合实际地解读出来。

在新手父母们热衷于多任务工作，并且将养儿育女融入“宝宝出生前”的世界时，特蕾西鼓励你“慢下来”（S.L.O.W.）。她提出了一些非常有用的建议，帮助所有家庭成员度过产后调整期，如何预测问题并简化这一最让人疲惫不堪的时期，以及如何捕捉最微妙但最重要的信号——新生儿的沟通欲望。特蕾西教给照顾宝宝的人观察宝宝的肢体语言，并且对现实世界做出回应，运用这些知识来帮助父母解读一个婴儿的基本需求。

对于那些在宝宝出生后很久才开始阅读本书的父母，书中也提出了一些有益的建议，以帮助他们理清并解决持续存在的困难——注意，旧的习惯仍然可以纠正。特蕾西会耐心地引导你完成这个过程，并且让你树立信心，让你相信养育（以及睡觉、抓狂）可以回到一个能共存的轨道上。对于所有父母来说，这本书都是那种期待已久的、翻到卷边儿依然爱不释手的参考书。尽享阅读的乐趣吧！

珍妮特·J.莱温斯坦医学博士

洛杉矶西达赛奈医学中心和洛杉矶儿童医院主治医师

引言

成为婴语专家

善待孩子的最好方式，是让他们快乐。

——奥斯卡·王尔德

学习这门语言

亲爱的读者，恕我直言，“婴语专家”这个称号不是我自封的，是我的一个客户给我取的。这个称号比父母们给我取的其他一些昵称好太多了：比如“巫师”，这有点儿太吓人，比如“魔术师”，这有点儿太神秘，或者“霍格”[1]，这让我担心他们想到的不仅是我的姓氏，还有我的食欲。所以，我就变成了婴语专家。不得不承认，我有点儿喜欢这个称号，因为它的确描述了我是干什么的。

或许你已经知道“马语者”是干什么的了，或者你可能读过《马

① Hogg，既指作者的姓氏——霍格，也指一到两岁尚未剪过毛的小羊。——译者注

语者》这部小说或者看过同名电影。[①]如果是这样，你可能记得罗伯特·雷德福（Robert Redford）饰演的角色是如何与那匹受伤的马打交道的：他缓慢而又充满耐心地走向它，倾听它，观察它，但是，当他思考那头可怜的牲畜面临的问题时，却又尊重地保持着距离。慢慢地，他终于靠近了那匹马，直视着它的眼睛，并且温柔地与它说话。自始至终，马语者都稳若磐石，心态平和，这反过来鼓励那匹马平静下来。

不要误会，我不是要把新生儿比作马（尽管他们都是有知觉的动物），而是说马语者和马的关系与我和婴儿的关系相差无几。尽管父母们认为我有些特殊的天分，但是，我所做的真的毫无神秘可言，我也不具备只有少数人才具备的天赋。听懂婴语的关键是尊重、倾听、观察和解释。你不可能在一夜之间学会——我观察过5000个婴儿,并用婴语与他们交流。但是，任何一位父母都能学会，每一位父母都应该学会。我听得懂婴儿的语言，而且，我也能教给你那些你需要掌握的技能。

我是如何学会婴语这门“手艺”的

你可以说，我这一辈子都在为这项工作做准备。我在英国的约克郡长大（所以会做世界上最美味的布丁）。[②]给我影响最大的人是南恩，我的外婆。她现在已经84岁高龄，依然是我见过的最有耐心、最温柔，也最有爱心的女人。她也是一位婴语专家，能够搂着脾气最暴躁的婴儿，让他平静下来。她不仅在我的两个女儿（给我的人生带来重大影响的另外两个人）出生时给了我指导和安慰，而且是我童年时

---

①《马语者》，英国作家尼古拉斯·埃文斯的作品。同名电影于1998年上映，由罗伯特·雷德福、克里斯汀·斯科特·托马斯、斯嘉丽·约翰逊等主演。——译者注

② 这里指的是享誉世界的美食约克郡布丁（Yorkshire pudding），它不是常见的甜点，而更像是一种面包，味道略咸。由于约克郡布丁易于吸收肉汁，因此常与烤牛肉一起食用。烤牛肉加约克郡布丁甚至被称为英国的国菜。——译者注

期的一个重要人物。

小时候，我是一个一刻也闲不下来、没有耐心的野丫头，但是，南恩总能用一个游戏或一个故事对付我旺盛的精力。例如，我们在一家电影院里排队等候入场，而我，一个典型的小屁孩，就会拽着她的袖子哼唧：“还要多久他们才让我们进去啊，南恩？我等不及了。”

在这种情况下，我的另一位长辈，我的奶奶——她现在已经辞世了——可能已经因为我的无礼行为狠狠地教训我了。奶奶是一位真正的维多利亚时代的英国人，相信孩子应该被看到，而不是被倾听。她活着的时候秉承的是“铁腕统治”。但是，我的外婆南恩从来没有这么苛刻过。面对我的抱怨，她顶多看向我，向我眨眨眼睛，并且说：“瞧瞧你因为‘抱怨’错过了什么，把注意力放在你自己身上。”然后，她把目光固定在一个特定的方向。“看见那边的那个妈妈和宝宝了吗？”她边说边朝着那个方向扬扬下巴，“你认为他们今天要去哪里？”

“他们要去法国。”我说，立刻明白了她的意思。

“你认为他们怎么去法国？”

“坐大型喷气式飞机。”我一定是在什么地方听说过这个名词。

“他们会坐在飞机的哪个部位？”南恩会继续问下去，而且，不知不觉间，我们的小游戏不仅让我不再想排队候场的事情，我们还会为那位女士编织一个完整的故事。我的外婆经常挑战我的想象力。她注意到一间商店橱窗里陈列的一件婚纱，问我：“你认为把那件婚纱运来需要几个人？”如果我说：“两个人。”她会继续追问更多细节：他们是怎么把那件婚纱运到这间商店的？它是哪里生产的？上面的珍珠是谁缝上去的？等到我们走过橱窗时，我已经身处印度，想象着农民播下种子并最终将其变成这件婚纱所使用的棉花。

事实上，讲故事是我们家族的一个重要传统，不仅对我的外婆如此，对她的姐妹、她们的妈妈（我的曾外祖母），以及我的妈妈来说都是如此。每当她们中的一个人想对我们说点儿什么时，总会伴随着一个故事。她们将这个天分传给了我。所以现在我为父母们工作的时候，我会经常讲故事、打比方。我可能会对一位宝宝的家长说这样的话："如果我把你的床放在一条高速公路上，你能睡得着吗？"因为一台收音机发出刺耳的声响，宝宝受到了过度刺激，无法平静下来小睡片刻。类似这样的生动描述会帮助父母们理解为什么我会提出一条独特的建议，而不是简单地说："照这样去做。"

如果说是我家族中的女性帮助我培养了这些天赋，那么，见证我如何运用它们的是南恩的丈夫，我的外公。外公在一家当时被人们称作"疯人院"的医院里担任护士长。我记得有一年的圣诞节，他带着我妈妈和我去参观医院的儿童病房。那是一个会发出奇怪的声响和味道的地方，昏暗而且肮脏，映入我稚嫩双眼的是一群衣着凌乱的孩子，他们有些坐在轮椅里，有些躺在散落一地的抱枕上。我当时不可能超过7岁，但时至今日，我依然清楚地记得我妈妈当时的表情：满脸的震惊和同情，眼泪顺着脸颊止不住地流下来。

另一方面，我被深深地吸引住了。我知道大多数人都害怕那些病人，而且宁愿永远都不要靠近那个地方，但这不包括我。我一再请求外公带我回到那里。在后来多次探访之后，有一天，外公把我带到一边，跟我说："你应该考虑做这种护理工作，特蕾西。你心胸开阔而且很有耐心，就像你的外婆一样。"

这几乎是别人给过我的最高赞誉了，而且，事实证明，外公是对的。在我18岁的时候，我去了一所护理学院学习。在英国，护理学院的学制是五年半。我不是以名列前茅的成绩毕业的——我承认，我是一个喜欢临时抱佛脚的人——但是，我在病人干预方面真的非常出色。我们称之为"实习"，这在英国是整个课程中非常重要的一部分。我是那么擅长倾听、观察以及表达共情，护理学院董事会授予了我年度护士奖，一个每年颁发给在护理病人方面表现优异的学生的奖项。

就这样，我成为一名英国注册护士和助产士，专门护理有身体和心理缺陷的孩子——这些孩子通常无法与人沟通。好吧，这并不完全正确：比如婴儿，他们有自己的沟通方式——通过啼哭和身体语言表达的一种非语言的沟通。为了帮助他们，我不得不学习理解他们的语言，并且变成他们的口译员。

啼哭和婴语

在照顾新生儿——很多由我接生——的过程中，我开始意识到我也能够理解他们的非口语语言。所以，当我从英国来到美国后，我专门从事婴幼儿护理工作，并成为一名新生儿和产后护理工作者，也就是美国人所说的婴儿护士。我为生活在纽约和洛杉矶的夫妻们工作。他们中的大部分人都将我描述成《欢乐满人间》中的仙女保姆玛丽[①]和《欢乐一家亲》中达芙妮的扮演者[②]简·丽芙丝的混合体，很显然，我与后者的相似之处是口音，至少在美国人听来，她的口音跟我的约克郡小舌音差不多。我让这些新晋妈妈和爸爸们看到，他们也能够听懂自己的宝宝的婴语：学会克制自己，领会小宝宝的意思，一旦他们知道问题所在，就能让宝宝平静下来。

我与这些爸爸妈妈分享我认为所有的父母都应该为自己的宝宝做的事情：赋予他们一种有条理的感觉，并帮助他们变成一个独立的小生命。我还开始推动我称之为“家庭是一个整体”的方法：婴儿需要成为家庭中的一分子，而不是相反。如果其余的家庭成员——爸爸妈妈、哥哥姐姐，甚至宠物——都很开心，那么婴儿也会感到满足。

当我应邀去别人家时，我会感到非常荣幸，因为我知道这是父母们的人生中最宝贵的时间。这是母亲和父亲们体验他们人生中最大的快乐的一段时间，除了难以避免的不安全感和很多不眠之夜。当我看着他们的戏剧上演并被叫来提供帮助时，我觉得我让这种快乐更上一层楼，因为我帮助他们摆脱混乱，并享受这段经历。

现在，我有时候会住在这些人的家里，但是，更多时候，我会充当顾问，在宝宝出生后的头几天或头几周里顺路来待几小时。我见过很多

---

①《欢乐满人间》（*Mary Poppins*），罗伯特·史蒂文森执导的电影，1964年上映，讲述了化身为保姆的仙女玛丽来到人间，帮助两位小朋友重新获得生活的乐趣，并让他们的父母重享天伦之乐的故事。——译者注

②《欢乐一家亲》（*Frasier*），美国历史上伟大的电视喜剧之一，达芙妮·摩恩是该剧的主角之一，由英国女演员简·丽芙丝扮演。——译者注

三四十岁的爸爸妈妈，他们已经习惯了掌控自己的人生。当他们为人父母，并被放在一个初学者的位置上时，他们有时候想知道："我们都做了些什么？"你瞧，无论父母是富裕到银行里有百万英镑存款，还是穷困到钱包里只有两先令硬币，一个新生儿，尤其是第一个宝宝，都是最好的平衡器。我遇到过各个阶层的父母，从家喻户晓的名流大腕，到只有左邻右舍才知晓其姓名的普通百姓，不一而足。我可以向你们保证，亲爱的，有一个宝宝会让最优秀的人都感到害怕。

事实上，大多数时候，我的电话一整天（而且，有时候是在夜里）都在响个不停，他们绝望地问这样的问题：

"特蕾西，克里斯怎么看上去总是饿啊？"

"特蕾西，为什么杰森这一分钟还在对我笑，下一分钟就号啕大哭了？"

"特蕾西，我不知道该怎么办。乔伊整个晚上都没睡，仰着头哭个不停。"

"特蕾西，我认为瑞克抱宝宝的时间太长了，你能让他不这么做吗？"

不管你信不信，在与这些家庭打了二十多年交道后，我通过电话往往就能诊断出问题所在，尤其是在我见过他们的宝宝的情况下。有时候，我会让妈妈把宝宝放到电话旁边，这样我就能听到他的哭声（通常情况下，这位妈妈也在哭），或者我可能会到他们家里转转，并且，如果需要，在那里待一个晚上，观察这个家里还有什么东西可能会让宝宝心烦或干扰他的日常惯例。到目前为止，我还没有发现一个我理解不了的宝宝，也没有发现一个我解决不了的问题。

尊重：进入宝宝世界的钥匙

我的客户们经常说："特蕾西，你让一切看上去都那么容易。"真相是，对我来说，确实很容易，因为我能与宝宝建立连接。我对待宝宝与对待所有人一样：尊重他们。我的朋友们，这就是听懂婴语的精髓。

> 每一个宝宝都是一个拥有语言、感受和独特人格的人。所以，每一个宝宝都值得尊重。

尊重，是贯穿本书的一个主题。如果你记得把你的宝宝当成一个人，你就会始终给予他应得的尊重。在字典里，尊重这个动词的意思是“避免侵犯或打扰”。当有人居高临下地跟你说话，或者只顾自己说而不是与你交谈，或者未经你同意就触碰你时，你难道不觉得自己受到了侵犯吗？当事情得不到合理的解释或者当有人以不尊重的方式对待你时，你难道不会生气或者伤心吗？

对一个婴儿来说也是如此。人们往往居高临下地与宝宝说话，有时候甚至表现得就好像他不存在一样。我经常听到父母或者保姆们说“这个婴儿做了这个”或者“这个婴儿做了那个”。这太没有人情味儿、太不尊重人了，就好像他们谈论的是一个没有生命的物品一样。更糟糕的是，他们对可爱的宝宝们又拉又拽，一句解释都没有，就好像侵犯一个孩子的空间是成年人的权利。这就是为什么我建议在宝宝周围画一个想象的边界——一个尊重圈，越过这个圈，你就必须征得孩子的同意，或者告诉孩子你要做什么。（详见第5章）。

甚至在产房里，我就能立刻准确地叫出宝宝的名字。我没有把躺在婴儿床里的小东西当作“这个婴儿”，为什么不用一个孩子本来的名字称呼他呢？当你这样做了，你就倾向于将他当作一个小人儿，而不是一个无助的小肉团。

确实，每当我第一次见到一个新生儿，无论是在一家医院里，还是他从医院回到家后的头几个小时或几周里，我总会介绍我自己，并且解释自己来这里的原因。“我是特蕾西。我知道你听不出我的声音，因为你还不认识我。但是，我来这里就是为了认识你，并且弄明白你需要什么。我将帮助你的妈妈和爸爸理解你在说什么。”

有时候，有的妈妈会这样对我说：“你为什么要这样跟他说话？

他只有3天大。他不可能理解你的。”

“对于这一点，我们并不确定，不是吗，亲爱的？想象一下，如果他确实能理解我，而我没有和他交谈，那该多么可怕啊。”我说。

尤其是近十年来，科学家们已经发现，新生儿比我们想象的知道得更多，也理解得更多。研究证明，婴儿对声音和气味很敏感，而且能够分辨出自己看到的两个东西的不同之处。而且，他们的记忆力在出生后的头几周就开始形成。因此，即使小萨米不太理解我说的话，他一定能感受到一个慢慢地走过来、说话声音让人安心的人，与一个像一阵风一样走过来并接管他的人之间的区别。而且，如果他确实能理解，他将从一开始就知道，我在尊重地对待他。

婴语并不只是说话

婴语的秘密包括牢记你的宝宝一直在倾听而且在某种程度上能理解你。现在，几乎每一本儿童看护方面的书籍都告诉父母：“要对你的孩子说话。”这还不够。我告诉父母们:“要和你的孩子交谈。”你的宝宝可能并不能真的回话，但是，他会通过咿呀声、啼哭和做出各种姿势（关于宝宝语言方面的详细信息见第3章）来交流。因此，你们实际上就是在交谈，一场用两种沟通方式进行的交谈。

和你的宝宝交谈，是另一种表达尊重的方式。难道你不会跟你照顾的成年人交谈吗？当你第一次走到他跟前，你会介绍你自己，并且解释你来这里做什么。你会彬彬有礼，在交谈中频繁使用“请”“谢谢”以及“我可以……吗”。你还很可能会不停地说话和解释。为什么不这样与你的宝宝交谈呢？

弄明白你的宝宝喜欢和不喜欢的事情，也是表达尊重的一种方式。正如你将在第1章中学到的，一些婴儿很容易就能跟上大流，而其他婴儿会更敏感或者更木讷。有些婴儿可能发育得更加缓慢。为了真正尊重孩子，我们必须接受宝宝本来的样子，而不是将他们与一个标准进行比较（这就是你在本书中找不到任何按月描述宝宝发育相关的内容的原因）。你的宝宝有权对他周围的世界做出自己独特的反应。而且，你越早开始与这个珍贵的小人儿交谈，你就越早明白他是谁以及他希望从你这里得到什么。

我确信，所有父母都想鼓励他们的孩子们成为独立、沉稳的人。父母们尊重而且钦佩这样的人。但是，这件事要从婴儿期开始教，而不是在孩子长到15岁，哪怕长到5岁的时候才开始。还要记住，养育孩子是一辈子的事情，而且，作为父母，你是孩子的榜样。通过倾听并且尊重宝宝，他反过来也将成长为一个倾听和尊重别人的人。

> 如果你花时间观察你的宝宝，并了解他在努力对你说什么，你将拥有一个心满意足的宝宝，以及一个没有被沮丧的宝宝主宰的家庭。

父母充分认可并尽力满足宝宝的需要，会让他们拥有安全感。在被放下时，他们不会哭泣，因为他们感到一个人很安全。他们相信周围的环境是安全的——如果他们遇到麻烦或者感到痛苦，有人会来陪他们。矛盾的是，与那些哭泣时无人照管或者父母总是误读他们传递的信号的宝宝相比，这样的宝宝最终需要的关注反而更少，而且能更快地学会独自玩耍（顺便说一句，错过一些信号是正常的）。

父母需要的是自信

自信会赋予父母一种安全感，让他们觉得自己知道自己正在做什么。遗憾的是，现代生活节奏对父母并不友好，他们日程紧凑，常常疲于奔命。他们没有意识到，在设法让宝宝平静下来之前，他们必须先让自己慢下来。于是，我的工作的一部分，就是让妈妈和爸爸们慢下来，聆听他们的宝宝，以及同样重要的，倾听他们自己内心的声音。

遗憾的是，今天的很多父母饱受信息超载的侵害。在怀孕期间，他们会阅读杂志和书籍，深入研究，去网上搜索，听朋友、家人以及各类专家的意见。所有这些都是宝贵的信息来源，但是，等到宝宝出生时，新手父母们往往比最开始的时候更困惑。更糟糕的是，他们自己的常识已经被其他人的主意抹杀了。

的确，信息赋予人力量——所以，在这本书中，我想与你分享我所有的“技巧”。但是，在我能够给你提供的所有工具中，最有用的是你对养育的自信。不过，为了培养这种自信，你必须弄明白什么适合你。每一个宝宝都是一个个体，每一个妈妈和爸爸也是如此。因此，每一个家庭的需求也各不相同。告诉你我对我自己的两个女儿做了什么，对我有什么好处。

你越早开始明白你能够理解并满足宝宝的需求，你就会做得越好。而且，我向你保证，它将变得更简单。在我教给父母们如何理解宝宝以及如何与他沟通的每一天里，我不仅看到宝宝的理解力在提高，能力在增长，我还看到父母们也变得更熟练、更自信。

怎样才能成为好父母？

在我浏览过的众多关于婴幼儿护理的书中，有一本这样写道：“要想成为一个好妈妈，你必须选择母乳喂养。”胡说八道！养育的判断标准不应该是如何喂养孩子、如何给孩子换尿布或者如何哄孩子睡觉。再说了，在宝宝出生后的头几周里，我们都不会成为好父母。好的养育需要多年的培养，在这个过程中，你的孩子慢慢长大，而且你开始把他们当作独立的个体来了解，而后者会鼓励他们向你寻求建议和支持。然而，以下几点是你成为好父母的前提：

- **尊重**宝宝。
- 将宝宝当作一个**独一无二的个体**来了解。
- **与宝宝交谈**，而不是对他说话。
- **倾听**，以及，当宝宝提出要求时予以满足。
- 通过每天给宝宝提供**可靠**、**有条理**以及**可预测的信息**，让宝宝知道接下来会发生什么。

你在本书中可以学到这些

婴语是能够被学会的。其实，一旦知道要看什么、听什么，大多数父母都会惊讶地看到自己那么迅速地开始理解宝宝。我所施展的真正“魔法”，是给新手爸妈安慰。所有的新手父母都需要一个提供支持的人，而这正是我扮演的角色。大多数父母根本没有为这个适应期做好准备——这段时间就好像有无数的问题，而身边没有人能回答。我把他们担忧的事情整理归类。我还告诉他们：“让我们从一个计划开始。”我让他们看到如何执行一个有条理的日常惯例，并且教给他们我知道的一切。

日复一日，为人父母是一份非常辛苦、有时候让人害怕、各种需求层出不穷而又往往没有回报的差事。我希望本书能帮助你幽默地对待这一切，并真实地描绘你将做些什么。你将在本书中看到下面这些内容：

- 了解你的宝宝是什么样的人，他可能会有什么脾性。在第1章，你会看到一个清单，帮助你理解可能会遇到哪些独特的挑战。
- 了解你自己的脾性和适应能力。随着宝宝的降临，生活将发生改变，弄明白你在我称之为“即兴-计划光谱”——通常情况下你是凭直觉做事的人还是喜欢将事情好好计划一番的人——上的位置很重要。
- 对E.A.S.Y.常规程序的解释，这将帮助你按照以下顺序，让你的每一天变得有条理，并且执行这个程序：吃（Eat）、活动（Activity）、睡觉（Sleep）、你自己的时间（Your time）。E.A.S.Y.常规程序能让你满足你的宝宝的需求，并且让你的精神和身体恢复活力，无论是通过小睡片刻、洗个热水澡还是绕着街区溜达一圈。你将在第2章看到E.A.S.Y.常规程序概述，在第4~7章看到对这个程序的每个字母所代表内容的详细讨论：第4章讨论吃，第5章讨论活动，第6章讨论睡眠问题，第7章讨论你可以做些什么来让你的身体和情感保持强壮和健康。

- 帮助你用婴语与孩子交流的一些技能：观察并且理解他在试图告诉你什么。当他心烦的时候，让他安静下来。我还将帮助你磨炼你自己的观察力和自我反思的能力。
- 伴随着非正常的怀孕和生产而来的特殊情况，以及出现的养育问题：领养孩子或请人代孕[①]的情况；宝宝早产、在出生过程中出现问题，和/或不能立刻从医院回家的情况；多胎妊娠的喜悦和挑战（见第8章）。
- 我的“三日魔法”（见第9章）——一项故障诊断技术——能帮助你将坏模式变为有益的模式。我将解释我所说的“无规则养育”——父母们无意间强化了婴儿的一些负面行为，并且教给你用我的简单的ABC方法来分析出了什么问题。

我已经尽量让本书读起来有趣些，因为我知道父母们往往会按照需要而不是从头读到尾逐页阅读婴幼儿养育相关书籍。如果想了解关于母乳喂养的内容，他们就会翻看目录，只读对应的那几页。如果遇到了睡眠问题，他们就会翻看关于睡眠的章节。考虑到大多数父母的日常生活需求，我能够理解这种做法。然而，在这种情况下，我力劝你至少读完本书的前三章，里面清晰地表达了我的基本理念和方法。这样，即使你只读了本书剩余章节中的一部分，你也能在一个更大的背景下理解我的想法和建议：永远要给你的孩子应得的尊重，同时不要让他接管你的生活。

到目前为止，生孩子是你经历的最能改变人生的重大事件——比结婚、一份新工作，甚至一个深爱的人去世都重大。只要一想到自己不得不适应一种截然不同的生活，就让人觉得可怕。它还会让人感到非常孤独。新手父母们通常认为只有自己会感到无能为力，或者在母乳喂养方面遇到麻烦。女方确信其他母亲立刻就“爱上了”她们的宝宝，并且想知道为什么自己没有这种感觉。男方确信其他父亲更体贴周到。在英国，家庭医护助理会在宝宝出生后的头14天里，每一天都到家里拜访一

① 在中国，代孕违法。——译者注

次，并在接下来两个月里，每周再去好几次。与英国不同，在宝宝出生后的这段日子里，很多美国的新手父母得不到周围人的指导。

亲爱的读者，尽管我不能亲自去你家里拜访，但是，我希望你能从本书中听到我的声音，并且放心地让我引导你，为你做我的外婆南恩在我还是个年轻妈妈的时候为我做的事情。你需要知道，睡眠不足和被压垮的感觉不会永远持续下去，而且，与此同时，你已经竭尽全力了。你需要听到，这些事情也发生在其他父母身上，而且你能够熬过去。

我希望，我与你分享的基本理念和技能，也就是我的秘诀，能渗透进你的大脑和心里。你的宝宝最终可能不会变得更聪明（话说回来，你可能会），但他们肯定会更快乐、更自信，此外，你也不必放弃你自己的生活。或许，最重要的是，你会对自己的养育能力感觉更好。因为我由衷地相信——而且我亲眼见过——每一位新手妈妈和爸爸的心里都有一个体贴、自信而且有能力的父母，一个未来的婴语专家。

目 录

第3章 慢下来（S.L.O.W.）

婴儿所具备的唯一的沟通方式，也就是他们的语言，是他们的啼哭和身体动作……当父母们要求我帮助他们弄清楚宝宝为什么烦躁或者啼哭时……我会说：“停下来。让我们试着弄清楚他在对我们说什么。”……在本章，我将告诉你如何通过S.L.O.W.程序来倾听宝宝的哭声、观察宝宝的身体语言，并最终弄明白宝宝的需要……

第4章 吃（E）：到底是谁的嘴巴?

在本章，我将详细讨论E.A.S.Y程序中的E（吃）所代表的内容：我会提供一些有说服力的信息，帮助你选择适合自己的喂养方式，还将介绍母乳喂养、配方奶喂养的基本知识……安抚奶嘴的使用问题，以及如何给宝宝断奶……

第5章 活动（A）：醒来和玩耍

本章讨论的是E.A.S.Y程序中A（活动）所代表的内容：不同类型的宝宝睡醒时的不同表现、如何给宝宝换尿布和穿衣服、如何给宝宝提供适合其发展阶段的玩具、如何打造对宝宝安全的环境、如何给宝宝洗澡、按摩……

第 6 章 睡觉（S）：睡觉，也许会哭

睡眠对所有人都重要，但对宝宝来说，睡眠意味着一切……为了养成合理的睡眠习惯，宝宝需要父母的引导……在本章，我将与你分享我对睡眠（S）的看法……我将帮助你学习如何在宝宝变得过于疲惫前就发现他已经疲惫了，以及如果你已经错过了这个宝贵的窗口期该怎么做。我将教给你如何帮助宝宝入睡，还将教给你在睡眠问题变成痼疾之前就解决它的方法……

第 7 章 你自己的时间（Y）

所有新手妈妈都需要花时间来康复……E.A.S.Y.程序中的Y（你自己的时间）将帮助你应对你产后恢复期可能遇到的问题：身体的康复，各种情绪问题，产后抑郁，产后性生活，回去工作，聘请保姆……

第8章 特殊情况和意外事件

你们可能会遇到生育困难并且不得不收养孩子，或者使用辅助生殖技术……一旦怀孕……你可能会被告知怀了双胞胎或者三胞胎……在你怀孕期间，还可能出现其他问题，需要你卧床休息……最后，你分娩的过程中可能会出现并发症……你的宝宝（或者宝宝们）可能会早产，也可能在生产过程中发生某些事情，需要延长住院时间……

第9章 三日魔法：改变无规则养育的ABC法

本章的目的……是为了教给你消除无规则养育带来的不良后果。相信我，如果你的宝宝的所作所为破坏了你的家庭，搅扰了你的睡眠，或者让你无法正常生活，你总是能做些什么的……

后 记

第1章

爱你生的这个宝宝

我就是受不了婴儿哭得这么厉害。我真不知道自己在干什么。跟你说实话，我认为这更像养一只猫。

——安·拉莫特[①]

① 安·拉莫特（Anne Lamott），1954年生于旧金山。古根汉学术奖得主，曾为多本杂志撰写评论，并在加州大学戴维斯分校及美国各地多个写作班教授写作。本段引文选自她1993年推出的根据其个人经历写成的《幽默与勇气：一个单亲妈妈的育儿日记》（*Operating Instructions*）。——译者注

哦，天哪，我们有了一个宝宝！

成年人的一生中，没有哪件事能与首次为人父母给人带来的快乐和恐惧相提并论。幸运的是，快乐会持续下去。但是，在刚开始的时候，不安和恐惧通常会占上风。例如，33岁的平面设计师艾伦清楚地记得他把妻子苏珊从医院接回来的那一天。那天恰巧是他们的结婚四周年纪念日。时年28岁的苏珊是一位作家。她的待产和生产过程都相当顺利，而且他们漂亮的蓝眼睛宝宝亚伦吃奶很容易，也很少哭泣。在出生两天后，爸爸妈妈就迫不及待地想离开嘈杂的医院，开始过家庭生活了。

“我吹着口哨穿过大厅，走向她的房间，”艾伦回忆道，“每一件事情似乎都很完美。在我到达之前，亚伦刚吃过奶，而且当时正躺在苏珊的臂弯里睡觉。事情正如我想象的那样。我们乘坐电梯下楼，护士让我用轮椅把苏珊推到阳光下。当我跑去开车门时，我意识到自己忘记安装婴儿座椅了。我发誓，我花了半小时才将它装好。最终，我轻轻地将亚伦放进去。他就是个天使。我帮助苏珊坐进车里，感谢护士的耐心，然后坐进了驾驶座里。”

“突然，亚伦开始在后车座上发出些微声响——不是真的哭泣，而是一些我不记得在医院里听到过或者可能没注意过的声音。苏珊看着我，我也看着她。‘哦，天哪，’我叫道，‘我们现在该怎么办？’”

我认识的每一位父母都经历过和艾伦一样的“现在该怎么办”的时刻。对于有些人来说，它出现在医院里，对于其他人来说，它出现在从医院回家的路上，甚至到家后的第二天或第三天。有太多的事情在同时发生——身体需要恢复，情绪受到影响，照顾一个无助婴儿。很少有人能为这种冲击做好准备。一些新手妈妈承认：“我读了所有的书，但没有一本让我做好准备。”其他人回忆道：“有那么多的事情要考虑。我经常哭。”

头3~5天通常是最艰难的，因为每一件事情都是崭新的，而且非常难。通常，焦虑的父母们会连珠炮似地问我：“喂一次奶需要多长时间？”“她为什么要像这样把两条腿拱起来？”“这样给他换尿布对吗？”“他的便便怎么是这个颜色的？”以及，一个总是会被问到的问题："他为什么哭？"父母们，尤其是妈妈们，会非常内疚，因为她们认为自己应该无所不知。一位一个月大宝宝的妈妈对我说："我非常害怕自己会做错事，但与此同时，我不想任何人来帮助我或者告诉我该怎么做。"

我告诉父母们的第一件事——也是不断地告诉他们的一件事——是慢下来。了解你的宝宝需要时间，需要耐心和一个平静的环境，需要勇气和毅力，需要尊重和善意，需要责任心和自制力，需要注意力和敏锐的观察力，需要时间和练习——不断地犯错误，直到把事情做对。而且，它还需要你听从自己的直觉。

注意我多么频繁地重复"需要"。一开始，你的宝宝会大量地"需要"，并且几乎不会"付出"。养育的回报和快乐将是无穷的，我保证。但是，亲爱的读者们，它们不会在一天之内发生，更确切地说，你们将在好几个月、好几年之后才能看到。而且，每个人的经历都不一样。正如我的众多小组里的一位妈妈在回顾了回家头几天的经历之后所说的："我不知道自己当时做得对不对——况且，每个人对'对'的定义并不相同。"

而且，每一个宝宝都不相同，这就是为什么我告诉妈妈们，她们的首要任务是了解她们生下来的这个宝宝，而不是在过去9个月里梦想的那个。在本章中，我将帮助你弄清楚你可以对你的宝宝有什么期待。但是，首先，让我们简单了解一下你回家头几天里要做的事情。

回家

因为我将自己看作是为整个家庭而不只是新宝宝谋利益的人，我的部分职责就是帮助父母们形成正确的看法。我从一开始就告诉爸爸妈妈们：这种情况不会永远持续下去。你们会平静下来。你们会变得更自信。你们会成为最好的父母。而且，无论你们信不信，在某个时刻，你们的宝宝将睡一整夜。但是，现在，你们必须降低期望。你们将经历一些好日子和一些不那么好的日子。对此你们都要做好准备。不要追求完美。

回家检查清单

我照料的宝宝们表现良好的一个原因是，在预产期前一个月，就为他们准备好了一切。你们准备得越充分，开始的时候就越平静，你们就有更多时间观察你们的宝宝，并且把他当作一个个体来了解。

√把床单铺在摇篮或者婴儿床上。

√准备好换尿布台。把你需要的每件物品都放在手边，包括婴儿湿巾、尿布、棉棒、酒精。

√准备好宝宝的第一个衣柜。将每件物品从包装盒里取出来，除去标签，并且用不含漂白剂的中性清洁剂清洗。

√装满你的冰箱。在预产期到来前一两周，制作千层面、牧羊人馅饼、汤以及其他能冷藏的菜肴。确保你储存了所有的食物——牛奶、黄油、鸡蛋、麦片、宠物食品。你们将吃得更好、更便宜，而且能避免手忙脚乱地往商店里跑。

√不要带太多东西去医院。记住，你们将有很多额外的袋子——以及宝宝——要带回家。

提示：回家前，你们安排得越有条理，回家后，每个人都将越开心。而且，如果你把瓶盖拧开、把盒子打开，并且将所有新物品从包装盒里拿出来，你就不必抱着你的宝宝摆弄这些东西了。（参见本页的“回家检查清单”。）

我需要经常提醒妈妈：“这是你回家的第一天——离开医院这个按一下按钮就能得到帮助、答案以及安慰的安全之地的第一天。现在，你得靠你自己了。”当然，母亲通常会对离开医院感到开心。护士们可能总是粗鲁而且唐突，或者总是给她互相矛盾的建议。医院工作人员和探望者的频繁打扰，也让她难以休息。无论如何，到大多数母亲回家的时候，她们往往已经对医院要么感到害怕，要么感到困惑，要么感到疲惫，要么感到痛苦——要么是以上全部。

所以，我建议放慢速度进家门。当你迈进家门时，集中精力做一次深呼吸。保持简单（你将经常听到我这么说）。将回家看作是一场新探险的开始，将你和你的伴侣当作探险家。而且，无论如何，要实事求是：产后期是很艰难的——是一块岩石遍布的崎岖之地。除了极少数人，所有人一路上都走得踉踉跄跄。（关于母亲产后康复的更多内容见第7章。）

相信我，我知道你一回到家里，就可能会感到不堪重负。但是，如果你遵循我的简单的回家仪式，就不太可能感到忙乱。（但是，要记住，这只是一个简单介绍。如前文所示，我将在后面的章节中做详细论述。）

先带着你的宝宝参观房子，并与他交谈。没错，亲爱的读者，参观房子，就好像你是一间博物馆的讲解员，而他是一位尊贵的游客一样。要记住我跟你说过的尊重：把你的小宝贝当作一个人——一个能够理解和感受的人——来对待。的确，你可能还听不懂他的语言，但是，尽管如此，称呼他的名字并且用交谈而不是说教的方式进行每一次互动，是非常重要的。

所以，要抱着他四处走走，并让他看看他将居住的地方。要和他交谈。用一种轻柔而且温和的声音讲解每一间房间："这里是厨房，是爸爸和我做饭的地方。这里是浴室，是我们洗澡的地方。"等等。你或许会觉得这样做有点儿傻。很多新手父母第一次开始与他们的宝宝交谈时，都会感到害羞。这没关系。要练习，然后你将惊讶地发现这将会变得多么容易。要努力记住，你怀里抱着的是一个小人儿，一个有着鲜活感受的人，一个已经能听出你的声音甚至能闻出你的味道的小生命。

当你们参观房间的时候，让爸爸或者奶奶泡一杯洋甘菊茶或者其他有宁神镇定效果的饮料。我天生爱喝茶。在我的家乡，当一户人家里的妈妈一回到家，隔壁的邻居就会来坐坐并且烧一壶水。这是一种非常英式、非常文明的传统。我已经将它介绍给我为之工作过的所有美国家庭。在美美地喝了一杯茶后，你会希望真正开始探索你生的这个无与伦比的小生命。

限制来访者

说服所有人在你们回家后的头几天不要来拜访，少数特别亲近的亲朋好友除外。如果你们的父母从外地远道而来，他们能为你们做的最好的事情，就是做饭、打扫卫生以及跑腿。用一种友好的方式让他们知道，如果你需要，你会请他们帮忙照顾宝宝，但是，你想用这段时间自己去了解他。

用海绵给你的宝宝洗澡并喂一次奶。（关于喂奶的信息和建议见第4章，关于用海绵洗澡的内容见第143~145页。）要记住，你不是唯一一个感到震惊的人。你的宝宝也经历了一段艰辛的旅程。如果你愿意，可以把他想象成一个进入产房明亮灯光里的小人儿。突然之间，这具小身躯被一群操着不熟悉的声音的陌生人迅速而有力地揉搓、戳、扎。在被其他小人儿环绕的育婴室待过几天后，他接下来不得不离开医院，回到家里。如果他是被你收养的，那么这段旅程甚至可能更长。

提示：医院育婴室里非常温暖，几乎像一个子宫。所以，要确保宝宝的新“子宫”的温度保持在22℃左右。

此时是你仔细研究这个大自然的奇迹的绝佳时机。这可能是你第一次看到光着身子的宝宝。开始了解他的点点滴滴。探索他的每一根小手指和小脚趾。要继续与他交谈。与他建立亲情心理联结。给他哺乳或者用奶瓶给他喂奶。当他困了的时候，看着他。要给他一个好的开始，并且要让他在自己的婴儿床或摇篮里睡觉。（我在第6章给出了很多关于睡觉的提示。）

“可是她睁着眼呢。”盖尔抗议道。盖尔是一位理发师，她刚出生两天的女儿似乎正心满意足地盯着婴儿床上的一张男婴的图片。我建议盖尔离开房间，去休息一会儿，但是，盖尔说：“她还没睡着呢。”我从很多新手妈妈那里听到过相同的反对之声。但是，我要直截了当地告诉你，你的宝宝不一定要睡着，你可以把他放到婴儿床上，然后离开。“你看，”我对她说，“莉莉正在和她的男朋友玩。现在你去躺一会儿。”

从小处入手

你已经有很多事要做，不要再给自己额外增加任何压力。不要因为你没有给通告写地址或者没有寄感谢信而生自己的气，每天要给自己安排能够应付的目标——比如，一天5个目标，而不是40个。通过创建标有“紧急”“稍后做”“感觉好起来再做”的标签，来给你的任务划分轻重缓急。当你能冷静而诚实地评估每件事情时，你会惊讶地发现有那么多事情可以归入最后一类。

小睡一会儿。不要收拾从医院带回来的袋子，不要打电话，也不要在房间里转悠并想着你要做的所有事情。你很疲惫。当你的宝宝睡觉时，亲爱的读者，要充分利用这段时间。事实上，你身边已经有一个大自然的伟大奇迹了。宝宝们需要几天时间从出生的冲击中恢复过来。一个刚出生一两天的新生儿连续睡6小时是很常见的，这会给你一些时间从生孩子的痛苦经历中恢复。但是，要当心：如果你的宝宝看上去很乖巧，这可能是暴风雨前的宁静！他可能从你的体内吸收了麻醉药物，或者至少可能因为从产道挤出来而感到筋疲力尽，即使你曾经顺产过。他还没有完全恢复到正常状态，但是，正如你将在下面几页读到的，他真正的脾性很快就会显露出来。

你的宝宝是什么样的人

“他在医院的时候就是一个天使，”在罗比出生后的第三天，丽萨抗议道，“为什么他现在哭得那么厉害？”如果每位新手妈妈或爸爸说出那几个词，我就能收到1英镑，那么我会成为一个富婆。此刻，我会提醒妈妈们，当她们认为自己认识的那个宝宝回到了家里

关于宠物

动物可能会嫉妒新生儿——毕竟，这就像带另一个孩子回家一样。

狗：尽管你不能真的和你的狗谈谈，来让它做好准备，但是，你可以从医院带一条毯子或者一片尿布回家，让它习惯宝宝的气味。当你们从医院回家时，在进入家门之前，要让你的狗在门外迎接新生儿。狗有地盘意识，可能不欢迎陌生人。如果它们习惯了宝宝的气味，可能会有帮助。同样地，我建议父母们永远不要让婴儿和任何宠物单独相处。

猫：尽管猫喜欢趴在婴儿的脸上纯属无稽之谈，但是，猫会受到这一小块温暖的吸引。让你的猫远离婴儿房，是防止它跳上婴儿床并且和你的宝宝蜷缩在一起的最好方法。你的宝宝的肺部非常娇嫩。猫毛和细狗毛，比如杰克罗素梗犬身上的毛，能够引起过敏反应，甚至会诱发哮喘。

时，宝宝的表现就几乎不会跟以前一样了。

事实上，和成年人一样，所有宝宝在吃饭、睡觉、对刺激的反应方式，以及能够被安抚的方式方面，都各不相同。人们称为性格、个性、性情、天性的东西，在宝宝出生后的第3~5天左右开始出现，而且它会表明你的宝宝是哪种类型的人，以及将成为哪种类型的人。

我是通过亲身经历了解到这一点的，因为我与很多“我的”宝宝保持着联系。当我看到他们成长为儿童、青少年，我总能从他们与人打招呼的方式中、从他们处理新情形的方式中，甚至从他们与自己父母和同龄人的互动中，看到他们婴儿时期自我的内核。

戴维出生时瘦得皮包骨头，小脸通红。他比预产期提前两周出生，把爸爸妈妈吓了一跳。他需要隔音并且避光的环境以及额外的拥抱来产生安全感。现在，他已经是一个学步期的孩子，但还是有一点儿害羞。

安娜曾经是一个笑颜明媚的小女婴，在出生第11天时就能睡一整夜。她的单亲妈妈使用别人的精子，通过人工受孕的方式怀上的她。她的妈妈告诉我，安娜是一个那么随和的女孩，在出生一周后，就不需要妈妈安抚了。到12岁时，安娜依然张开怀抱迎接着这个世界。

接下来是一对双胞胎，两个迥然不同的男孩：肖恩能轻松地衔住妈妈的乳头，而且一衔住就会微笑，而凯文出生后头一个月就遇到了哺乳问题，而且他似乎永远对这个世界充满愤怒。在他们担任石油公司总裁的爸爸被调到海外后，我与这家人失去了联系。但是，我愿意打赌，肖恩的性情依然比凯文阳光。

除了我的临床观察，很多心理学家也都证实了脾性的连贯性，并且想出了很多方法来描述不同的类型。哈佛大学的杰罗姆·凯根（见下方方框“先天还是后天”）以及其他心理学研究人员已经证实，事实上，一些婴儿比其他婴儿更敏感、更难相处、脾气更坏、更可爱、更容易预测。脾性中的这些方面，会影响婴儿看待和操纵他周围的环

先天还是后天

杰罗姆·凯根[1]是哈佛大学一位从事婴儿和儿童气质研究的研究人员。他说，和大多数20世纪的科学家一样，他受过的教育让他相信，社会环境能够改变生理习性。然而，他在过去20年里的研究表明，事实并非如此：

“有些降生在充满爱的富裕家庭里的有吸引力的健康婴儿，生来具有一种生理机能，这种生理机能会让他们很难像自己希望的那样放松、自发地做出某些行为以及开怀大笑。意识到这个问题之后，”他在《盖伦的预言》（*Galen's Prophecy*）[2]中写道，“我承认我偶尔会感到悲伤。他们中的一些孩子将不得不与一种天生的阴郁以及杞人忧天的冲动做斗争。”

---

① 杰罗姆·凯根（Jerome Kagan,1992–2021），美国著名心理学家，以对气质的形成根源的研究闻名于世。——译者注

② 以生活在公元1世纪的医生盖伦的名字命名，他最早将气质进行分类。——作者注

境的方式，以及，什么能安抚他——或许这一点对新手父母来说是最重要的。其中的诀窍就是看清你的宝宝，了解并接受他本来的样子。

我可以向你们保证，亲爱的读者们，脾性只是一个影响因素，而不是一种终身宣判。没有人会说你的现在一只手就能抓住的宝宝，长大后仍然会朝你吐奶，或者你的看上去很脆弱的小女婴，在她的第一场舞会上会是一朵壁花，没人请她跳舞。我们不敢否定先天因素——脑化学和解剖学确实很重要，但是，后天因素在发展过程中依然发挥着至关重要的作用。不过，为了全力支持和滋养你的宝宝，你需要理解他打包带到这个世界上来的特质。

根据我的经验，我发现，婴儿一般都符合以下五种广泛脾性类型中的一种，我分别称之为：天使型（Angel）、教科书型(Textbook)、敏感型(Touchy)、活跃型（Spirited）以及坏脾气型（Grumpy）。我在下文中会逐一描述。为了帮助你认识你的宝宝，我设计了一个测试，共有20道选择题（见第12~15页），适合从5天到8个月大的健康宝宝。要记住，在宝宝出生后的头两周里，他的脾性可能会出现一些明显改变，这些改变实际上是相当短暂的。例如，割包皮（通常在出生后第8天进行）或者任何一种出生异常（比如黄疸，这会让宝宝们昏昏欲睡），可能会掩盖宝宝的真实性情。

我建议，你和你的伴侣都要回答这些问题——要分开回答。如果你是一位单亲妈妈或单亲爸爸，可以请一个人与你合作，比如你的父母、你的兄弟姐妹或其他亲戚、一位好友或者儿童看护人员——简单地说，就是任何花时间陪伴你的宝宝的人。

为什么要让两个人填写呢？首先，尤其是如果填写的人是你和你的配偶，我保证，你们两个人的答案会不同。毕竟，没有两个人的看法是完全相同的。

第二，宝宝在不同人面前的行为举止确实是不同的。这是生活中的事实。

第三，我们往往会把自己投射到宝宝身上，我们有时候会强烈认同他们的气质——而且只看到我们想看到的。意识不到这一点，你可能就会过度关注或者无视宝宝身上的某些特征。例如，如果你小时候很害羞，甚至被别人嘲笑过，你可能会因为你的宝宝在陌生人面前啼哭而大惊小怪。想象你的孩子将不得不承受你承受过的相同的社交焦虑和嘲讽，让你感到有点儿痛苦，不是吗？是的，亲爱的读者，当事涉我们的孩子时，我们确实会在孩子这么小的时候就将自己的经历投射到他们身上。我们还会认同。当一个小男婴第一次自己抬起头时，爸爸可能会说："瞧瞧我的小足球运动员。"而如果音乐很容易让这个男婴安静下来，他那从5岁开始就一直弹钢琴的妈妈肯定会说："我已经看出来，你的听力和我的一样好。"

如果你们的答案不一致，千万不要为此争论。这不是一场让你们比比谁更聪明、谁更了解宝宝的比赛，而是让你们了解这个进入你们生活里的小人儿的一种方式。当你根据下面的要求写下你的答案后，你将看到哪种脾性类型最符合你的宝宝。一些宝宝会表现出这种类型的一些特征，同时表现出那种类型的一些特征，这是很自然的。它的目的不是给你的宝宝定型——这太没有人情味儿了，而是帮助你发现一些我在宝宝身上寻找的东西，比如哭泣类型、反应、睡眠模式以及性情，所有这些最终都有助于你弄明白宝宝需要什么。

确定你的宝宝的类型

将各个字母出现的次数加起来，你就能够选出一个或两个出现频次比较高的。在阅读下面的描述的过程中，要记住，我们讨论的是在这个世界上生存的一种方式，而不是一时的情绪或者与某种困难——比如出牙——相关的行为方式。你可能会辨认出你的宝宝属于以下简略描述中的一种，或者他可能既有点儿像这种类型，又有点儿像那种类型。要将五种类型的描述全部读完。对于每一种类型，我都举出了一个我遇到过的几乎完全匹配的宝宝作为例子。

天使型宝宝。如你所料，这种类型的宝宝是每一位首次怀孕的女性梦寐以求的：乖巧无比。宝琳就是一个这样的宝宝——性情平和，永远面带微笑，而且一直要求不高。她释放的信号很容易理解。她不

测试：了解你的宝宝

为下列问题选出最佳答案——换句话说，在大多数时间里最符合宝宝的描述。

1. 我的宝宝：

A. 很少哭。

B. 只在饿了、累了或者受到过度刺激的情况下哭。

C. 无缘无故地哭。

D. 很大声地哭，而且如果我没注意到他，他很快就会发怒，号啕大哭。

E. 总是哭。

2. 到了睡觉时间，我的宝宝：

A. 安静地躺在他的婴儿床上，不知不觉地沉入梦乡。

B. 一般情况下，20 分钟内就能轻松入睡。

C. 闹一会儿，并且似乎会不知不觉地睡着，但接下来会不断地醒来。

D. 非常焦躁不安，而且通常需要用襁褓裹着他或者抱着他才能入睡。

E. 总是哭，并且看上去讨厌被放下来。

3. 早上醒来时，我的宝宝：

A. 很少哭——他会在婴儿床上玩，直到我进来。

B. 发出咿呀声，并且四处张望。

C. 需要立刻得到关注，否则就开始哭。

D. 尖叫。

E. 抽泣。

4. 我的宝宝在以下情况下会微笑：

A. 对任何人和任何事情。

B. 当有人逗他的时候。

C. 当有人逗他的时候，但有时候笑几分钟就开始哭。

D. 经常笑，而且还笑得很大声，往往会大声发出一些婴儿才能发出的声音。

E. 只在适当的情况下。

5. 当我带着我的宝宝去任何地方时，他：

A. 极其配合。

B. 只要带他去的地方不那么吵闹或者陌生就可以。

C. 闹腾得很厉害。

D. 特别需要我的关注。

（续表）

测试：了解你的宝宝
E. 不喜欢过多地被人碰触。
6. 遇到一个友好的陌生人轻声细语地跟宝宝说话时，他：
A. 立刻就会笑。
B. 要过一会儿，通常很快就会笑。
C. 一开始可能会哭，除非这个陌生人能把他逗笑。
D. 变得非常激动。
E. 轻易不笑。
7. 当出现很大的声音，比如狗叫声或者摔门声，我的宝宝：
A. 从来不会感到不安。
B. 会注意到它，但不会受到干扰。
C. 明显畏缩，而且通常开始哭泣。
D. 自己也发出很大的声音。
E. 开始哭泣。
8. 当我第一次给我的宝宝洗澡时，他：
A. 像一只小鸭子一样喜欢水。
B. 刚一入水时感到有点儿惊讶，但几乎立刻就会喜欢上。
C. 非常敏感——有点儿发抖，并且看起来很害怕。
D. 用力地胡乱扭动身体，弄得水花四溅，就像发疯了一样。
E. 讨厌水，并且会哭。
9. 我的宝宝的身体语言通常：
A. 几乎总是既放松又时刻保持警觉。
B. 大多数时间都很放松。
C. 紧张，而且很容易对外界刺激做出反应。
D. 一会儿停一会儿动，动作不连贯——他的胳膊和腿通常会乱踢乱舞。
E. 僵硬——胳膊和腿通常相当僵硬。
11. 当我给我的宝宝换尿布、洗澡或者穿衣服时：
A. 总是很配合。
B. 如果我做得慢一些，并且让他知道我将要做什么，他就会听话。
C. 通常会发脾气，就好像他无法忍受自己不穿衣服一样。
D. 总是扭来扭去，并且试图将换尿布台上的所有东西都弄下去。
E. 讨厌——给他穿衣服永远像打仗一样。
12. 如果我突然把我的宝宝带到强光下面，比如太阳光或日光灯下，他：
A. 从容面对。
B. 有时候可能会被吓到。

（续表）

测试：了解你的宝宝
C. 过于频繁地眨眼睛，或者试图把头转向背光的一侧。 D. 受到过度刺激。 E. 非常恼火。 **13a. 如果你用奶瓶喂养你的宝宝，他：** A. 总能正确地吮吸，神情专注，并且通常 20 分钟内就能吃饱。 B. 在生长突增期，他吃奶会有点儿不规律，但总体来说很能吃。 C. 总是动来动去，并且要花很长时间才能吃完。 D. 紧紧地抓住奶瓶，并且往往会吃得过多。 E. 通常会发脾气，而且要吃很长时间。 **13b. 如果你给你的宝宝哺乳，他：** A. 立刻就能衔住乳头——从出生第一天起，就能轻松地衔乳。 B. 过一两天才能正确衔住乳头，但现在已经做得很好了。 C. 总想衔住乳头，但总是衔不住，就好像他已经忘记如何吃奶一样。 D. 只要按照他喜欢的姿势抱着他，就能吃得很好。 E. 变得非常生气和不安，就好像我的奶水不够他吃一样。 **14. 下列对宝宝与我的沟通的描述，最恰当的是：** A. 他总能准确地让我知道他需要什么。 B. 大多数时候，他发出的信号很容易理解。 C. 他让我感到迷惑，有时候甚至会对着我哭。 D. 非常明确并且通常会非常大声地坚持他的好恶。 E. 他总是用愤怒的大哭来吸引我的注意。 **15. 当我们去参加一个家庭聚会，很多人想抱他时：** A. 适应力很强，谁都可以抱。 B. 对将要抱他的人有所选择。 C. 如果太多人抱他，很容易就会哭。 D. 可能会哭，或者如果他感到不舒服，甚至会试图从抱着他的怀抱中挣脱。 E. 不让任何人抱，除了妈妈或者爸爸。 **16. 无论外出去哪里玩，当回到家里，我的宝宝：** A. 很快而且很容易就能平静下来。 B. 要过会儿才能适应新环境。 C. 往往非常难以取悦。 D. 通常会受到过度刺激，并且很难平静下来。 E. 表现得愤怒而且痛苦。

（续表）

测试：了解你的宝宝
17. 我的宝宝： A. 盯着任何东西，甚至是婴儿床的床栏，就能够自己玩很长时间。 B. 能够自己玩 15 分钟左右。 C. 在不熟悉的环境中很难被取悦。 D. 需要很多刺激才能被取悦。 E. 不会轻易被任何东西取悦。 **18. 我的宝宝最引人注目的是：** A. 他是那么乖巧和随和。 B. 他的发育进度是那么精确——就像书上说的那样。 C. 他对任何事情是那么敏感。 D. 他是那么有攻击性。 E. 他是那么不高兴。 **19. 我的宝宝似乎：** A. 在他自己的床（婴儿床）上感到非常安全。 B. 大部分时间都喜欢他的床。 C. 在他的床上感到不安全。 D. 非常焦躁不安，就像他的床是一座监狱一样。 E. 讨厌人们把他放到他的床上。 **20. 下列关于我的宝宝的描述，最贴切的是：** A. 你几乎感觉不到房间里有一个宝宝——他很乖巧。 B. 他很容易应付，很容易预测。 C. 他是个非常脆弱的小家伙。 D. 我担心当他开始爬行，他会对一切事情感兴趣。 E. 他看起来就是一个“智者”——就好像以前来过一样。 **计分方法：**在一张纸上写下 A、B、C、D、E，数数每个字母选择了多少次，并将其写在相对应的字母旁。每一个字母对应的类型如下： A 代表天使型宝宝 B 代表教科书型宝宝 C 代表敏感型宝宝 D 代表活跃型宝宝 E 代表坏脾气型宝宝

会对新环境感到困扰，而且她的适应力极强——事实上，你能够带着她去任何地方。她能轻松地吃奶、玩耍以及入睡，睡醒了通常也不会啼哭。几乎每一个早晨，你都能看到宝琳在她的婴儿床上咿咿呀呀地与一个填充动物玩具说话，或者盯着墙上的一条带子自娱自乐。天使型宝宝通常能够让自己平静下来，但是，如果他有点儿累过头——或许是因为他给出的信号被误解了——你只需要偎依在他身边，告诉他："我能看出来，你累过头了。"然后，播放一首摇篮曲，让房间变得温馨、昏暗而且安静，他就能自己入睡。

教科书型宝宝。这是我们所说的可预测的宝宝，正因为如此，他相当容易应付。奥利弗会按部就班地做每一件事，所以，他的身上很少出现意外。他按时到达发育里程碑——3个月时睡一整夜，5个月时学会翻身，6个月时能够自己坐起来。他的生长突增期——因为需要额外增加体重或者实现发展的飞跃而出现的胃口突增的时期——像时钟一样准时。甚至在出生一周后，他就能自己玩一小段时间——15分钟左右，而且他会牙牙学语并且向周围看。当有人向他微笑时，他也会微笑。尽管奥利弗也会有常见的坏脾气的时期，就像书中描述的那样，但他很容易就能平静下来。让他入睡也不是件难事儿。

敏感型宝宝。对于一个像迈克尔一样超级敏感的宝宝来说，这个世界充满了数不尽的感官挑战。窗外摩托车发动的声音、电视机发出的声响、邻居家的狗叫声，都会让他受到惊吓。遇到强光时，他会眨眼睛或者将头扭向另一侧。他有时候会无缘无故地啼哭，甚至会对着他的妈妈哭。在这些时刻，他是在（用他的身体语言）"大喊"："我受够了，我需要一点儿平静和安宁。"在很多人抱过他之后，或者在外出游玩之后，他通常会变得难以取悦。他能够自己玩上几分钟，但需要确保自己非常熟悉的人——妈妈、爸爸、保姆——在身边。由于这种类型的宝宝非常喜欢吮吸，妈妈可能会误解他的信号，在一个安抚奶嘴就可以让他满意的情况下，认为他饿了。他吃奶也不规律，有时候表现得就好像忘了怎么吃一样。在小睡时间或者晚上，迈克尔通常很难入睡。像他这样的敏感型宝宝的日常惯例很容易被打乱，因为他们的身体系统是那么脆弱。一次时间特别长的小睡、少吃一次奶、一位不期而至的客人、一次旅行、更换配方奶品牌——此类事情中的任何一件，都会让迈克尔陷入困境。要想让敏感型宝宝平静下来，你就不得不重建一个“子宫”。用襁褓紧紧地裹住他，让他依偎在你的肩膀上，在他的耳边有节奏地轻轻发出嘘嘘的声音（就像羊水在子宫里晃动的声音），并且模拟心跳的节律轻拍他的背部（顺便说一下，这样做能够让大多数宝宝平静下来，但对敏感型宝宝特别有效）。当你有一个敏感型宝宝，你越快理解他给出的信号和他的啼哭，你的生活就越简单。这些宝宝喜欢条理性和可预测性——不要给他们制造“惊喜”，谢谢。

活跃型宝宝。这类宝宝似乎一出子宫就知道自己喜欢什么、不喜欢什么，而且他们会毫不迟疑地让你知道。像凯伦这样的宝宝会非常大声地表达自己，有时候甚至看上去富有攻击性。当她早上醒来时，她通常会大喊大叫以便召唤妈妈或爸爸。她讨厌躺在自己的尿或者便便上，并且会通过大声叫嚷表达自己的不适，来说：“给我换尿布。”凯伦通常需要裹着襁褓才能入睡，因为她胡乱摆动的胳膊和腿会让她醒来并且受到过度刺激。如果她开始哭泣，并任由她哭下去的话，这就像走上一条不归路，她会哭得越来越厉害，直到愤怒到极点。活跃型宝宝可能很早就试图抓住奶瓶。他还会在其他宝宝注意到他之前注意到对方，等到他具备良好的抓握能力时，他还会试图抢夺对方的玩具。

坏脾气型宝宝。我有一个看法，像盖文这样的宝宝前世曾经来过——我们通常叫他们“智者”——而且他们并不是那么乐意再投胎到今世。当然，我也许说的不对，但是，无论出于什么原因，我向你保证，用我们约克郡人的话说，这种类型的宝宝就是被彻底宠坏了的孩子——他对这个世界横眉怒目，而且会让你知道。盖文每天早晨都会抽泣，白天也不怎么笑，每天晚上要大闹一阵才能入睡。他的妈妈很难留住保姆，因为保姆们往往会把这个小家伙儿的坏脾气看作是针对自己的。他一开始会讨厌洗澡，而且每当有人试图给他换尿布或者穿衣服时，他都会烦躁不安并且容易发怒。他的妈妈曾经试图给他哺乳，但她的乳房出奶速度（奶水顺着乳头流出的速度）比较慢，而盖文缺乏耐心。尽管她换成配方奶喂养，但因为他的坏脾气，喂奶依然非常困难。为了让一个坏脾气型宝宝平静下来，妈妈或者爸爸往往要非常有耐心，因为这些宝宝非常愤怒，哭声也格外嘹亮，持续时间格外长。用来哄他的嘘嘘声需要比他的哭声高。他们讨厌被人用襁褓裹起来，而且他们肯定会让你知道这一点。如果一个坏脾气的宝宝已经濒临崩溃，不要用嘘嘘声哄他，而要一边有节奏地说“好了，好了，好了”，一边轻轻地前后摇晃他。

提示：当你摇晃任何类型的宝宝时，要前后摇晃，不要左右或者上下摇晃。在你的宝宝出生之前，他在你的肚子里是随着你的行走前后摇晃的，所以他习惯了这种运动，并且感到很舒服。

幻想与现实

我相信你已经从上述描述中辨认出你的宝宝属于哪种类型。他也可能介于两种类型之间。无论是哪种情况，这一信息都旨在引导你、启发你，而不是警告你。而且，重要的不是弄清楚标签本身，而是知道可以期待什么以及如何应对你的宝宝的独特脾性。

但是，请等一下……你说这不是你梦想中的那个宝宝？他更难安抚？更常扭动身体？看上去更烦躁易怒？不喜欢被抱着？你对此感到困惑，甚至有点儿生气。你甚至可能已经后悔。并不是只有你这样。怀胎九个月，实际上所有的母亲都对她们正在孕育的宝宝有过想象——他长什么样子，他将成为什么样的孩子，他最终将成为什么样的大人。这对于那些怀孕遇到过困难的父母或者那些等到三四十岁才开始组建家庭的父母来说尤为如此。萨拉，36岁，生的宝宝丽兹是一个教科书型宝宝，在丽兹5周大时，萨拉对我坦诚道：“一开始，我只有四分之一的时间和她在一起。我真的认为我没那么爱她。”南希是一名律师，在快50岁时通过一位代孕妈妈怀上了朱利安——而且是一个天使型宝宝，然而，“我在看到照顾宝宝有多么困难，而且宝宝来得多么突然时惊呆了，‘我可受不了这种日子。’”她低头看着她4

天大的儿子回忆道，并且祈求："'小宝贝，请不要把我们两个都害死！'"

这段适应期可能会在宝宝出生后持续几天或者几周，甚至可能会持续更长时间，具体取决于宝宝降生前你的生活是什么样的。不管持续多久，所有的父母（我希望）最终都将接受自己的孩子——以及随之而来的生活。（喜欢整洁的父母可能很难接受脏乱，而条理分明的父母可能要在混乱中挣扎。下一章有关于这一点的详细介绍。）

提示：诸位妈妈，与任何一个能提醒你跌宕起伏是人生常态的人聊聊都会有帮助，比如有过同样经历的好朋友、你的姐妹，以及你自己的妈妈，如果你们母女关系亲密的话。诸位爸爸，与你的男性朋友聊聊所获得的帮助可能没那么大。在我的诸多"爸爸与我"小组里的爸爸告诉我，新手爸爸往往会互相攀比，尤其是在缺觉和缺少性生活方面。

有意思的是，这几乎与宝宝所属类型没关系。父母们的期望过高，没有哪个宝宝能满足要求，哪怕是一个天使型孩子。例如，吉姆和乔纳森都是职场父母，都身负重任。当小克莱尔出生时，我想象不出比她更好的宝宝了。她吃奶很好，能一个人玩耍，睡觉很香，而且她的哭声很容易辨别。我觉得我很快就该"失业"了。然而，不管你信不信，乔纳森忧心忡忡。"她是不是有点儿太被动了？"他问道，"她应该睡

一见钟情？

眼神穿过房间交会的刹那，你们就坠入了爱河——至少好莱坞电影里是这样的。但是，对于很多现实中的情侣而言，事实并非如此。母亲和她们的宝宝之间的关系也是这样。有的妈妈能对她们的宝宝一见钟情，但对很多妈妈来说，这需要一段时间。你感到疲惫、感到震惊、感到害怕，或许最困难的，是你想要完美。而这几乎是不可能的。所以，不要开始讨厌你自己。爱上你的宝宝需要时间。正如发生在成年人身上的一样，真爱是在你了解这个人后产生的。

这么多吗？如果她的性情这么平和，她肯定不像我的家族的人！”我还怀疑他有点儿失望，因为他无法与他的哥们儿在“全美缺觉马拉松”比赛中一较高下了。但是，我向他保证，他应该知足常乐。像克莱尔这样的天使型宝宝是非常讨人喜欢的。谁不想要一个这样的宝宝呢？

当然，这种震惊更常发生在父母们期望和设想的是一个安静、温柔的宝宝，却生了一个与期望大相径庭的宝宝的情况下。在头几天，当他们的新生儿依然在整天昏睡的时候，他们真的相信自己梦想成真了。接着，突然之间，一切都变了，他们到手的是一个精力旺盛、生性冲动的宝宝。“我们做了什么？”是第一反应。紧随其后的是“我们能做些什么？”。第一步是认可他们的失望之情，接下来，对期望进行相应的调整。

提示：可以把你的宝宝当作你们的美好生活的挑战者。毕竟，我们每个人的一生中都有很多功课要学，而且我们永远不会知道将由谁或者什么来担任老师。在这种情况下，你的宝宝就是老师。

有时候，父母们没有意识到这种失望之情。或者，如果意识到了，他们也可能因为感到太羞愧而无法说出口。他们不想承认宝宝没有他们想象的可爱或者乖巧，或者他们不想承认这段经历不是他们想象中的一见钟情。我见过的有过这种经历的夫妇多到数不清。但是，听几个他们的故事可能会让你感觉好起来。

玛丽和蒂姆。玛丽是一位讨人喜欢、温文尔雅的女士。她举止优雅，性情温和。她的丈夫也是一个性情平和、冷静理智的人。他们的女儿梅布尔在出生后的头三天里看上去是一个天使型宝宝。在出生后的第一天夜里，她睡了6小时，第二天晚上也睡了差不多这么长时间。然而，当他们回到家里，梅布尔真正的性格开始显现。她的睡眠时断时续，她很难平静下来，而且经常睡不着。但是，这还不是全部。一点儿细微的响动就会把她吓一跳，然后就开始哭。当客人想抱她时，她会扭动身子并且哼哼唧唧。事实上，她似乎会莫名其妙地啼哭。

玛丽和蒂姆无法相信自己会生出这么一个高度紧张的宝宝。他们不断地谈论朋友们的宝宝。这些宝宝很容易就能小睡，能一个人玩很长时间，并且能够乘车外出。这绝对不是梅布尔。我帮助他们看清楚梅布尔的真面目——一个敏感型宝宝。梅布尔喜欢可预测性，因为她的中枢神经系统没有发育完全，因此她需要父母花些时间并且异常冷静地陪伴她。为了让她适应周围的环境，玛丽和蒂姆需要温柔而且有耐心。他们的小女婴是一个娇弱的人，有她自己独特的举止。她的敏感不是一个问题，而是教给他们了解她的一种方式。而且，考虑到她妈妈和爸爸的脾气性情，我怀疑她的脾气也不会与他们的相差太多。梅布尔需要慢节奏的生活，这一点随玛丽。梅布尔喜欢宁静，这一点像她爸爸。

这些观点再加上一点儿鼓励，帮助玛丽和蒂姆适应了这个与他们一起生活的孩子，而不是继续寄希望于梅布尔的行为举止更像他们朋友的孩子。他们在她身边时放慢了节奏，限制抱她的人的数量，并且开始更自信地观察她。

此外，玛丽和蒂姆发现梅布尔会给他们非常明确的信号。当她感到不堪重负时，她会把脸从正在看她的人甚至是一部手机这一侧扭向另一侧。梅布尔在用一个小婴儿的方式告诉父母："我受够刺激了！"妈妈注意到，如果她能迅速对那些信号采取行动，就更容易让梅布尔小睡。但是，如果她错过了这个窗口期，梅布尔就会开始号啕大哭，而且总是需要花很长时间才能让梅布尔平静下来。有一天，我碰巧去他们家拜访。玛丽急切地与我分享关于梅布尔的新消息，无意间忽视了这些信号，于是梅布尔开始哭。幸运的是，她的妈妈尊重地告诉她："对不起，亲爱的，我没有注意到你。"

简和亚瑟。这对可爱的夫妻是我最喜欢的夫妻中的一对。他们等了7年才生下一个宝宝，就是詹姆斯。在医院的时候，詹姆斯看上去也是一个天使型宝宝。但是，当他们回到家里，给他换尿布时他会哭，给他洗澡时他会哭，没完没了地哭，动不动就哭。简和亚瑟都是风趣幽默的人，但对着詹姆斯，他们甚至无法咧一咧嘴角。詹姆斯看上去总是很痛苦。“他那么爱哭，”简说，“他在我怀里也很不耐烦。我不得不承认，我们盼着他能小睡一会儿。”

甚至大声说出这些话，都让夫妻二人忧心忡忡。承认自己的宝宝看上去总是乌云压顶，是很难的。和很多父母一样，简和亚瑟相信这与他们有关。“让我们克制自己，将詹姆斯当作一个个体来看待，”我建议道，“我看到的是一个小男孩在试图说：‘妈妈，给我换尿布的时候动作要快一点儿啊！’‘哦，不，现在也不是喂奶的时间！’‘什么？又要洗澡？’”当我替他们的敏感型宝宝发声后，简和亚瑟开始有了幽默感。我告诉他们我的关于坏脾气型宝宝的“智者”理论，他们了然地笑了：“你知道吗，”亚瑟说，“这和我爸爸很像——这也是我们爱他的一个原因。我们把他当成一个古怪而有趣的人看待。”突然之间，小詹姆斯看上去再也不像一个故意扰乱他们生活的小怪兽。他就是詹姆斯，一个与所有人一样有脾气、有需求的人，一个值得尊重的人。

现在，给詹姆斯洗澡时，简和亚瑟不再感到头疼，而是会放慢自己的动作，给詹姆斯更多时间适应水，并且全程与他交谈，“我知道你认为这不好玩，”他们会说，“但是，过不了几天，当我们把你从浴缸里抱出来时，你会哭着拒绝的。”他们不再给他裹襁褓。他们学会了预测他的需要，而且知道如果能够避免他突然崩溃，每个人都会更好过。詹姆斯6个月大的时候仍然有生闷气的倾向，但是，至少他的父母认为这是他的天性，他们知道如何阻止他进一步发脾气。小詹姆斯非常幸运，在这么小的年龄就能被人理解。

类似这样的故事说明了婴语专家两个最重要的方面：尊重和常识。正如你不能照着一张方子给所有人抓药一样，对宝宝来说也是如此。你不能因为你的侄子喜欢被人以某种姿势抱着吃奶，或者喜欢被裹上襁褓放在床上，就得出你的儿子也会喜欢的结论。你不能因为你朋友的女儿性情开朗并且很容易喜欢上陌生人，就想当然地以为你的女儿也将如此。别一厢情愿了。你必须面对你的孩子是什么样的人这个现实——并且要知道什么对他最好。而且，我向你承诺，如果你仔细观察、认真倾听，你的宝宝将准确地告诉你他的需要以及帮助他度过一些困难情形的方法。

最终，这种共情和理解将让你的孩子生活得更轻松一些，因为你将帮助他发挥他的长处，弥补他的不足。而且，好消息是：无论你的宝宝属于哪种类型，当生活平静而且可以预测时，所有的宝宝都将表现得更好。在下一章，我将帮助你直接采用一个常规程序，这个程序将帮助你们全家人过得更好。

第2章

E.A.S.Y.常规程序能做到

饿了就吃，渴了就喝，倦了就睡。

——佛教名言

我有一种感觉，如果她一开始就过一种有条理的生活，她会更开心。而且，我看到过E.A.S.Y.常规程序是如何在我朋友的宝宝身上起作用的。

——一位教科书型宝宝的妈妈

成功的诀窍：一个有条理的常规程序

每一天，我都会接到很多父母打来的电话。他们感到焦虑、迷惑、不堪重负，而且，最重要的是缺觉。他们连珠炮似的不断向我提问并且乞求解决方法，因为他们的家庭生活质量受到了严重影响。无论具体问题是什么，我总是推荐同样的解决办法：一个有条理的常规程序。

例如，当33岁的广告公司经理特莉给我打电话时，她真的相信5周大的加斯是一个“不好喂的宝宝”。她告诉我：“他不能正确地衔乳。吃一次奶差不多要花一个小时，而且他的嘴巴总是不断地将我的乳头吐出来。”

我问她的第一件事是：“你们有日常生活惯例吗？”

她的迟疑告诉了我答案——一声响亮而且清晰的“没有”。我答应特莉当天晚些时候去她家里看一看、听一听。但是，我相当肯定，甚至从这一丁点儿信息中，我就已经知道发生了什么。

“一个日程表？”稍后，在我提供了解决方法后，特莉质疑道，“不，不，不要日程表，”她抗议道，“我一辈子都在工作，而且每一份工作，我都不得不遵守一个非常严格的时间表。为了跟我的宝宝在一起，我辞掉了工作。现在，你跟我说我必须给他安排一个日程表？”

我建议的并非一个死板的截止日期或者严格的纪律界限——相反，我的建议是在坚实而又灵活的基础上，随着加斯需要的改变而改变的常规程序。“我说的日程表不是你想象的那种，”我澄清道，“它是一个有规律的日常惯例——一个包含框架和规则的计划。我不是说你必须卡着时钟过日子——绝非如此。但是，你需要将一致性和秩序带入你的宝宝的生活。”

我能看出来，特莉依然有些许怀疑，但是，当我向她保证我的方法不仅能解决加斯身上所谓的问题，还能教给她理解她儿子的语言时，她开始改变看法，转而接受我的建议。每隔1小时左右就要喂一次奶，我解释道，意味着她一定是误解了他发出的信号。**正常的宝宝**

都不需要每隔一小时进食一次。我怀疑，加斯吃起奶来可能比他妈妈想象的更有效率。他的嘴巴离开乳房的意思是“我吃饱了”，但她不断地试图让他吮吸。在这种情况下，她不就是在瞎忙吗?

我还能看出来，特莉的日子不好过。下午4点钟，她还穿着睡裤。很显然，她没有属于自己的时间，甚至腾不出15分钟来洗澡。（是的，我知道，亲爱的读者，如果你刚刚有了一个宝宝，你下午4点钟可能也仍然穿着睡裤。但是，我希望，等到你的宝宝5周大，你就不必这样了。）

现在，让我们就此打住（稍后，我将告诉你特莉的进展状况）。或许，帮助特莉遵循一个常规程序，看上去是一个过于简单的解决方法。但是，不管你信不信，不管现在的具体问题是什么——喂奶问题、睡眠模式不规律或者患有腹绞痛却被误诊，一个有条理的常规程序往往就能解决所有问题。而且，如果碰巧你的日子还是不好过，至少你已经朝着正确的方向迈出了一步。

特莉不仅在无意间忽视了加斯发出的信号，还让他主导，而不是建立一个日常惯例让他遵守。是的，我知道，现在流行的是听从宝宝的引导——或许这是对美国人过去恪守时间表抚养孩子的一种逆反。不幸的是，这一理念给父母们留下了一个错误印象，那就是任何规律性或者日常惯例都将抑制宝宝的自然表达或者发育。但是，我要对这些妈妈或者爸爸说：“他只是一个婴儿，看在上天的份儿上。他不知道什么对自己好。”（记住，亲爱的读者，尊重你的宝宝和让他做主之间有很大差别。）

此外，因为我提倡的是“家庭是一个整体”的方法，我总是告诉父母们：“宝宝是你生活的一部分。而不是相反。如果我们让一个婴儿来主导，让他随时想吃就吃，想睡就睡。那么，用不了6周，你们家就会乱作一团。因此，我总是建议一开始就要给宝宝营造一个安全、一致的环境，建立一个宝宝能够遵循的节奏。我称之为‘E.A.S.Y.常规程序’，因为它确实如其字面意思一样——容易。”

E.A.S.Y. 程序适用每一个人

E.A.S.Y.是我和我照顾过的所有的宝宝一起——理想情况下，从宝宝出生第一天开始——创建的有条理的常规程序的首字母缩写。你可以把它当作一个循环周期，一个周期持续3小时左右，每个周期内，下面各部分都会按照以下顺序发生：

吃-Eating。无论你的宝宝是母乳喂养还是配方奶喂养，亦或是两者兼而有之，营养都是他的首要需求。婴儿是一个小小的进食机器。相对于他们的体重，他们摄入的热量是一个肥胖的成年人的2~3倍。（在第4章，我会详细讲述吃奶问题。）

活动-Activity。在你的宝宝长到3个月大以前，他70%的时间都在吃和睡中度过。在其他时间，他可能在换尿布、洗澡、在婴儿床或者毯子上牙牙学语、被放在婴儿车里推出去散步，或者坐在婴儿座椅里向窗外张望。从我们的

E.A.S.Y. 常规程序时间表

尽管每个宝宝都不相同，但是，从出生到3个月大，下面的常规程序是非常有代表性的。当你的宝宝吃奶变得不那么费劲，并且能心满意足地独自玩更长时间，你就可以放心大胆地对它做出适当调整。

吃（Eating）:哺乳或者用奶瓶喂奶25~40分钟；一个正常宝宝体重大约2.7千克，两顿奶之间的时间间隔是2.5~3小时。

活动（Activity）：45分钟（包括换尿布、穿衣服，以及每天舒服地洗个澡）。

睡觉（Sleep）：入睡需要15分钟；小睡0.5~1小时；头2~3周后，晚上睡觉时间将逐渐变长。

你自己的时间（You）:当宝宝睡着后，你将有1个多小时属于你自己的时间；随着宝宝一天天长大，他吃奶的时间变得更少，能够自己玩耍、小睡时间更长，属于你自己的时间也会随之变长。

角度看，这些不太像活动，但婴儿就是这样做的。（关于活动的内容见第5章。）

睡觉-Sleeping。无论睡得安稳与否，所有的宝宝都需要学会如何在自己的床上独自入睡（来提高他们的独立性）。（详情见第6章。）

你自己的时间-You。该说的说了，该做的做了，一切尘埃落定之后——也就是你的宝宝睡着以后——该轮到你自己的时间了。听上去是不是不太可能或者不太合理？非也非也。如果你采用我的E.A.S.Y.常规程序，每隔几个小时，就会有“你自己的”时间来休息、恢复精神，并且，一旦你已经开始恢复，把需要做的事情做完。记住，在孩子出生后的头6周——也就是产后期——你的身体和情绪都需要从生孩子的痛苦经历中恢复。那些试图迅速回到自己以前熟悉生活的妈妈，那些按照宝宝的需求设置喂养时间表以至于没有时间休息的妈妈，以后会付出代价。（详情见第7章。）

与很多其他方式相比，E.A.S.Y.常规程序不仅合理、有效，而且立场中立。这对于看上去在养育方式的两个极端之间摇摆不定的大多数父母来说，堪称是一场及时雨：一个极端是专家们提倡的“严厉的爱”，他们相信正确地“训练”宝宝是一件很费劲的事情：你需要让他们“哭个够”，而且有时候要让他们有点儿挫败感。不能宝宝一哭你就把他抱起来，这样会“宠坏”他们。你要让他们严格遵守一个时间表，并且让他们适应你的生活，遵照你的需要生活。与之相反的另一个极端则代表的是当前更流行的观点——“遵从宝宝”，倡导这个观点的专家告诉妈妈们要“按需喂养”——我相信这个词不言自明，你最终将得到一个挑剔的宝宝。支持这一观点的人相信，要想得到一个适应得很好的宝宝，你就需要满足他的每一个需要……如果盲目遵从的话，翻译过来就是放弃你自己的生活。

事实上，亲爱的读者，这两种方法都不管用。采用前者，你就不尊重你的宝宝。采用后者，你就不尊重你自己。更重要的是，E.A.S.Y.常规程序是一种以全家为中心的方法，因为它确保每一个家

E.A.S.Y. 常规程序概览		
按需养育法	E.A.S.Y. 常规程序	按时间表养育法
满足宝宝的所有需求——一天喂奶10~12次，宝宝一哭就喂。	一个灵活但有条理的常规程序：吃-活动-睡觉-你自己的时间，周期为2.5~3小时。	严格按照一个预定的时间表喂奶，通常每隔3~4小时喂一次。
不可预测——宝宝主导一切。	可预测——父母们制定一个宝宝能够遵循的节奏，而且宝宝知道将要发生什么。	可预测但容易让人焦虑——父母们设定一个日程表，而宝宝可能不想遵守。
父母没有学会解读宝宝发出的信号；很多哭泣被错误地解读为饥饿。	因为合乎逻辑，所以，父母能够预测宝宝的需要，因而更有可能理解宝宝不同哭声的含义。	如果哭声不符合时间表，就可能被忽视；父母没有学会解读宝宝们发出的信号。
父母们没有自己的生活——宝宝设定时间表。	父母能够安排自己的生活。	父母们受到时间的控制。
父母感到迷惑；家里往往乱作一团。	父母对自己的养育更有信心，因为他们理解自己孩子的信号和哭声。	父母通常会感到内疚、焦虑，甚至生气，如果宝宝没有遵守时间表的话。

庭成员的需要都能得到满足，而不仅仅是宝宝的。你要仔细倾听并且认真观察，尊重你的宝宝的需要，而且，同时你可以使你的宝宝适应家庭生活。（上页的概览表描述了E.A.S.Y.常规程序与按需养育法、按时间表养育法的不同之处。）

为什么E.A.S.Y.程序管用

人，不管多大岁数的人，都是遵照习惯生活的生物——他们在一个有规律的按部就班做事的模式下发挥得更好。规律性和日常惯例是日常生活的常态。万事都有其逻辑顺序。正如我的外婆南恩说的:“你不能在布丁烤好后再加鸡蛋。”在我们家里、我们工作的地方、我们的学校里，甚至我们教堂里，都有沿袭已久、让我们备感安全的系统。

花点儿时间想想你自己的日常惯例。每天早晨、晚饭时间以及睡觉时间，你可能都在不知不觉地反复地做一些例行的事情。当其中一件受到干扰，你会有什么感受？甚至是一些微不足道的小事，比如水管坏了让你早上没能洗澡，路上堵车让你绕路上班，或者用餐时间比平时略晚一些，都会让你一整天不在状态。所以，到了小宝宝身上，为什么就会有区别呢？他们和我们一样，需要日常惯例，这就是E.A.S.Y.常规程序有用的原因。

宝宝不喜欢意外。当他们每天在大体相同的时间、按照相同的顺序吃奶、睡觉以及玩耍时，他们脆弱的身体系统运行得最好。可以有一些细微的变化，但不能太大。孩子们，尤其是婴幼儿，也喜欢知道接下来要干什么。他们往往不喜欢隐藏的惊喜。可以认真思考一下美国丹佛大学马歇尔·海斯（Marshall Haith）博士进行的开创性的视觉感知研究。他注意到，尽管婴儿的眼睛在出生后的头一年略微有点儿近视，但协调性非常好，甚至从出生开始，当电视屏幕里播放的是能够预测的模式时，他们就会在这些模式出现之前开始寻找它们。通过追踪婴儿的眼部运动，海斯证实，“当一个影像的出现可以预测时，婴儿更容易形成期待。当你愚弄他们，他们就会生气。”这个结论能推而广之吗？绝对可以，海斯说，婴儿需要而且喜欢日常惯例。

E.A.S.Y.程序让你的宝宝习惯事情的自然顺序：吃、活动，然后睡觉。我见过一些父母在宝宝吃完奶后马上就让他们上床睡觉，这通常是因为宝宝在哺乳或者吃奶瓶的过程中睡着了。我不建议这样做，原因有两个。第一，宝宝会对乳房或者奶瓶产生依赖，并且很快就会需要它们才能入睡。第二，你希望每顿饭吃完之后就睡觉吗？除非是在节假日，以及在饱餐一顿感恩节火鸡大餐以后，否则你可能不会这样做。更多的时候，你吃完一顿饭，接着会活动一会儿。确实，我们成年人的一天是这样安排的：吃早饭，去上班、上学或者出去玩，吃午饭，继续上班、上学或者游玩，然后吃晚餐，洗澡，睡觉。为什么不按照同样的自然顺序安排你的宝宝的生活呢？

规律性和条理性会赋予每一个家庭成员安全感。一个有条理的常规程序，可以帮助父母设定一个宝宝能够遵循的节奏，并营造一个有助于宝宝知道接下来会发生什么的环境。采用E.A.S.Y.程序，就不存在刻板执行的问题——我们倾听宝宝，并且对他的具体需求做出回应——但是，我们会让他的每一天都井然有序。我们，而不是宝宝，奠定每一天的基调。

比如，晚上五六点钟的喂奶时间（E），要在婴儿房里或者至少是家里专门留出来给他喂奶的一个安静角落——要远离厨房里飘出的饭香、嘈杂的音乐以及其他孩子的喧哗——给他哺乳或用奶瓶喂奶。接下来，就到了活动阶段（A），在晚上意味着给他洗澡。每一次都用同样的方法给他洗澡（见第143~150页）。给他穿上睡衣后，就到了睡觉时间（S）。这时，我们就要调暗他房间里的灯光，并且播放一些舒缓的音乐。

这个简单安排的魅力在于，对于每一步，宝宝都知道接下来会发生什么，而且其他人也一样。这意味着妈妈和爸爸也能够安排他们自己的生活。宝宝的哥哥姐姐们不会屈居次要位置。最后，每个人都会得到他或者她需要的爱和关注。

E.A.S.Y.程序帮助父母理解他们的宝宝。因为我照顾过那么多宝宝，所以我能听懂他们的语言。对我来说，“我饿了——给我喂奶”听上去与“我的尿布脏了——给我换尿布”或者“我累了——帮我安静下来并且让我睡觉”大不相同。我的目标是帮助父母们学会如何倾听和观察，让他们也能够听懂婴儿的语言。但是，这需要时间、练习以及不断地试错。与此同时，运用E.A.S.Y.程序，甚至在熟练地掌握你的宝宝的语言之前，你就能够明智地猜出你的宝宝需要什么。（在下一章，我将进一步解释关于理解宝宝的姿势、哭声以及其他声响的内容。）

举个例子，比如你的宝宝已经吃过奶（E），并且已经躺在起居室的毯子上盯着房顶的黑白波纹看了20分钟（他玩耍的方式，因此是A）。如果他突然开始哭，你就可以肯定，他可能是过于疲惫，并且已经为下一步——睡觉（S）——做好了准备。不要往他的嘴里塞东西，不要用婴儿车推着他到处转，也不要把他放进那些能摇动的椅子或者秋千里（这只会让他更难受——我将在第166页解释原因），你要把他放到床上，先营造氛围，然后，嗖的一下，他自己睡着了。

E.A.S.Y.程序为你的宝宝打下一个坚实而又灵活的基础。 E.A.S.Y.程序会建立一些指导方针和惯例，父母们可以根据宝宝的脾性，以及同样重要的，根据他们自己的需要，对其加以调整。比如，我不得不帮助小格蕾塔的妈妈乔恩完成了四个版本的E.A.S.Y.程序。乔恩只在格蕾塔出生的头一个月采用母乳喂养，接着就改成配方奶喂养。像这种喂养方式的变化，通常需要对常规程序做出相应的改变。而且，格蕾塔是一个坏脾气型宝宝，所以，她的妈妈不得不学习如何适应她非常明确的偏好。让事情更复杂的是，乔恩是个恪守时间的人，当格蕾塔没有完全按她计划的那样做出反应时，她会感到非常内疚。考虑到所有这些因素，我们就需要进行相应的修改和调整。

尽管要始终保持吃饭、活动、睡觉的顺序，但是，随着宝宝一天天变大，还是会发生一些变化的。在第28页，我已经给出了一张典型的E.A.S.Y.程序时间表，通常适合0~3个月左右的新生儿。到这时，大多数宝宝清醒的时间开始变长，白天小睡的次数变少，吮吸更加有力，因此花在吃奶上的时间更少。但是，到这时，你已经了解了你的宝宝，而且调整你的日常惯例是很简单的一件事。

E.A.S.Y.程序有助于共同养育——不管你有没有伴侣。当照看新生儿的主力——通常是妈妈——没有属于她自己的时间时，她很可能会牢骚满腹，或者怨恨她的伴侣不帮助她分担。在我拜访过的很多家庭里，我都见证过这些困难出现的瞬间。对于一个试图向丈夫宣泄挫败感的新手妈妈来说，没有什么比听到“你有什么好抱怨的？你不就是照顾照顾孩子嘛”这样的话更让人恼火的了。

“我一整天都在抱着她走来走去。她已经哭了2小时了。”妈妈说。

她真正需要的是痛快地抱怨一通，然后一切就结束了。但是，她的伴侣满脑子都是解决方法，并且想要解决这一情形，所以，他反馈的是类似这样的建议“我给你买一条婴儿背带吧”或者“你为什么不带她出去转转呢”，最终，她生气了，而且觉得自己没有得到感激。他则变得沮丧，并且感到烦躁。他不知道她的一天是怎么过的，他所能想到的只有她想从自己这里得到什么。他现在最想做的就是埋头看报纸或者打开电视观看他最喜欢的篮球队的比赛。此时，她可能会气到发疯，而且他们两个不是在处理宝宝的需求，而是沉浸在两人的戏剧性场面之中。

让E.A.S.Y.程序来解围！当有了一个有规律的常规惯例，爸爸就能知道妈妈的一天是怎么过的，而且，同样重要的，他也能够参与到这个常规程序中。我发现，男人在有具体任务的情况下做得最好。所以，如果爸爸知道他将在6点回家，你只需要看看你的常规惯例，然后决定他能够承担哪一项工作。很多男人喜欢给孩子洗澡以及晚上给孩子喂奶。

虽然不那么常见，但是，在所有有孩子的家庭中，接近20%是爸爸全职在家，妈妈出去工作。不管怎样，我都建议，当出去工作的那个人下班回到家里，你们三个人都要一起待半小时。然后，鼓励那个整天待在家里的人出去散散步——只是为了放松一下。

提示：当你下班回到家里，一定要换下你的工作服，即使你整天待在办公室里。衣服上会附着一些外界的气味，这些气味可能会扰乱宝宝脆弱的感官（你也不必担心把它们弄脏）。

在瑞安和萨拉的案例中，E.A.S.Y.程序帮助他们减少了彼此之间频繁爆发的关于什么对小宝宝泰迪“最好”的争论。当我第一次帮助萨拉让泰迪适应这个常规程序时，瑞安正在频繁出差。当他回到家，就想多抱抱他的小儿子，这是可以理解的。小泰迪没过多长时间就习惯了爸爸抱着他到处走，而到他3周大的时候，萨拉实际上已经不可能把他放下来了。爸爸在无意间训练泰迪期待大人们经常抱着他，尤其是在小睡前以及晚上睡觉的时候。当萨拉给我打电话时，我向她解释说，她不得不让泰迪重新适应在我所说的没有大人当“道具”的情况下睡觉（见第159~160页），尤其是因为她的丈夫又要出差，把抱着孩子转的活儿留给了可怜的妈妈。我们只花了两天时间就让泰迪步入正轨，因为他太小了。幸运的是，瑞安理解了E.A.S.Y.程序，所以，当他这次出差归来后，他和他的妻子一起执行E.A.S.Y.程序。

单亲家庭的爸爸或者妈妈怎么办？不可否认，他们一开始通常都步履维艰，因为没有人在一旁等着替换他们。但是，除了偶尔会感到不堪重负，28岁的凯伦认为，她实际上过得比很多夫妻要好。“没有人在要做什么或者怎么做上跟你起争执。”她说道。给马修采用E.S.A.Y程序实际上让她向别人寻求帮助这件事变得不那么复杂了。“因为我把每件事都写了下来，”她回忆道，“我的朋友或者家人无论什么时候来帮我照顾宝宝，他们都确切地知道马修需要什么、什么时候小睡、什么时候玩耍，等等。完全不需要胡乱猜测。”

提示：如果你是单亲父母，朋友就是你的救生索。对于那些不能或者不想帮助你照顾孩子的朋友，可以争取他们帮助你做家务、购物或者其他跑腿的小事。要记住，你要主动请求帮助。不要期望别人能读懂你的心思，而当他们读不懂时，你又心生怨怼。

开始时就要当真

我明白，一个有条理的常规程序，可能与你从朋友那里听到或者从其他书本里读到的内容相悖。为一个小婴儿制订一天的计划的想法，在大多数地区都不流行——有些地方甚至认为这样做很残忍。然后，还是你读过的那些书，还是你的那些亲戚和朋友，通常会建议你在孩子3个月大的时候建立类似这样的日常惯例。这样做的理由是，你知道你的宝宝到那时已经重了很多，而且已经展示出相当有规律的睡眠模式。

让我说的话，这简直是一派胡言！为什么要等呢？到那时通常已经一片混乱了。此外，没有哪种条件反射会在孩子3个月大的时候自动产生。大多数婴儿到那时确实会在发展方面取得很大的进步，但是，日常惯例并不是到某个年龄就会出现的现象——它是后天习得的。一些宝宝——通常是天使型或者教科书型宝宝——会自己形成一个时间表，其他类型的孩子则可能做不到。到3个月大的时候，他们不但不会形成时间表，反而会出现所谓的吃奶或者睡眠“问题”——一些本可以避免或者至少能最大限度减轻的难题，如果他们在婴儿时期就能早早地遵循一个有条理的常规程序的话。

采用E.A.S.Y.程序，你可以引导你的宝宝，同时也能明白他的需要。到他3个月大的时候，你就能了解他的模式并且能明白他的语言。而且，你可以让他养成一些良好的习惯。正如我的外婆南恩教给我的，开始时就要当真。也就是说，先想象一下你想要什么样的家庭生活，然后，当你的宝宝从医院回到家就开始行动。这么说吧：如果你想采用我的“家庭是一个整体”的主意，也就是说，既能满足宝宝的需要，同时也能让宝宝立即融入你的家庭生活中，那你就要采用E.A.S.Y.程序。如果你选择了别的方法——那也是你的权利。

但是，问题在于，父母们通常意识不到他们正在做出这样的选择——他们陷入了我所说的“无规则养育”的泥潭。在孩子出生后的头几周里，他们没有考虑过这是不是他们想要的，或者他们可能没有意识到自己的行为和态度是如何影响自己与宝宝的关系的。他们没有开始时就当真。（关于无规则养育以及解决由此产生的问题的内容，见第9章。）

说实话，一些难题往往是由大人而不是宝宝造成的。作为父母，你必须始终占据主导地位。毕竟，你比你的宝宝知道的更多！尽管婴儿生来就有自己独特的脾性，但是，父母的所做所为确实能对其产生一些影响。我见过天使型宝宝和教科书型宝宝由于受到混乱的日常惯例的困扰而变成被宠坏的小淘气鬼的情况。不管你的宝宝属于什么类型，要记住，他们养成什么习惯是由你来决定的。你要彻底想清楚你要做什么。

正念养育

佛教界把一种状态称为“正念”，意思是指专注于你周围的环境，完全活在当下。我建议把这个理念贯彻到你的新生儿养育大业中。尽量多留意你可能让他养成的习惯。

例如，我建议那些为了让孩子睡觉而抱着他到处走的父母们，先抱着9千克土豆走半小时试试。这是你接下来几个月想做的事情吗？

对于那些没完没了地围着婴儿转，以此来逗他们开心的人，我会问：“当他再大一点儿，你希望你的生活是什么样的？”不管你是计划重返职场还是全职在家，如果他一刻不停地需要你的关注，你会开心吗？难道你不认为有一些属于自己的时间是一件好事吗？如果你认同，你现在就需要采取措施培养他的独立能力。

想想你自己的日常惯例也有帮助。当你的一天被一个意外或者麻烦打乱时，你会怎么样？你会生气、沮丧，甚至你或许会发脾气，而这反过来又会影响你的胃口和睡眠质量。你的新生儿也不例外，除了他无法制定自己的日常惯例。你必须为他制定。当你制订一个宝宝能够遵守的合理计划，他会更有安全感，而你也不会那么不堪重负。

即兴而为与做好计划

有时候，父母们一开始会拒绝采用有条理的常规程序。当我说："我们马上就要将一个有条理的常规程序引入你的宝宝的日常生活。"他们会吓得倒吸一口气。

"哦，不行，"一位妈妈或者爸爸可能会大叫道，"书上说我们必须让宝宝主导，并且要满足他所有的需要。否则他就会没有安全感。"在某种程度上，他们有一个错误的概念，认为让一个婴儿适应一个常规程序，要么意味着忽视他体内的自然节律，要么意味着任由他哭泣。他们没有意识到，恰恰相反，采用E.A.S.Y.程序，有助于父母更好地解读并且满足宝宝的需要。

还有一些父母不相信有条理的常规程序这个主意，因为他们深信这将让他们失去对自己的生活的自主权。我最近拜访过的一对年轻夫妇就持这种看法。他们把生活方式的方方面面都告诉了我，他们不想被束缚，这种生活方式在很多二三十岁的年轻夫妇中很有代表性。他们崇尚他们认为的"自然的"养育方式。曾经做过牙医的克洛伊就在一位助产士的帮助下在家里诞下了宝宝。电脑专家塞斯特意选了一份弹性工作，这让他大部分时间都能够在家里办公，从而让他能够分担照顾孩子的工作。而当我问到"小伊莎贝拉通常在什么时间吃母乳？""她几点小睡？"之类的问题时，他们二人看向我，一脸困惑。过了一会儿，塞斯最终回答道："这取决于我们这一天是怎么过的。"

那些一开始拒绝E.A.S.Y.常规程序的父母，往往落在了我所称的"即兴而为–做好计划"光谱的两个相反的极端。一些即兴而为的人崇尚他们即兴的生活方式，就像克洛伊和塞斯那样。其他人可能天生缺乏条理性，并且认为自己无法改变（这完全错误，正如你将要学到的那样）。或者，他们可能像泰利一样——努力将以前有条理的生活方式变得非常散漫。无论是哪种情况，当我说"有条理的常规程序"时，他们听到的是"日程安排"，而且他们想到的是时间表和卡着时钟过日子。他们误认为我在要求他们彻底放弃生活中所有的自主权。

当我与那些完全缺乏条理的父母或者在自己的生活中相当自由放任的父母见面，我会诚实地告诉他们："你自己必须养成良好的习惯，才能将它们传递给孩子。我能够教你如何解读宝宝的哭声以及如何满足他的需求，但是，除非你至少也采取一些措施来提供一个合适的环境，否则你永远也不能给宝宝安全感，也无法让他平静下来。"

处于光谱的另一个极端的"做计划者"，是像丹和罗莎莉一样"照本宣科"的父母。这俩人都是好莱坞的大牌制作人。他们的家里一尘不染，他们的时间安排精确到分钟。在9个月的孕期里，他们憧憬着自己的孩子也能适应这种生活方式。但是，当小温妮弗雷德出生几周后，事情并没有像他们预料的那样发展。"温妮一般都能很好地遵守她的时间表，但有时候，她会醒得早一些，或者吃奶时间长一些，"罗莎莉解释道，"然后，我们一整天就被打乱了。你能教给我如何让她回到正轨吗？"我已经尽力让丹和罗莎莉理解，尽管我强调前后一致很重要，但我也认为要保持灵活。"你们必须了解你的宝宝给出的信号，"我告诉他们，"她正在适应这个世界。你不能指望她按照你的时间来。"

大多数父母最终都能理解这一点。一些父母一开始拒绝采用E.A.S.Y.程序。当他们按照自己的方式尝试几周或者几个月之后给我打电话时，我一点儿都不觉得意外。他们要么是因为自己的生活过得一团糟，要么是因为自己摊上了一个脾气暴躁的宝宝，并且不知道他需要什么，或者两者兼具。如果一位母亲曾经是一个"做计划者"，极有计划性而且极有效率，并且已经努力让宝宝适应自己的生活，她通常不会理解为什么这样做不管用。或者，如果她是一个"即兴而为者"，并且一直走的是宝宝主导的路线，她就是在让一个无助的婴儿说了算，而且现在想知道为什么自己找不到时间洗澡、穿衣服，甚至呼吸！无论是哪种情况，我的答案都是：要么采用E.A.S.Y.程序，让混乱变得有序，要么放下一些你的控制欲。

你的即兴-计划指数是多少

当然，我们中有些人天生是"计划者"，另一些人则喜欢过惊险刺激的生活，完全即兴而为，而大多数人则处于两者之间。你呢？为了弄清楚你属于哪一类，我设计了一个简单的问卷调查，能帮助你弄清楚自己在“即兴而为-做好计划”光谱上的位置。问卷中的每一道题，都基于我过去20多年间在很多不同家庭中遇到的情况。通过观察父母们是如何持家和安排自己的日常活动，我就能大体上判断出他们在宝宝出生后对一个有条理的常规程序的适应情况。

将每道题的得分相加，所得总和除以12，得出的分数就是你的即兴-计划指数。你的分数会在1~5之间，这就是你在“即兴而为-做好计划”光谱上的位置。为什么这很重要呢？如果你过分偏向某一个极端，你可能就是那些刚开始使用我的E.A.S.Y.程序时会遇到困难的父母，无论你偏向的是循规蹈矩的一端，还是偏向过分自由散漫的一端。这并不意味着你无法采用有条理的常规程序，只是说你可能要比得分处于中间位置的父母们付出更多的思考和耐心。下面的描述解释了你的分数以及你可能面对的挑战:

5~4分：你可能是一个极有条理的人。你喜欢也有能力让每件事都井井有条。我相信你对施行一个有条理的常规程序没有任何异议，甚至会欣然接受。尽管你会发现要灵活安排你的每一天，和/或根据宝宝的性情和需要改变日常惯例。

4~3分：你是一个相当有条理的人，尽管你往往并不追求极致的整洁或条理。有时候，你会把家里或者办公室弄得有点儿乱，但你最终会把东西放好，把文件归档，或者做需要做的任何事情来恢复秩序。你或许能相对轻松地与你的宝宝一起采用E.A.S.Y.程序。而且，因为你似乎已经具备某种程度的灵活性，如果你的宝宝不这么想，你也能毫不费力地适应。

3~2分：你往往有点儿散漫、缺乏条理，但这并不意味着败局已定。为了采用一个有条理的常规程序，你实际上可能需要将你们的日常惯例写下来，这样就不会忘记。每一天都要记录宝宝吃奶、玩耍以及睡觉的具体时间。你可能还要列出你需要做的事情（我在第49页绘制了一个表格来帮助你）。好消息是，因为你已经习惯了有些混乱的

即兴－计划指数

从下列问题中选出最符合你的真实情况的选项，并用圆圈将其圈出。提示如下：

5：总是

4：通常

3：有时候

2：通常不

1：从不

我按照一个日程表生活。	5 4 3 2 1
我希望客人来拜访之前先打个电话。	5 4 3 2 1
在购物或者洗完衣服后，我会立刻把每一件东西都收拾好。	5 4 3 2 1
我会把我的每日任务和每周任务按照优先次序排序。	5 4 3 2 1
我的办公桌井井有条。	5 4 3 2 1
我每周采购一次食物以及我知道自己会用到的其他用品。	5 4 3 2 1
我讨厌别人迟到。	5 4 3 2 1
我会注意不给自己安排太多工作。	5 4 3 2 1
在开始一个项目之前，我会列出我将用到的东西。	5 4 3 2 1
我定期打扫并整理我的衣柜。	5 4 3 2 1
干完家务后，我会把用过的东西收好。	5 4 3 2 1
我会提前规划。	5 4 3 2 1

生活，所以，有宝宝的生活对你来说可能没那么出人意料。

2~1分：你是个彻头彻尾的懒散之人，做事全凭直觉。采用一个有条理的常规程序在一定程度上是一个挑战。你绝对必须将每件事都写下来，因为这意味着彻底改变你的生活方式。但是，你猜怎样？亲爱的读者，有一个宝宝本身就是一种彻底的改变。

改变他们身上的“斑点”

豹子身上的斑点是天生的，幸运的是，父母身上的“斑点”不是。除了一些罕见的情况（见下页“当采用E.A.S.Y.程序遇上困难”），我们大多数人都能够改变自己身上的“斑点”。我发现，那些落在“即兴-计划”光谱中间位置的父母很快就能领悟。可能是因为他们天生就是最灵活的一群人。他们既能够欣赏条理性带来的好处，同时也能够忍受些许混乱。

如果凡事争强好胜或者有洁癖的父母能够不再事事追求完美，他们也能够在这个方法中找到解脱，因为这个方法是能够管理的，而且是有条理的。但是，他们往往必须变得更灵活些。让我高兴的是，我还见过一些最缺乏条理的父母也掌握了E.A.S.Y.程序的内在逻辑并且从中获益。

汉娜的例子。汉娜现在已经取得了很大进步。当我第一次见到她的时候，她的即兴-计划指数是5。她真的看着表给宝宝喂奶。在医院里，汉娜被告知每侧乳头可以给米利亚姆喂10分钟（对此我无论如何也不相信，具体见第92~95页），作为一个恪守规则的人，她一丝不苟地执行了。每次给宝宝哺乳的时候，她都会设一个定时器。那可怕的铃声一响，她就会让米利亚姆从一侧乳头换到另一侧。10分钟后，铃声又会响起，她会让米利亚姆结束吃奶，并迅速将米利亚姆放回房间小睡。让我惊骇的是，汉娜接下来会再次设一个定时器，她解释说：“我每10分钟进去一次。如果她还在哭，我会安慰她。然后，我会再次离开10分钟，接着重复这个过程，直到她最终睡着。”（注意，米利亚姆是不是10分钟里有9分钟都在哭并不重要；定时器说了算。）

“扔掉那个该死的定时器！”我用一种尽可能有分寸而且体贴的语气说，“让我们倾听米利亚姆的哭声，并弄明白她试图说什么。我们观察她吃奶的情况，观察她的小身体，并且让她发出的信号来告诉我们她需要什么。”我开门见山地向汉娜解释了我的E.A.S.Y.程序并且帮助她执行。尽管妈妈花了好几个星期才适应了E.A.S.Y.程序（当然，米利亚姆立刻就如释重负），但米利亚姆很快就能吃奶，并且一

当采用 E.A.S.Y. 程序遇上困难

虽然很少见，但是，有些父母在采用有条理的常规程序的过程中的确遇到了很多麻烦。通常是因为以下原因：

- **他们缺乏远见**。从更广阔的的角度讲，婴儿期是非常短暂的。那些将E.A.S.Y.程序视作死刑宣判的人会唉声叹气，也永远无法理解宝宝或者享受与宝宝在一起的乐趣。
- **他们没能做到始终如一**。你的日常惯例可能会随着时间的推移而改变，也可能因为你的孩子的具体情况或者你自己的需要而不得不做出调整。尽管如此，你每天都必须努力让这个有条理的常规程序大体保持一致——吃、活动、睡觉以及你自己的时间。这可能有点儿枯燥，亲爱的读者，但它管用。
- **他们没有走一条实用的“中庸之道”**。他们要么认为需要强迫宝宝适应他们的需要，要么崇尚“宝宝至上”的理念，让宝宝（以及混乱）主导这个家庭。

个人玩一会儿了。只有在她表现出疲惫的迹象时，汉娜才会把她放到婴儿床上。

泰利。尽管她一开始对有条理的常规程序这个想法感到震惊。她的即兴-计划指数是3.5。我个人认为可能更接近4，因为她当了很多年的高级主管。或许她对这些问题的回答反映了泰利想要成为什么样的人。无论是哪种情况，一旦她不再抗拒，我们就先集中精力让加斯按时吃奶。我帮助泰利看到加斯吃奶很有效率，而且每当他在她的胸前蹭来蹭去，就表示他想吃奶。她很快就能很好地听出饥饿的哭声与过于疲惫的哼唧声之间的区别——相信我，两者是不一样的。我还建议她用一个表格来记录加斯吃奶、玩耍以及小睡的时间，还有她自己的时间（见第49页）。有了这个有条理的常规程序，看到白纸黑字写下来的她每天的进展，并且知道接下来会发生什么，帮助泰利更熟练地解读加斯的哭声，而且还让她找到了属于她自己的时间。她觉得自己变成了一个更称职的妈妈——事实上，她对生活中的每一件事的感觉都更好了。

两周后，她给我打来了电话。“现在才早上10：30，特蕾西，我就起床、穿好衣服，并且准备好门办事了，”她骄傲地说，“你知道，有意思的是，尽管我曾经那么担心自己会想干什么就干什么，毫无计划可言，但那时候我的生活就是完全无法预期的。现在，我事实上能够找到想干什么就干什么的时间。”

特蕾莎和詹森。特蕾莎和詹森都是咨询师，都居家办公。他们的即兴-计划指数接近1。他们是一对恩爱夫妻，年纪在三十四五岁左右，但是，哪怕在我第一次坐在他们家的起居室里，为他们做咨询时，我就觉得有必要关上他们各自办公室的房门，这样我就看不到房间里发霉的甜甜圈、尚未清洗的咖啡杯以及散落一地的纸张了。很明显，这个家里凌乱不堪——椅子上堆着脏衣服，地板上也散落着袜子、毛衣以及各种各样的日用品。在厨房里，橱柜的门大敞着，洗涤槽里堆着脏盘子。而这些似乎没有对特蕾莎和詹森造成任何困扰。

与一些夫妻矢口否认不同，在怀孕9个月的时候，詹森和特蕾莎就知道一旦他们的女儿出生，所有的事情都将变得不同。我帮助他们明白，一旦宝宝出生，他们的生活方式将不得不做出哪些具体的改变。特蕾莎和詹森的快乐不仅要以女儿拥有属于自己的神圣空间，以便让她能在那里吃奶、玩耍、睡觉，并且不会受到过度刺激为基础，他们还要尊重她对一致性的需求。

伊丽莎白在一个星期六出生了，而且第二天就从医院回到了家里。我给他们列了一张他们需要用到的物品清单。值得赞扬的是，他们购买了其中的大部分物品。他们在布置宝宝的儿童房方面做得不够熟练，没打开所有物品的包装，也没有将需要的物品放在手边。尽管存在这些不足，詹森和特蕾莎在施行E.A.S.Y.程序方面做得好到让人难以置信（这让我很意外，我必须承认）。伊丽莎白是一个教科书型宝宝，这对她很有帮助。到她两周大的时候，她的父母就能毫不费力地让她的作息走上正轨，而到17个月的时候，她晚上就能连续睡5~6个小时了。

不过，别搞错了：从根本上说，特蕾莎和詹森本色依旧。但是，他们至少有了一个良好的开端。他们的家里稍微整洁了一些，但大多数情况下依然一片狼藉。尽管如此，小伊丽莎白正在茁壮成长，因为她的父母为她营造了一个安全舒适的环境，并且为她设立了一个她能遵循的生活节奏。同样地，泰利依然是泰利，在爱加斯与失去事业之间左右为难。虽然她跟自己承诺不会重返职场，但我怀疑她会重新考虑这个决定。如果她决定回去，那么正确地采用E.A.S.Y.程序将让她和加斯实现平稳地过渡。而汉娜依然是汉娜，她再也不设定时器，但她的家里依然一尘不染。尽管米利亚姆还没有开始走路，但至少到现在为止，很难看出家里有一个小宝宝。但是，至少汉娜能听懂她女儿“说”的话。

E.A.S.Y.程序对你的宝宝来说容易吗

自然，一个宝宝表现如何，还取决于宝宝本身。我的第一个孩子萨拉是一个活跃型宝宝，需求极多，极难伺候，每小时都要起来一次。你要注意，她非常精明，而且她一睁开眼，就想让我和她一起玩。她把我累到筋疲力尽。唯一的解决之道，就是采用一个有条理的常规程序。我们有一套雷打不动的睡前仪式。当我这样做的时候，她就会停止嘻闹，平静下来。然后，她的妹妹苏菲出生了。苏菲从一出生就是一个天使型宝宝。习惯了萨拉的调皮捣蛋，新宝宝持久的平静让我连连惊叹。说实话，有多少个清晨，我发现自己在俯身查看婴儿床上的苏菲是否还有呼吸。而她就在那里，完全清醒，并且心满意足地和她的玩具咿咿呀呀地说着话。我几乎从没想过给这个宝宝采用一个常规程序。

你可以对自己的宝宝有什么期待？我们并不确定。但是，有一件事我相当肯定：我从来没遇到过一个宝宝在执行E.A.S.Y.程序后不能茁壮成长，也没有遇到一个家庭在有了一个有条理的常规程序后其状况没有得到改善。如果你有一个天使型宝宝或者教科书型宝宝，那么无须你做太多，他体内的生物钟就能让他有一个好的开始。但是，其他类型的宝宝可能需要更多帮助。你可以对自己的宝宝有如下期待：

天使型。毫不奇怪，一个性情温和、听话的宝宝，轻轻松松就能适应规律的生活。艾米莉就是这样的宝宝。她刚从医院回到家里，我们就让她采用E.A.S.Y.程序，而且，她在自己婴儿床上的第一天晚上，就从23：00睡到了第二天早上5：00，而且接下来天天如此，直到她3周大。此时，她能从夜里23：00睡到第二天早上7：00。这让妈妈的朋友们羡慕不已。根据我的经验，这很有代表性——有了有条理的常规程序，很多天使型宝宝到3周大时就能睡一整夜。

教科书型。这也是一种你可以轻松塑造的宝宝，因为他是那么容易预测。一旦你们开始采用一个常规程序，他就能不费吹灰之力地执行下去。汤米会按时醒来吃奶，并开心地从22：00睡到第二天凌晨4：00。而且，到6周大时，他就能睡到早上6：00。我发现，到七八周大时，教科书型宝宝往往就能睡一整夜。

敏感型。这是最脆弱的一类宝宝。他也喜欢常规程序的可预测性。你越始终如一，你们就越能更好地理解彼此，他也能越早睡一整夜——通常在8~10周左右，如果你能正确地读懂他给的信号的话。但是，如果做不到，你就要小心了。除非敏感型宝宝有一个有条理的常规程序，否则你很难辨别他的哭声——而且这只会让他更加烦躁。对于艾瑞斯来说，从一个突然到访的客人到室外狗的叫声，几乎任何事情都能让她分心。她妈妈不得不密切关注她给出的信号。如果妈妈没有注意到饥饿或者疲惫的信号（见第163页），而且过了很长时间也没有给她喂奶或者把她放到婴儿床上，这个敏感型宝宝很快就会崩溃，而且很难平静下来。

活跃型。这类宝宝有自己的主见，似乎会抗拒你的日程安排。或者，就在你认为你已经让他很好地执行一个常规程序时，他却认为这个程序不适合他。然后，你不得不花一天时间观察他给出的信号。看看他有什么要求，然后让他回归正轨。活跃型宝宝会让你看到什么适合他，以及什么不适合他。例如，巴特会在妈妈每次试图给他哺乳的时候睡着。然后她就很难叫醒他——在采用E.A.S.Y.程序4周后。我建议帕姆花一天时间认真倾听和观察她的儿子。她清楚地看到，他白天睡觉的时间变短了，他的小睡时间还不够就会醒来。她还意识到，当他开始醒来时，她介入得有点儿太快了，没有倾听他发出的信号。当她等一会儿而不是匆忙介入时，她发现他会让自己再睡一会儿，而且接下来吃奶时会更清醒。所以，她让他回到了正轨。活跃型宝宝需要12周时间才能睡一整夜，表现得就好像他们之所以不想睡觉是因为害怕错过什么一样。他们通常还难以放松下来。

坏脾气型。这类宝宝可能不喜欢任何常规惯例，因为他对大多数事情都很反感。但是，如果你能够让他走上正轨并且能前后一致，他会更开心一些。这类宝宝非常认真，但是，你运用E.A.S.Y.程序给他洗澡、穿衣服甚至喂奶时不太可能遇到问题，因为至少你的坏脾气的小家伙知道将会发生什么，并且可能还会非常满意。一个坏脾气型宝宝常常会被诊断为患有腹绞痛，而实际上他需要的只是规律和坚持。斯图尔特就是一个这样的宝宝。他不喜欢自娱自乐，不喜欢换尿布，哺乳时脾气也很差——而且他会表现出来。斯图尔特的自然节律适合他却不适合他妈妈，因为她特别不喜欢半夜无缘无故地起床。她开始用E.A.S.Y.程序，现在他在白天更有可预测性，夜里睡觉的时间更长，而且，事实上，他在白天也变得讨喜多了。坏脾气型宝宝通常到6周大时能睡一整夜。实际上，他们躺在床上，远离家里的喧嚣时，似乎是最快乐的。

让我提醒你一下，就像我在第1章里首次介绍这些“类型”时做过的那样：你的宝宝表现出的特征可能符合不止一种类型。在任何情况下，你都不应该将这些描述奉为金科玉律。然而，我发现，一些宝宝比另一些宝宝更容易执行E.A.S.Y.程序。而且，一些宝宝，就像我的萨拉一样，也比其他宝宝更需要一个有条理的常规程序。

但是，我怎么才能知道宝宝需要什么

好了，现在你了解了你自己，你也知道了可以对你的宝宝有什么期待。这是一个开始，但是，罗马不是一天建成的。实施一个有条理的常规程序的头几周可能很艰难，需要时间和耐心，以及将你的计划坚持下去的毅力。下面是需要记住的其他提示：

全部写下来。我给父母们的众多工具之一，就是我的E.A.S.Y.程序日志，这对于“放任自流”的父母们尤其有帮助。它能帮助父母追踪他们在这一进程中的进度，以及妈妈和宝宝在做什么。在宝宝出生后的头6周里记日志尤为重要。你还要记得用图表记下你自己的恢复情况。正如我将在第7章为你详细解释的那样，对于妈妈来说，在生产后头6周里好好休息与学习如何照料她的新生儿一样重要。

在宝宝出生后的几天到一周的时间里，你将清楚地看到你的宝宝在做什么。比如，你可能会注意到一个生长突增期，因为他吃得更多了。或者，你可能会注意到他吮吸你的乳房的时间更长了。如果他吃奶的时间由过去惯常的30分钟猛增到45~60分钟，那么，他是真的在吃奶，还是只是在消磨时间，用你的乳房来哄自己睡觉？你只有花时间认真观察他的情况，才能知道答案，这就是爸爸妈妈开始学习婴儿的语言以及他们自己孩子的习惯方式的时候（更多信息见第52~75页）。

这只是一个日志样表（见下页），主要为妈妈们设计。第4~6章详细阐述了你的宝宝吃奶、排便、排尿、活动以及一天中其他方面的内容。读完这几章，你将找到衡量你的宝宝发展状况的其他指南。而且，你可以随意调整这个日志，来适合你的具体情形。例如，如果你和你的伴侣各承担一半养育任务，你可能希望标出谁做什么。或者，如果你的宝宝是早产儿或从医院回家时患有一种病（见第8章），你可能需要另外添加一栏，来标明需要进行的特殊护理。重要的是记住要前后一致——日志只是帮助你追踪。

E.A.S.Y. 程序日志									
日期________									
吃						活动		睡觉	你自己的时间
几点吃的？	吃了多少（毫升）	吮吸左侧乳房多长时间（分钟）	吮吸右侧乳房多长时间（分钟）	排便	排尿	做了什么，做了多长时间？	洗澡（上午还是下午？）	多长时间？	休息？做事？观察？评论？

把你的宝宝当作一个人来了解。把你的宝宝当作一个独特而且特别的个体来了解，对你来说是一个挑战。如果你的宝宝名叫瑞秋，不要把她当作“那个婴儿”——相反，要把她当作一个名叫“瑞秋”的人。你知道瑞秋的一天应该按照什么顺序度过——吃、活动、小睡。但是，你还必须了解她的情况。这可能意味着试行几天，后退一步以便真正观察她在做什么。

提示：要记住，你的宝宝并不真正“属于你”，而是一个独立的人，一个上天赐予你照顾的礼物。

慢下来……字面意义上的。E.A.S.Y.既是首字母的缩写，也在提醒人们，宝宝会对温柔、简单、缓慢的动作做出反应。这是他们体内的自然节律，而我们需要尊重它。不要试图让你的宝宝对你的节奏做出反应，而要让你自己慢下来，来对他的节奏做出反应。这样一来，你将能够观察和倾听，而不是贸然做出反应。这样做不光对你的宝宝好，也有利于你“搭上”或者配合他的不那么紧张的节奏。这就是我建议你甚至在抱起你的宝宝之前做三次深呼吸的原因。在下一章中，我将解释更多关于慢下来并密切、仔细地观察宝宝的内容。

第3章

慢下来（S.L.O.W.）

我们认为，一个能够读懂宝宝的线索的母亲，一个能够理解宝宝试图与她交流的内容的母亲，最有可能为宝宝提供一个促进其发展并提高其日后认知能力的养育环境。

——巴里·莱斯特（Barry Lester）博士

《布朗校友杂志》[1]

① 选自《布朗校友杂志》（*Brown Alumni Magazine*）中的《哭泣的游戏》（The Crying Game）一文。该杂志于1990年由布朗大学的一群校友创办。本文作者巴里·莱斯特博士是美国布朗大学医学院儿童风险研究中心主任。——译者注

婴儿：异乡异客[1]

新生儿犹如一个从异国他乡远道而来的游客，我试图用这样的解释来帮助父母们站在他们孩子的视角看问题。我让他们想象他们自己在一个陌生但魅力十足的国度里旅行。这片土地风景优美，人民热情友好——你可以从他们的眼睛里、从他们的笑脸上看出来。但是，要想得到你想要的东西，可能会让你感到相当沮丧。你走进一家餐馆，问："洗手间在什么地方？"然后你会被带到一张餐桌前，鼻子底下被塞下一盘意大利面。或者，正好相反，你正在找地方饱餐一顿，然后服务员把你带到了洗手间。

从新生儿来到这个世界的那一刻起，这就是他们的感受。不管婴儿房被布置得多么漂亮，不管他们的父母多么热情、多么用心良苦，他们都在经受着自己不理解的陌生感受的连环冲击。婴儿所具备的唯一的沟通方式，也就是他们的语言，是他们的啼哭和身体动作。

你还要记住，婴儿是按照**他们的**而不是我们的时间成长的，这一点很重要。除了教科书型宝宝，大多数婴儿都不是严格按照一个时间表发育的。父母们需要做的，就是克制自己，看着他们的宝宝茁壮成长——给他们支持，但不要每次出现问题都冲上去解救他们。

踩刹车

当父母们要求我帮助他们弄清楚宝宝为什么烦躁或者啼哭时，我知道他们很焦虑，并且希望我立刻就**做**些什么。然而，大大出乎他们意料的是，我会说："停下来。让我们试着弄清楚他在对我们说什么。"首先，我会停一会儿，看清楚小宝宝的动作：胳膊和腿胡乱挥舞，小舌头从嘴巴里一会儿伸出一会儿卷进去，后背拱起。每一个动作都有其含义。我会密切关注他哭泣的声音以及发出的声音。音高、

① 借用了美国著名科幻作家罗伯特·A. 海因莱茵的小说《异乡异客》（*Stranger in a strange land*）的书名。——译者注

强度和频率都是婴语的组成部分。

我还会考虑孩子置身的环境。我会想象这个孩子的感受。除了注意他的外在表现、发出的声音以及摆出的姿势，我还会环视房间，感受房间里的温度，并听听家里的噪声。我会观察他的妈妈和爸爸看上去怎么样——紧张、疲惫还是生气——而且，我会倾听他们在说什么。我还会问几个问题，比如：

“你上一次给他喂奶是什么时候？”

“在他睡觉前你通常会抱着他走来走去吗？”

“他经常像这样把腿拱到胸口吗？”

然后，我会等一会儿。我的意思是，你不会在没有彻底明白成年人之间的谈话之前就贸然插话，不是吗？你会旁观一会儿，以便弄明白打断谈话是否合适。但是，在面对宝宝时，大人们往往倾向于不假思索地介入。他们对着宝宝轻声细语地说话、摇晃他、给他换尿布、给他挠痒痒、逗他。他们说话声音可能太大或者语速太快。他们认为自己是在回应宝宝，其实并不是，他们只是在蛮干而已。而且，有时候，由于他们的所做所为是出于自己的不适，而不是对婴儿的需要做出的反应，就在无意间增加了宝宝的痛苦。

多年来，我已经认识到了先评估再行动的重要性，三思而后行，几乎已经成了我的第二天性。但是，我承认，那些不习惯婴儿哭声的新手父母，那些在婴儿面前显示出表现焦虑[①]的新手父母，通常更难做到。这就是为什么我想出了另一个方便的首字母缩写——S.L.O.W.——来帮助父母和其他成年看护者“踩刹车”。S.L.O.W一词本身的意思就是在提醒你不要急躁，而且每一个字母都能帮助你记住要做什么。

停下来（Stop）。克制自己并且等一会儿，你没必要一听到宝宝哭就扑过去把他抱起来。做三次深呼吸，来让自己集中注意力并提

① 表现焦虑（performance anxiety），与执行某项任务有关的焦虑。——译者注

S.L.O.W. 程序

每当你的宝宝烦躁或者大哭时，可以试试这个简单的策略，只需要花几秒钟。

停下来（Stop）。记住，哭泣是你的宝宝的语言。

倾听（Listen）。这个特别的哭声是什么意思？

观察（Observe）。你的宝宝在干什么？还发生了什么？

发生了什么（What's up）。在你听到和看到的东西基础之上，做出评估和回应。

高感知能力。这样做还能帮助你清除充斥在你脑海里的别人提出的意见和建议。这些意见和建议往往让你很难保持客观。

倾听（Listen）。啼哭是你的宝宝的语言。暂缓行动并非暗示你应该任由宝宝哭泣。相反，这样做的目的是倾听他在对你说什么。

观察（Observe）。他的身体语言在向你诉说什么？周围的环境发生了什么？你的宝宝“说话”之前刚好发生了什么？

发生了什么（What's up）。如果你现在把这些信息汇集在一起——你听到了什么、你看到了什么以及你的宝宝的日常惯例进行到哪一步了——你将能够弄明白他在试图跟你说什么。

为什么要停下来

当你的宝宝啼哭时，你的本能反应就是去解救他。你可能相信宝宝很痛苦，更糟糕的是，你可能认为哭泣是一件坏事。S.L.O.W程序中的S（停下来），就是在提醒你抑制那些感受，而且要等一会儿。下面我将解释我奉劝你停下来的3个重要理由：

1.你的宝宝需要发出他或她自己的“声音”。所有父母都希望自己的孩子善于表达——也就是说，能够说出自己的需求并且谈谈自己的感受。不幸的是，很多爸爸妈妈会等到孩子开始说“口头”语言的时候，才开始教给他们这项至关重要的技能。然而，表达的根源始于婴儿早期、宝宝刚开始通过咿呀声和啼哭与我们“交流”的时候。

记住这一点，然后想想每当宝宝啼哭，妈妈就把他抱起来哺乳或者往他的嘴巴里塞一个安抚奶嘴，会发生什么事情。这样做不仅让宝宝不能发声——本质上是让宝宝变成“哑巴”（这就是我们英国人把安抚奶嘴叫作“dummy”[①]的原因），而且在无意间训练他不要寻求帮助。毕竟，你的宝宝的每一种不同的哭声都在说：“满足我的需要。”现在，当你的丈夫说“我累了”，我相信你不会往他的嘴里塞一只袜子。但是，从本质上说，这就是我们对宝宝做的事情，如果我们只是往他的嘴里塞点儿东西，而不是等一会儿，并且听听他在说什么的话。

这样做最糟糕的一点在于，通过匆忙介入，父母就在无意间训练自己的宝宝不要说话。当父母们不停下来倾听并且了解如何分辨不同的哭声，那么，随着时间的推移，那些无数研究证实从出生就有区别的哭声，就会变得无法分辨。换句话说，当一个婴儿的每一次啼哭都得不到任何回应，或者得到的“回应”都是母乳或者奶粉，他就会认识到，他怎么哭并不重要——反正结果都是一样的。久而久之，他会放弃，而且他发出的所有的哭声听起来都一样。

2.你需要培养宝宝的自我安慰技能。我们都知道自我安慰对于成年人的重要性。当我们的情绪有点儿低落时，我们会洗个热水澡，做做按摩，读一本书，或者散会儿步。每个人放松的方法都不相同，但是，知道什么能帮助我们平静下来或者让我们入睡，是一项很重要的应对技能。我们也在不同年龄的孩子身上看到过这项技能。一个3岁的孩子在受够了这个世界的时候可能会吮吸拇指或者紧紧抱住他最喜欢的玩具；一个十几岁的孩子可能会躲进他的房间里听音乐。

那么，婴儿呢？很显然，他们既不能去散步也不能打开电视放松一下，但是，他们天生就自带一套自我安慰装置——啼哭和吮吸反射，而我们需要帮助他们学会如何使用它。不满 3 个月的婴儿可能还找不

① 在英国，dummy，既有安抚奶嘴的意思，也有哑巴的意思。——译者注

理解宝宝哭声的益处

美国布朗大学婴儿发展中心的精神疾病和人类行为教授巴里·莱斯特（Barry Lester）研究婴儿啼哭已经20多年了。除了划分出啼哭的不同类型，莱斯特博士还做了其他研究。他让母亲们分辨各自一个月大宝宝的哭声。当母亲的认知与研究人员的分类一致时，可以得分。与那些妈妈得分低的宝宝相比，那些妈妈得分高的宝宝在18个月大时的智力得分更高，而且认字数量是前者的2.5倍。

到自己的手指头，但他们肯定会啼哭。除了其他目的，啼哭是阻断外部刺激的一种方式，这就是宝宝在过度疲惫的情况下会啼哭的原因。事实上，我们大人依然在这么做。你难道没说过“烦死了，我想吼两嗓子”吗？而你真正想做的是闭上眼睛，捂住耳朵，张开嘴巴，然后放声大叫，从而屏蔽掉所有的东西。

你知道，我并不主张任由宝宝哭着入睡——绝非如此。我认为这样做不仅反应迟钝而且非常残忍。但是，我们可以把他们“疲惫”的哭声当作信号，我们可以让他们的房间变暗，让他们远离光线和声响。而且，有时候婴儿会哭几秒钟——我称之为“虚幻宝宝”哭声（见第171页），然后独自入睡。他基本上已经安慰了自己。如果我们匆忙干预，他会迅速失去这种能力。

3.你需要学习你的宝宝的语言。S.L.O.W.程序是帮助你了解你的宝宝并且明白他需要什么的一个工具。与没有真正理解他的需要就把一个乳头塞到他的嘴巴里或者一直摇晃他的身体相比，克制自己，等一会儿，以便真正分辨出他的哭声和与之相伴的身体语言，你就能更恰当地满足他的需要。

但是，我必须再强调一次，停一会儿以便做这个心理评估，并不意味着任由你的宝宝哭泣。你只是花一点儿时间了解他的话语。你一定会满足他的需要，你也不会任由他变得过于沮丧。事实上，运用这个方法，你会变得非常擅长读懂你的宝宝，在他有可能失去控制之前就发现他的痛苦。简言之，停下来，观察、倾听，然后仔细地评估，可以赋予你力量，并让你成为一个更好的父母。（你还可以看看上页“理解宝宝哭声的益处”。）

倾听入门

尽管你需要练习才能辨别宝宝不同的哭声，但是，要记住，S.L.O.W.程序中的L（倾听）还包括放宽视野以便找到有意义的线索。为了继续探讨下去，我假设你现在正在采用E.A.S.Y.程序。在这个前提下，下面是一些将帮助你更专心倾听的提示：

考虑时间。你的宝宝在一天中的什么时间开始烦躁或者哭泣？他刚刚吃过奶吗？他一直在玩耍吗？一直在睡觉吗？他的尿布可能湿了或者脏了吗？他可能受到过度刺激了吗？回想一下早些时候甚至昨天发生了什么。你的宝宝做了一些以前没做过的新事情吗，比如第一次翻身或者开始爬？（有时候，生长突增期或者其他飞跃式的发展会影响一个宝宝的食欲、睡眠模式或者性情，详见第99页）。

考虑环境。家里发生了什么？狗一直在叫吗？有人一直在使用吸尘器或者其他声音很大的家用电器吗？外面噪声很大吗？这些事情中的任何一件，都可能让你的宝宝心烦意乱或者受到惊吓。有人在做饭吗？如果是，厨房里散发出刺激性的气味吗？空气中有其他难闻的气味吗，比如空气清新剂或喷雾剂？宝宝对味道非常敏感。还要考虑室内的问题。有穿堂风吗？你的宝宝穿得太多还是太少？如果你带着他外出的时间比平时长，他是不是受到了不熟悉的情景、声音、气味或者陌生人的影响？

考虑你自己。宝宝会吸收成年人的情绪，尤其是妈妈的情绪。如果你觉得自己比平时焦虑、疲惫或者愤怒，就会影响你的宝宝。或者你刚接了一个让你心烦的电话或者对别人大喊大叫过，如果紧接着给你的宝宝哺乳，他肯定会感受到你的行为的不同。

还要记住，当宝宝啼哭时，我们大多数人都做不到客观对待。这与我们看到一个成年人处于困境之中就会依据我们自己的经验将我们认为他有什么感受投射到他的身上，并没有太大区别。看到一张女性捂着肚子的照片，一个人可能会说："哦，她肚子疼。"而另一个人在看过同一张照片后，可能会说："她刚刚听到一个好消息——她怀孕了。"听到宝宝的哭声时，我们也会投射。我们认为自己了解他们有什么感受，而如果是负面的，我们可能会紧张，并且担心接下来该怎么做。宝宝会注意到我们的不安——以及我们的愤怒。一位妈妈发现自己"过于用力地摇晃宝宝的摇篮"时，她知道自己过度疲惫了。

面对现实吧。不知道如何做没关系，想知道如何做也没关系。生气也没关系。有疑虑、有情绪只会让你成为正常的父母。将你的焦虑或者怒火投射到你的宝宝身上就不行了。我总是告诉妈妈们："宝宝从来不会哭死。即使这意味着任由你的宝宝多哭几秒钟，也要走出房间，先多花几分钟让自己平静下来。"

提示：要想让一个宝宝平静下来，你必须先让自己平静下来。做三次深呼吸。感受你的情绪，试着理解它的来源，而且，最重要的，让你感受到的任何焦虑或者气愤逐渐消失。

宝宝哭=坏妈妈？

不是，亲爱的，不是这样的！

31岁的詹妮斯是美国洛杉矶一所幼儿园的老师。我曾经跟她一起工作过。她在运用S.L.O.W.程序时曾经历过一段糟糕的时光，因为她无法做到第一个字母(停下来)。小艾瑞克一哭，詹妮斯就觉得自己必须去解救他。通常，她会试着给他喂奶或者往他的嘴巴里放一个安抚奶嘴。我一遍一遍地和詹妮斯说同样的话："等一会儿，亲爱的，这样你就能明白他在对你说什么。"但是，她就好像控制不住自己一样。终于，有一天，詹妮斯自己意识到发生了什么，而且与我分享了她的见解。

"当艾瑞克两周大时，我和我的妈妈有过一次对话，那时候她已经回洛杉矶了。艾瑞克刚出生的时候，妈妈、爸爸和姐姐来探望过我们，但等到艾瑞克的割礼式[1]结束后就都走了。几天后，当我和妈妈正在通电话时，她听到了艾瑞克的哭声。'他怎么了？'她以一种非常有优越感的姿态问我，'你在对他做什么？'"

尽管詹妮斯有非常丰富的与别人的孩子打交道的经验，她仍对养育自己孩子的能力感到怀疑，但是，是她妈妈含蓄的暗示把她推到了崩溃的边缘。在那通电话之后，詹妮斯就坚信自己肯定是**做错**了什么。妈妈在那通电话的最后补充的那句话更是雪上加霜："你小时候**从来**没哭过。我是个优秀的妈妈。"

这是我听过的最严重、最具破坏力的误解：**宝宝哭等于坏妈妈**。詹妮斯将这条信息印在了她的脑海里，又有谁能责怪她试图解救艾瑞克的举动呢？毫无帮助的是，詹妮斯的姐姐生了一个很少哭的天使型宝宝。艾瑞克是一个敏感型宝宝，他要敏感得多：任何细微的刺激都能震撼他的世界。但是，詹妮斯看不清楚她的处境，因为焦虑遮住了她的视线。

然而，我们讨论过之后，詹妮斯的想法开始改变。首先，她记得在她和姐姐小时候，妈妈曾经请

危险的哭泣信号

哭泣是正常的，也是健康的。但是，如果出现以下任意一种情况，你应该给医生打电话：

- 一个通常心满意足的宝宝连续哭2小时或以上。
- 过度哭泣并伴随：
  - 发烧
  - 呕吐
  - 腹泻
  - 抽搐
  - 疲倦
  - 皮肤呈灰白或者蓝色
  - 不寻常的淤青或者皮疹
- 你的宝宝从来不哭，或者如果他哭，声音极其微弱而且听上去更像一只小猫而不是一个婴儿。

[1] 割礼式，犹太人给出生8天的男婴实施的割礼，表示他正式进入犹太社区。——译者注

过二十四小时儿童看护。或许时间已经冲淡了妈妈的记忆，又或者女佣总是帮忙把啼哭的孩子带到她看不见的地方。无论如何，事实是每个宝宝都会哭，除非出了什么问题（见上页方框）。事实上，适度啼哭对宝宝有好处：泪水中含有一种消毒剂，能预防眼部感染。艾瑞克的哭泣是一个信号，表明他只是试图让别人知道他的需求。

诚然，艾瑞克放声大哭时，詹妮斯很难平息脑海中“坏妈妈！坏妈妈!”的尖叫声。但是，了解了自己焦虑的来源，可以帮助她充分思考自己的行动，而不是立刻试图让儿子安静下来。自我反思帮助她将儿子从她正经历的情感旋涡中分离出来，还帮助她更清楚地看到他是一个可爱的、敏感的小男孩——与她姐姐的小天使相去甚远，但同样是一件美好而且可爱的礼物。

与我的新生儿小组里其他新手妈妈的交流，也帮助了詹妮斯，因为她看到自己并不孤单。确实，我见过很多父母一开始运用S.L.O.W.程序时遇到了困难，因为他们几乎做不到第一个字母——他们控制不住自己。或者，如果能做到，他们也很难在不受自己情绪左右的情况下倾听和观察。

为什么有时候倾听很难

父母们有时候会发现，倾听一个啼哭的宝宝很难，客观地对待所听到的也很难。造成这个问题的原因有很多。或许下面的一个或者多个原因符合你的情况。如果是这样，你一开始可能会在S.L.O.W.程序中的L（倾听）上遇到麻烦。振作起来，亲爱的，意识到这个问题，通常就是改变你的观点所需要的全部。

你的脑海里充斥着别人的声音。这些声音可能来自你的父母（就像詹妮斯那样）、你的朋友，或者你从媒体上看到或者听到的某一个育儿专家。我们还会把过去人生中与别人的互动带到育儿中，这反过来又塑造了我们对一个“好父母”应该做什么和不该做什么的看法（为了让你回忆起我对什么是好父母的看法，可以重读本书“引言”第10页）。这包括在你小时候人们是如何对待你的，你的朋友是如何与他们的宝宝打交道的，你在电视或者电影里看到了什么以及你在书里读到了什么。我们的脑海里都有别人的声音。问题是，我们没必要听。

提示：要意识到你心里的那些“应该如何如何”，并且知道，你没必要遵从它们。它们可能适合别人的宝宝、别人的家庭，但不适合你的。

顺便说一下，你脑海中的声音还可能告诉你：“要和某某人做的完全相反。”，但这也有局限性。毕竟，几乎没有父母是彻头彻尾的坏父母。尽量不要像某个特定的人，会把他变成一种刻板印象。比如，你妈妈过去对你要比你希望对你自己的孩子严格。她还可能有着令人难以置信的条理性或者创造性。为什么要把孩子和洗澡水一起倒掉呢?

提示：当我们被赋予力量而且能够听从内心的指引时，养育的真正乐趣就会降临。睁开你的双眼，明智一些，考虑所有选择、所有养育方式，然后做出适合你和你的家庭的决定。

你认为宝宝哭泣时的情感和意图与成年人的相同。当宝宝啼哭时，父母们最常问的问题是：“他很伤心吗？”或者，他们可能会对我说：“他啼哭就好像是为了不让我们好好吃顿饭一样。”对于成年人来说，哭泣标志着情感的宣泄——通常是让人难以承受的悲伤、莫大的喜悦，以及偶尔的愤怒。尽管成年人哭泣通常有负面的含义，但是，偶尔痛哭一场是正常的，也是健康的。事实上，在我们一生中，每个人都会分泌接近30桶眼泪！但是，我们哭泣的原因与一般婴儿啼哭的原因并不相同。他们哭不是因为伤心，也不是为了操纵别人。他们并不想报复你或者故意毁掉你的白天或者夜晚。他们只是婴儿，而且他们在这方面非常简单。他们不像我们一样有那么丰富的人生经历。啼哭是他们告诉你“我需要睡觉”“我饿了”“我受够了”或者“我有一点儿冷”的一种方式。

提示：如果你发现自己将成年人的情感或者意图投射到宝宝身上，可以将你的小宝宝想象成一只汪汪叫的小狗或者喵喵叫的小猫。你不会认为它们在受苦，不是吗？你只会认为它们在和你“说话”。也要这样对待你的宝宝。

健康宝宝的啼哭	
它们可能是什么意思	它们不可能是什么意思
我饿了。	我生你的气了。
我累了。	我很伤心。
我受到了过度刺激。	我很孤独。
我需要换个环境。	我很无聊。
我的肚子疼。	我想报复你。
我不舒服。	我想扰乱你的生活。
我太热了。	我觉得被抛弃了。
我太冷了。	我怕黑。
我受够了。	我讨厌我的婴儿床。
我需要有人抱抱我或者拍拍我。	我宁愿当别人的宝宝。

你将你自己的动机或者问题投射到宝宝身上。伊温妮的宝宝临睡觉前会烦躁，而监视器里传出的宝宝在婴儿房里发出的一丁点儿动静，都让伊温妮难以忍受。所以，她会介入。“哦，可怜的亚当，”她叹气道，“你一个人在这里感到孤独吗？你害怕吗？”问题不在小亚当身上，而在伊温妮身上。“哦，可怜的亚当”实际上是在说“哦，可怜的我”。她的丈夫经常出差，而她从来都不擅长独处。在另一个家庭里，每当3周大的蒂莫西一哭，唐纳德就会过度担心。“他在发烧吗？”他问，“他像这样把腿抬起来，是因为哪里疼吗？”就好像这还不够糟糕，唐纳德接着会更进一步：“哦，不，他可能和我一样得了结肠炎。”

一个人过分担忧某件事，会削弱他的观察能力。解决方法是了解你自己的“阿喀琉斯之踵”[①]，并且通过察觉到这一点，来结束每当宝宝哭泣就想象自己最糟糕的经历的噩梦。你很难一个人待着？你可能会认为你的宝宝啼哭是因为他感到孤独。你是疑病症患者？对你来说，每一声啼哭都是生病的征兆。你容易发怒？你会认为你的宝宝也在生气。你低自尊？在你的眼里，你的孩子啼哭可能表明他对自己也感到很糟糕。你对返回工作岗位感到内疚？当你回到家里，而你的宝宝开始啼哭，你可能会认为他想你了。（看看第72~74页上的表格，弄明白宝宝啼哭的真正原因。）

提示：要不断地花些时间问自己：“我真的在关注宝宝的需要吗？还是我在对我自己的情绪做出反应？”

你对哭声的容忍度低。这可能是因为你脑海中存在的那些声音。詹妮斯就属于这种情况。但是，让我们面对它吧，一个宝宝的哭声会相当刺耳。我听不出婴儿的哭声里有消极意味——或许是因为我成年后的生活都在围着婴儿转——但是，至少一开始的时候，大多数父母确实把啼哭看作是负面的。每当我为参加我的孕期辅导班的准父母们播放3分钟“啼哭的宝宝”录像，我都会看到这一现象。一开始，他们会紧张地笑起来。然后，在椅子上坐着的他们开始坐立不安。到录像结束时，我能从房间里至少半数人的脸上明显看出来——通常，是父亲的脸——他们感到不舒服，如果不是肉眼可见的颤抖的话。此时，我总是会问：“这个宝宝哭了多长时间？”从来没有人估计少于6分钟。换句话说，每当宝宝啼哭时，大多数人感觉到的啼哭的时间至少是实际情况的两倍。

此外，一些父母对噪声的阈值比其他父母的低一些。刚开始，可能只是身体做出反应，但是，随后，他们的大脑也开始行动起来。啼哭的声音刺破了成年人的沉默，新手父母马上就这样想：“哦，天哪，我不知道该怎么办。”无法容忍啼哭的爸爸通常希望我“做点儿什么”。但是，妈妈们也会将她们的整个白天描述为“走下坡路”，

① 阿喀琉斯之踵，比喻致命的弱点。——译者注

如果宝宝早上脾气很暴躁的话。

莱斯莉的儿子今年2岁了，她向我坦言："伊森现在能向我要东西，我轻松多了。"我还记得莱斯莉初为人母的时候。她无法忍受宝宝的啼哭，不仅因为啼哭的声音，他的眼泪也让她心碎，因为她确信是自己造成了他的痛苦。我与莱斯莉一起生活了3周，才让她确信啼哭是伊森在说话。

顺便说一句，不单只有妈妈会试图用乳头让宝宝安静下来。每当新生儿斯科特多哭几秒钟，布雷特，这位我最近服务的父亲，就坚持让他的妻子给宝宝喂奶。布雷特不仅在身体上对噪音的阈值很低，他还无法应对自己的焦虑，也无法应对妻子的焦虑。尽管他们都是大权在握的高级管理人员，但新生儿已经让他们的信心丧失殆尽。此外，两人在内心深处都相信，斯科特啼哭是一件坏事。

提示：如果你对噪声特别敏感，你可能需要努力接受这个事实：这就是你现在的生活，你有一个宝宝，而是个宝宝就会啼哭。这种情况不会永远持续下去。你越快学会他的语言，他哭得就越少，但是，他还是会哭。与此同时，不要把哭当作坏事。此外，可以给自己准备一副耳塞，也可以戴上你的随身听。尽管两者都不能让你听不到宝宝的哭声，但它们能让哭声小一点儿。正如一位英国朋友所说："我宁愿听莫扎特，也不想听宝宝的哭声。"

宝宝的啼哭让你尴尬。我必须说的是，这种过于常见的情绪给女性造成的痛苦似乎更甚于男性。我在一间牙科诊所候诊室里就见到过。当时，我在那里坐了大概25分钟。一个抱着小宝宝的妈妈坐在我对面。小宝宝看上去大约三四个月大。我观察这个妈妈是如何先给他一个玩具，然后当他玩腻了又递给他另一个玩具的。他开始烦躁，所以她尝试给他第三个玩具。我能看出来，这个宝宝的注意力持续时间在迅速下降。我还看到这位妈妈开始担心接下来会发生什么。她脸上的表情在说："哦，不！我知道接下来会发生什么。"而且，她是对的。她的小男孩的情绪开始崩溃，他的烦躁情绪迅速变成一个过于疲愈的宝宝所特有的号啕大哭。此时，妈妈环顾四周，感到非常羞愧。“对不起。”她对候诊室里的每个人说。

我为她感到难过。我走到她跟前，并做了自我介绍。“没必要道歉，亲爱的，”我说，“你的小宝宝只是在说话。他在告诉你，‘妈妈，我只是个小宝宝，我的注意力已经达到极限。我需要小睡一会儿！’”

提示：出门在外最好带一辆婴儿折叠车或者摇篮车，这样你就有了一个方便而且安全的地方让你疲倦的宝宝睡觉。

下面这句话也值得重复，所以我要求出版社用黑体字印刷，让所有的妈妈都看到。（制作一些像这样的标语，并把它挂在你的房间里、你的车和你的办公室里，还要塞进你的钱包里。）

宝宝哭≠坏妈妈

还要记住，你和你的宝宝是两个独立的人，不要将他的啼哭看作是针对你的。宝宝哭和你没有任何关系。

你经历了难产。记得你在第2章中见到的克洛伊和塞斯吗？克洛伊的分娩持续了20小时，因为伊莎贝拉被卡在了产道里。5个月后，克洛伊依然为她的宝宝感到难过——或许她是这么认为的。事实上，她已经把自己的失望传递给了伊莎贝拉。在她的脑海里，她想象自己的家庭生产会非常顺利。我在其他妈妈身上也观察到过这种挥之不去的悲伤和懊悔。她们没有将注意力放在新宝宝身上，而是自怨自艾，因为现实与她们的期望不符。她们往往会在脑海里反复重温分娩过程。她们感到内疚，尤其是如果宝宝出现了问题——而且她们感到无助。但是，由于她们没有意识到自己的心里真正发生了什么，所以她们无法克服。

提示：如果你在生产完两个多月后，发现自己依然在脑子里反复回顾这件事，或者把这个故事讲给任何一个愿意听的人，可以试着以一种新的方式思考它或者谈论它。不是关注“可怜的”孩子，而是承认你自己的失望。

当我遇到一个妈妈，而且我知道她还没有从难产中解脱时，我会建议她跟一个关系好的亲戚或者好朋友谈谈，这就足以帮助她改变她的想法。正如我对克洛伊说的，尽量认可自己的经历，但同时敦促自己忘掉这件事。“我知道那段经历对你来说有多么艰难。但是，你无法弥补，也无法改变它。所以，你现在必须向前看。”

提高观察能力：一份从头到脚趾的详细指南

与一个宝宝的哭声相伴的，还有手势、面部表情以及身体语言。“阅读”你的宝宝几乎要动用你所有的感官——你的耳朵、你的手指、你的鼻子，以及你的大脑，后者帮助你将所有感受整合起来。为了帮助父母执行S.L.O.W.程序中的O（观察）——这能让他们理解宝宝的身体语言——我在心里把我认识并且照顾过的宝宝盘点了一遍。除了他们的哭声听起来是什么样的，我还回忆了他们饿了、累了、感到沮丧、热了、冷了或者尿湿了时，看上去是什么样的。我想象是在播放这些小宝宝的无声录影带，这迫使我聚焦于他们的脸和身体看上去什么样。

下面是我从我的虚拟视频中看到的从头到脚趾的影像。注意，这些身体语言是婴儿在五六个月大以前说的“话语”。等到五六个月大时，他们开始对自己的身体有更多的控制——例如，他们可能会吮吸手指来安慰自己。不过，哪怕过了这个年龄，你与宝宝的沟通基本上还是一样的。除此以外，如果你从现在就开始，到那时你就会了解你的宝宝，而且，非常有可能，你将明白他的独特的“身体方言”。

身体语言	**翻译**
头	
⇨从一侧转向另一侧	⇨累了
⇨转过脸不看某个物品	⇨需要换个场景
⇨转向一侧，并且仰起脖子（张开嘴巴）	⇨饿了
⇨如果处于站姿时像打瞌睡那样点头，就像一个人在地铁里睡着了一样	⇨累了
眼睛	
⇨发红，充血	⇨累了
⇨慢慢合上双眼，然后突然睁开；再次慢慢合上然后再次突然睁开，如此往复	⇨累了
⇨“眼镜瞪得像铜铃”——眼睛睁得大大的，一眨不眨，就好像有牙签撑着眼皮一样	⇨过度疲惫；受到过度刺激
嘴巴 / 嘴唇 / 舌头	
⇨打哈欠	⇨累了
⇨噘起嘴唇	⇨饿了
⇨似乎想尖叫，但没有发出声音，最后，先倒吸一口气，然后号啕大哭	⇨胀气或者身体其他部位疼痛
⇨下嘴唇颤抖	⇨冷了

（续表）

身体语言	翻 译
嘴巴 / 嘴唇 / 舌头	
⇨ 吮吸舌头	⇨ 自我安慰，有时候会被误认为饿了
⇨ 吐舌头	⇨ 饿了，经典的“觅食”姿势
⇨ 向上卷起舌头，像一只小蜥蜴一样，不伴随吮吸	⇨ 胀气或者其他部位疼痛
脸	
⇨ 愁眉苦脸，脸经常会皱成一团，就像被咀嚼过的太妃糖；如果让他躺下来，还会开始大口喘气，转动眼珠，并做出类似微笑的表情	⇨ 胀气或者其他部位疼痛；或者要排便
⇨ 面部发红，太阳穴处青筋暴起	⇨ 哭的时间太长，由屏气引起；血管扩张
手 / 胳膊	
⇨ 双手向上伸到嘴边，试图吮吸	⇨ 饿了，如果宝宝在2.5~3小时内没有进食的话，否则就是需要吮吸
⇨ 玩手指头	⇨ 需要换个景色
⇨ 胡乱摆动而且非常不协调，可能会抓皮肤	⇨ 过度疲惫，或者胀气
⇨ 晃动胳膊，轻微颤抖	⇨ 胀气，或者其他部位疼痛

（续表）

身体语言	翻译
躯干	
⇨背部拱起，寻找乳房或奶瓶	⇨饿了
⇨扭动身躯，来回扭动屁股	⇨尿布湿了，或者冷了；还可能是胀气
⇨身躯僵硬	⇨胀气或者其他部位疼痛
⇨身躯颤抖	⇨冷了
皮肤	
⇨黏糊糊，汗涔涔的	⇨太热；哭得太久，也会让身体排出热量，消耗能量
⇨四肢皮肤青紫	⇨冷，胀气或者身体其他部位疼痛，并且已经哭了太长时间；随着身体排出热量，消耗能量，血液被从四肢抽走
⇨鸡皮疙瘩	⇨冷了
腿	
⇨用力踢腿，但动作不协调	⇨累了
⇨把腿抬到胸前	⇨胀气，或者其他腹部不适

发生了什么

S.L.O.W.程序中W（发生了什么）将引导你把听到、观察到的所有情况整合起来，并且弄明白发生了什么。为了让你进行这一步，你可以参考第72~74页的表格。它将帮助你评估宝宝发出的声音和做出的动作。当然，每一个宝宝都是独一无二的，但是，一些常见的信号往往会告诉我们宝宝需要什么。如果你关注他们，你将开始理解你的宝宝的语言。

可以肯定的是，我的工作最让人高兴的方面之一，是见证父母们的成长，而不只是他们的宝宝的成长。对一些父母来说，掌握这些技能要比其他父母困难。我服务过的大多数父母在两周内就能解读“婴语”，尽管一些人要花一个月时间。

雪莉。雪莉来找我，因为她确信她的女儿得了腹绞痛。但是，随着我们交谈的深入，真正的问题浮出水面——而且，不是腹绞痛。我跟雪莉开玩笑说，她肯定是“西部第一快枪手”。只要玛奇发出一丁点儿响动，一个乳房就会“蹦”出来。雪莉会把她抱起来，然后突然间——一个乳头就出现在了她小小的嘴巴里。

“我不能让她哭，否则我会特别生气，”雪莉坦诚道，“所以我宁愿用乳头堵住她的嘴，也不愿意对她大动肝火。”我还能听出雪莉的内疚。“我肯定是做错了什么事情。或许我的乳汁不够好。”各种坏情绪的致命混合让雪莉很难拥有哪怕片刻的停顿，更不用说停下来、倾听和观察了。

为了让她看清事情的真相，我首先要求雪莉写日志（见第49页）。这样，她就不得不记录玛奇吃奶、玩要和睡觉的确切时间。我只需要看2天日志，就明白了问题所在。玛奇实际上每隔25~45分钟吃一次奶。她所谓的腹绞痛完全是因为乳糖摄入过多，这意味着如果采用E.A.S.Y.程序，按照恰当的时间间隔喂奶，她的问题就能奇迹般地消失无踪。

“如果你不学着理解你的宝宝不同哭声的含义，她将丧失把自己的需要告诉你的能力。”我解释道，“它们将开始融合成一种高分贝的‘注意！’哭声。”

一开始，我不得不训练雪莉，帮助她分辨玛奇的不同哭声。几次之后，雪莉激动不已。她能够分辨出至少两种：饥饿的哭声，一种节奏平稳的念经似的“哇–哇–哇”声；以及过度疲惫的哭声，玛奇的喉咙后面会发出一种像咳嗽一样的短促哭声，同时会扭动身体，拱起背部。如果雪莉此时没有理解玛奇，并且帮助她入睡，她就会由烦躁变成号啕大哭。

我在前面提到过，你自己的情绪波动会妨碍你，就像雪莉之前那样。她现在越来越擅长使用S.L.O.W.程序，而且我感觉她的技能还将继续提高。最重要的，她对这件事的觉察帮助她将小玛奇看作是一个有着自己的感受和需要的独立的人。

玛西。玛西显然是我的诸多明星学员中的一个，她在学会了如何理解她的小宝宝后，就变成了我的坚定的拥护者。她最开始给我打电话，是因为她的双侧乳房疼痛，而且她的儿子吃奶似乎没有规律。

“迪伦只在他饥饿的时候才会哭。”当我们第一次见面时她坚持说。当她解释迪伦几乎每隔1小时就会饿时，我就明白她还无法分辨迪伦的哭声。我立刻帮助玛西认识到，她需要让她3周大的儿子采用一个常规程序，这会让他以及她的一天变得井井有条，而不是像现在这么随意。然后，我和她一起待了一下午。在某一刻，迪伦开始发出像咳嗽一样的哭声。

“他饿了。”玛西声称。她说对了。她的儿子吃得很香，但几分钟之后，他开始睡觉。

“轻轻地把他唤醒。”我劝道。她看着我，就好像我建议折磨他一样。我指导她抚摸他的脸颊（关于唤醒吃奶时睡着的宝宝的更多信息，见第105页）。迪伦又开始吮吸。他吮吸了整整15分钟，然后打了一个响亮的嗝。接着，我把他放在一张毯子上，并把几个色彩鲜艳的玩具放在他看得见的地方。他心满意足地待了15分钟。之后，他开始烦躁不安，不像哭泣，更像在抱怨。

“看到了吧，”玛西说，“他一定又饿了。”

“不是，亲爱的，”我解释道，“他只是累了。”

所以我们把他放到了床上（我在此不加赘述，我将在第6章谈论宝宝入睡问题）。不必多言，不到两天，迪伦就适应了E.A.S.Y.程

原因	倾听	观察	其他评估方式 / 评论
疲惫，或者过于疲惫	从脾气变坏，不时地烦躁开始，但是，如果不迅速让他停下来，会升级为过于疲惫的哭声：首先是三声短促的哀号，紧接着是一声痛哭，然后是一声更长更响亮的哭声。他们往往会哭个不停，而且如果置之不理，他们最后会睡着。	眨眼睛，打呵欠。如果不把他放到床上，会有以下身体信号：弓背，踢腿，胳膊乱晃；可能会抓自己的耳朵或者脸颊，并且挠脸（一种反射）；如果你正抱着他，他会扭动身体，并且试图钻到你的怀里。如果他继续哭，脸会涨得通红。	在所有哭声中，最经常被误解的是饥饿的哭声。所以，要密切关注啼哭发生的时间。它可能发生在宝宝的活动时间之后，或者在有人一直逗他的时候。扭动身体经常被误认为腹绞痛。
过度刺激	长时间的痛哭，与过度疲惫的哭声类似。	胳膊和腿乱动，扭头避开光线；躲开任何试图与他玩耍的人。	通常发生在宝宝玩够了而大人不断地试图取悦他的时候。
需要改变景色	烦躁，发出不耐烦的声响而不是直接大哭开始。	扭头避开放在他眼前的东西；玩弄手指头。	如果你给宝宝换了一个位置后情况变得更糟糕，那么他可能累了并且需要小睡。
生气：参见“过度刺激”和“疲惫”。宝宝并不会真的“生气”——这是成年人的投射。他们只是没有被正确地解读。			

（续表）

原因	倾听	观察	其他评估方式/评论
疼痛/胀气	明确无误的尖叫，事前毫无征兆。两声哭声之间可能会屏气，然后再次放声大哭。	全身绷紧，然后变得僵硬，这会形成一个循环，因为这样气体无法通过；膝盖抬到胸部，脸部表情痛苦，舌头向上摆动，像一只小蜥蜴。	所有新生儿都会吞咽空气，而这会造成胀气。你一整天都会听到喉咙后面发出的细微的吱吱声，这就是在吞咽空气。不规则的喂养模式也会造成胀气（见第245~252页）。
饥饿	喉咙后面发出像咳嗽一样的细微声音；然后才发出第一声啼哭。开始很短促，然后是节奏越来越稳定的哇哇哇的哭声。	宝宝开始轻轻地舔嘴唇，然后“拱起嘴巴觅食”——伸出舌头，将头扭向一边，将拳头伸到嘴边。	分辨饥饿的最佳方式是看看宝宝上一次进食的时间。如果采用E.A.S.Y.程序，就少了一些猜测（关于吃奶的所有内容都在第4章）。
太冷	放声大哭，下唇颤抖。	皮肤上出现鸡皮疙瘩；可能会发抖；四肢冰凉（双手、双脚和鼻子）；皮肤有时候会呈现淡蓝色。	可能出现在新生儿洗澡后或者给其换尿布、穿衣服的过程中。

（续表）

原因	倾听	观察	其他评估方式 / 评论
太热	烦躁的哼唧声，像喘气一样，一开始声音比较低，持续大约5分钟，如果置之不理，最终会放声大哭。	感到热而且出汗；脸红扑扑的；喘气而不是有规律地呼吸；宝宝的脸上和躯干上可能会出现红色斑点。	与发烧的不同之处在于，太热的哭声与疼痛的哭声类似；皮肤干燥，而不是潮湿的（可以给宝宝量一下体温来确定一下）。
“你要去哪里？我需要抱抱。”	咕咕的声响突然变成短促的哇哇声，像一只小猫；一抱起来就不哭了。	四下张望，试图找到你。	如果你立刻就理解了，你可能不需要把他抱起来。轻轻拍他的背部，柔声细语地宽慰几句会更有效，因为这能够培养他的独立性。
喂奶过多	吃完奶后烦躁，甚至会哭。	经常吐奶。	这经常发生在想睡觉以及过度刺激被误认为是饥饿的情况下。
大便	喂奶的时候发出哼哼声或者哭泣。	扭动身体并且用力向下沉；停止吃奶；排便。	可能会被误认为饿了；妈妈经常认为自己“做错了什么”。

序，每隔3小时进食一次。同样重要的是，玛西也脱胎换骨了。她告诉我："我觉得我学会了一门由声音和动作构成的外语。"她甚至开始给其他妈妈出谋划策："你的宝宝不只在肚子饿了的时候才会哭，"她告诉我们的新生儿小组里的一位新手妈妈，"你必须稍等片刻，看看他想说什么。"

保持与你的宝宝相同的速度

是的，这都需要练习，但是，一旦你记住这个简单的方法，你将惊讶地发现你对宝宝的反应有多么不同。S.L.O.W.程序还将改变你的看法。它将让你把孩子看作一个独立的人，并且提醒你倾听他独一无二的声音。注意，使用这个方法只需要几秒钟，但是，在这短短的几秒钟里，你将是你的宝宝希望拥有的最好的父母。

当你弄明白你的宝宝在说什么，并且准备做出反应时，S.L.O.W.这个缩写还将提醒你：在你的宝宝面前，动作要轻柔缓慢。

让我们永远不要假设这么做没问题：不做自我介绍就接近一个宝宝，或者不事先提醒就为所欲为，然后才解释我们在做什么。这样做一点儿也不尊重宝宝。所以，当你的小宝宝哭了，而你知道这是因为尿布让他感到不舒服并希望给他换尿布时，你要告诉他你要做什么，全程与他交谈，并且在换完以后，说："我希望这会让你感觉好一些。"

在接下来的四章中，我将详细讲述喂奶、换尿布、洗澡、玩耍和睡觉。但是，不管你要和你的宝宝一起做什么，还是要为你的宝宝做什么，都要慢慢来。

第4章

吃（E）：到底是谁的嘴巴?

当护士告诉你宝宝饿了，这会直接戳中你的软肋。谢天谢地，我读过相关的书，也参加过相关的辅导班。

——一个3周大宝宝的妈妈

食物第一，道德其次。

——贝尔托·布莱希特[1]

① 贝尔托·布莱希特（Bertol Brecht,1898—1956），德国戏剧家、诗人。——译者注

母亲的窘境

饮食是人类赖以生存的基本条件。我们成年人可以选择的食物多种多样，但是，无论我们选择什么，有些人的选择总是与我们的不一样。例如，我能够找出100个支持素食但反对高蛋白饮食的人。我肯定也能毫不费力地找出另外100个推崇高蛋白饮食的人。孰是孰非？从根本上讲，答案并不重要。不管各类专家对我们说了什么，我们必须做出属于自己的饮食选择。

不幸的是，准妈妈们在决定如何喂养她们的宝宝时，也面临着类似的窘境。考虑到当前母乳和配方奶之间存在的巨大争议，铺天盖地的广告宣传使得这个选择更加复杂。很明显，在一些关于母乳喂养的书籍、受到国际母乳协会或美国公共卫生署——这两者都大力提倡母乳文化——赞助的网站上，刊载的资料都倾向于母乳喂养。但是，你也很可能在一个由配方奶制造商赞助的网站上找到与之相悖的言论。面对现实吧：如果你购买一份食品加工器的手册，你在上面几乎不可能找到鸡毛掸子的使用信息。

所以，作为一个新手妈妈，你该怎么做？尽量保持中立，然后最后再决定哪一种适合你。要将所有的建议都考虑进去，但要谨慎地对待你咨询的对象和内容。要知道一个特定的信源试图“推销”什么。至于朋友，可以倾听她们的经验，但不要太在意那些耸人听闻的故事。诚然，存在吃母乳的宝宝营养不良的例

决定如何喂养你的宝宝

- 研究配方奶喂养与母乳喂养的不同之处。
- 考虑你的支持网络和你自己的生活方式。
- 认识你自己——你的耐心程度、你在公共场合哺乳的舒适程度、你对你的乳房和乳头的感受以及任何可能影响你的关于为人母的先入为主的看法。
- 记住，你可以改主意，也永远可以两者都选。（见第109页。）

子，也同样存在受到污染的配方奶。但是，这些都是个别现象。

在本章中，为了帮助你更清楚自己的选择，我会提供一些有说服力的信息，而不是滥觞于传统母乳喂养书籍中的高深莫测的事情或者统计数据。我强烈建议你使用这些知识以及我提供的常识提示，但是，最重要的，依靠你自己的直觉。

正确的决定还是错误的理由

让我感到非常伤心的是，很多妈妈对什么是“最好的”或者“正确的”的选择感到困惑，有时候会基于种种错误的理由做出一个决定。一次又一次，我在婴儿出生后被当作哺乳专家叫过来帮忙，而且我发现，婴儿的妈妈在强迫自己选择哺乳——可能是受到了伴侣或者某位家人的鼓励，可能是因为害怕在朋友面前丢面子，也可能是因为读过或者听说过什么，让她确信除此之外别无选择。

例如，劳拉往我的办公室打了个电话，因为她一开始就出师不利。小詹森无法正确地衔乳，而且每当劳拉试图给他哺乳，他就会哭。她的产后恢复期过得特别糟糕，因为她做过剖宫产手术，不仅乳房发炎，而且刀口疼痛。与此同时，她的丈夫杜安感到束手无策、无助而且难以承受——对男人来说，这不是什么好事。

当然，这对夫妻身边的每个人都各抒己见。上门拜访的朋友们在哺乳方面献计献策。其中一位朋友格外让人伤脑筋。你知道那种人：如果你产后头疼，她会告诉你她偏头疼。如果你做了剖宫产手术，她就做过更大的手术。如果你的乳头因为哺乳而受伤，她的乳头就会感染。这对劳拉来说也算是一种安慰。

同时，还有劳拉的妈妈，一个相当严厉的女人。她告诉她三个女儿中最小的女儿劳拉要“克服它”——毕竟，劳拉又不是第一个给宝宝哺乳的人。劳拉的一个姐姐同样缺乏同情心，坚持说她让自己的宝宝衔乳时没遇到什么问题。劳拉的父亲则不见了踪影，但她妈妈向所有愿意听的人宣布，因为女儿很痛苦，爸爸非常难过，他再也不想踏进医院一步。

我观察着这些互动，几分钟后，我礼貌地要求所有人都离开，然后鼓励劳拉说出自己的感受。

“我做不到，特蕾西。”她说，大颗大颗的眼泪从她的脸颊上滚落了下来。她坦言哺乳“太难了”。怀孕的时候，她曾经想象过一个宝宝在自己的怀里温柔地吮吸自己的乳头，对宝宝的爱从每一个毛孔中流出来。现实却与劳拉对圣母和孩子的幻想相去甚远。现在，她感到既内疚又害怕。

“没什么大不了的，”我告诉她，“是的，哺乳让人难以承受。这是你的责任。但是，在我的帮助下，你会熬过去的。”

劳拉勉强笑了笑。为了让她更放心，我告诉她，每个人都有与她类似的经历，只是版本不一样而已。和劳拉一样，很多女性没有意识到哺乳是一门后天习得的技能，需要准备和练习，而且，并非人人都能够或者应该哺乳。

做出选择

首先，哺乳比大多数准妈妈想象的要难。其次，它并不适合每一位妈妈。正如我告诉劳拉的：“这不仅仅是为了满足你的宝宝的需要，还要满足你的需要。”向一个不想哺乳或者没有真正花时间权衡利弊的妈妈施加压力，是不会得到好结果的。

关键是，我们**确实是有选择的**。我们可以为配方奶喂养或者母乳喂养找出好的理由。这具体取决于个人。而且，这个选择并不仅仅是生理上的，还是一个情感方面的决定。我敦促女性要明白其中涉及什么以及有什么危险——对宝宝和对本人来说。我建议你去找一个能让你真正**看到**哺乳过程的课程。找一位哺乳的妈妈并且听听她对这件事的意见。问问你的儿科医生，联系一位助产士或者一个生产中心，或者翻翻电话黄页上“哺乳咨询师”或“哺乳教育专家”的号码。

还要记住，儿科医生通常都会倾向于这种或者另一种喂养方式。所以，当你探索你的选择时，最好多约见几位，不过，在你做出最终的喂养选择之前，没必要将儿科医生确定下来。例如，在洛杉矶，我知道很多医生不赞成配方奶喂养，有些医生甚至不接诊不采取母乳喂养的新手妈妈。选择配方奶喂养的妈妈遇到这种医生会感到非常非常不自在。另一方面，如果你希望给你的宝宝哺乳，并且恰巧选了一位对哺乳知之甚少的儿科医生，你在他那里得到的服务也不会太好。

很多关于婴儿护理的书里都列出了配方奶喂养和母乳喂养的优点和缺点，但是，我试图用另一种方式解决这个问题。这是一个备受争议的决定，一个看起来有违常理的决定。所以，我将列出必需考虑的几个要点，并且告诉你我对每一种喂养方式的想法。

母子亲情心理联结。母乳倡导者继续将“亲情心理联结”当作支持女性哺乳的一个理由。我承认，宝宝吮吸乳头会让女性产生一种特别的亲密感，但是，选择配方奶喂养的妈妈也能感受到与宝宝的这种亲密。此外，我认为这不是母子关系得以巩固的原因。真正的亲密感是伴随着你对宝宝的了解而来的。

宝宝的健康。很多研究大力宣扬母乳的好处（在母亲身体健康而且营养充足的情况下）。事实上，母乳主要由巨噬细胞——一种能杀死细菌、真菌和病毒的细胞,和其他营养成分构成。母乳喂养倡导者通常会列出母乳能够预防的很多具体的疾病，包括耳部感染、链球菌性喉炎以及上呼吸道疾病。母乳无疑对宝宝是有益的，对此我很赞同，但也不要言过其实。人们经常引用的研究结果代表的是统计概率，母乳喂养的宝宝有时候也会感染这些疾病。此外，不同的人，在一天中的不同时间、不同月份分泌的母乳的成分构成差别是很大的。而且，如今的配方奶粉比以往任何时候都更精炼，更有营养。尽管配方奶粉可能无法给宝宝提供天然免疫力，但它绝对可以给宝宝提供营养摄取建议表（Recommended Dietary Allowances）中列出的健康成长所需要的营养成分。（你还可以看看第83页“喂养潮流”。）

母亲的产后恢复。分娩后，母乳喂养能给妈妈带来很多好处。释放的激素——催产素——能加速胎盘娩出和子宫血管收缩，将失血量降到最低。随着母亲继续哺乳，这种激素会反复释放，从而让子宫更快恢复到怀孕前的大小。对妈妈的另一个好处是让她在产后能更快地减少体重——身体分泌乳汁会燃烧卡路里。然而，由于哺乳的妈妈需要额外保持2.3~4.5千克体重，以确保宝宝获得恰当的营养，所以这个好处可能会被抵消。用配方奶粉则没有这些担忧。不管一位母亲选择哪种喂养方式，她的乳房都可能会发炎和过敏。选择配方奶喂养的妈妈有时候不得不经历一段痛苦的时期，因为她的乳房里的乳汁会干涸，但是，选择母乳喂养的妈妈可能会遇到其他乳房问题（见第101~102页）。

母亲的长期健康。尽管一些研究表明，母乳喂养或许能让女性防范绝经前乳腺癌、骨质疏松和子宫癌，但并没有得到证实。

母亲的身体意象[①]。宝宝出生后，母亲通常会说："我希望自己的身体能恢复到原来的样子。"这不仅仅是减重的问题，更多的是身体意象的问题。哺乳让一些女性觉得好像她们不得不"交出"自己的身体一样。而且，哺乳确实会改变大多数女性乳房的外观，甚至比怀孕造成的改变还要大。当你哺乳时，为了更有效地分泌乳汁，乳房会发生一些不可逆的生理改变：导管开始充满乳汁，而且当宝宝衔乳时，输乳管窦开始跳动，告诉你的大脑要保持稳定的供应（见第90页"乳房是如何分泌乳汁的"）。一些乳头扁平的妈妈在哺乳后，她的乳头甚至会变成T恤乳头（T-shirt nipples）。尽管在她停止哺乳后，她的乳房会再次改变，但是，它们再也恢复不到以前的样子了。一些乳房较小的女性，在哺乳一年多以后，胸部可能会变得像薄煎饼一样扁平。大胸女性则可能会经历胸部下垂。因此，如果一位女性在乎自己的身体意象，那么哺乳对她来说可能并不是最好的选择。她可能会因为做出拒绝哺乳的决定而听到别人说她"自私"，但是，我们凭什么让她感到内疚和不正常？

另一个因素是将乳房放到宝宝嘴里这件事在身体和情感上带来的舒适感。一些女性不喜欢触碰自己的乳房或者托着自己的乳房，或者

---

① 身体意象（body image），是一个人对自己身体的审美或性吸引力的感知。与社会设定的标准相比，它更强调个人如何看待自己。——译者注

她们不喜欢自己的乳头受到刺激。如果一位女性有这种不适，她就很可能在哺乳时遇到麻烦。

困难。尽管从定义上来说，哺乳是“天生本能”，然而，这项技能是习得的——至少在一开始的时候，哺乳比用奶瓶给宝宝喂配方奶更困难。对妈妈们来说，练习哺乳这门艺术是非常重要的，甚至在宝宝出生前就要开始（见第90页）。

便利。我们听到很多人说哺乳非常便利。在某种程度上，确实如此，尤其是在半夜里——当小家伙开始哭，妈妈只要迅速把乳头塞到他嘴巴里就可以。而且，如果妈妈只选择哺乳，也不必给奶瓶或者奶嘴消毒。然而，大多数女性依然会将母乳吸出来，那么她们就不得不处理奶瓶。此外，尽管在自己的家里哺乳很方便，很多女性却发现，很难在上班的地方找到时间和空间将母乳吸出。最后一点方便之处是，母乳永远温度适宜。但是，你可能不知道的是，配方奶不需要加热（宝宝似乎没有表现出偏好）。所以，至少那些**预先用水冲**好的配方奶几乎和母乳一样方便。两者也都需要注意存储问题（见第96页“母乳的存储”和第107页“配方奶的存储”）。

费用。在宝宝出生的头一年，他平均需要430升奶——每天1.2升（当然，新生儿要少一些）。母乳喂养绝对是最便宜的选择，因为母乳不花钱。即使你将哺乳顾

喂养潮流

今天，母乳喂养是一种时尚。这并不意味着配方奶就“不好”。事实上，在二战后数十年里，大多数人都相信配方奶最适合宝宝，而且只有三分之一的妈妈给宝宝哺乳。现在，60%左右的妈妈选择母乳喂养——尽管只有不到一半的妈妈在6个月后依然在哺乳。谁知道呢？在写这本书的时候，科学家正在试验通过对奶牛进行基因改造来让它们产人奶。如果成功了，或许未来人人都要兜售人奶了。

事实上，1999年《营养学杂志》（*Journal of Nutrition*）发表的一篇文章表明，“最终有可能设计出比母乳更能满足单个婴儿需要的配方奶”。

问、哺乳课程、母乳喂养的各种辅助工具以及一个吸奶器一年的租赁费用都算进去，每个月花费65美元左右，是每个月购买奶粉费用的一半，如果你要买配方奶粉的话。你能够购买的奶粉主要有粉末状（需要用水冲调）、浓缩液（需要用等量的水冲调）或者液态婴儿奶——可以理解，这也是最贵的，一个月通常要花费200美元以上（我没有将奶瓶和奶嘴的费用算进去，因为很多选择母乳喂养的妈妈也要购买奶瓶）。

你的伴侣的角色。当妈妈哺乳时，一些爸爸会觉得自己受到了冷落，但是，这件事必须由女性做选择。事实上，大多数妈妈，不管她们对自己的宝宝感觉如何，都希望伴侣能参与，而且他们也应该参与。爸爸的参与，更多的是动机和兴趣问题，而不是喂养方法的问题。无论母亲决定给宝宝喂配方奶还是母乳，只要她愿意将乳汁吸出来，她的伴侣都能参与。无论选择哪一种喂养方式，父亲的帮助都能转化为母亲亟需的喘息之机。

给爸爸们的话：你可能希望你的妻子选择母乳喂养，因为你的妈妈或者姐姐是这样做的，或者你认为母乳喂养是最好的。你也可能不希望她选择母乳喂养。不管怎样，你的妻子是一个个体，她在生活中可以做出选择，而这就是其中之一。如果她希望喂母乳，她对你的爱不会减少，如果她不愿意喂母乳，她也不是一个坏妈妈。我不是说你们两个不应该讨论你们关心的问题，但是，最终，这件事应该由她做出选择。

婴儿的禁忌症。代谢筛查是针对新生儿的常规检查，旨在检查多种不同的疾病。根据代谢筛查的结果，你的儿科医生可能会建议你不要采取母乳喂养。事实上，在一些情况下，他会指定非常具体的无乳糖配方奶。同样，如果一个宝宝的黄疸水平很高（胆红素过量引起。胆红素是一种黄色物质，通常能被肝脏分解），一些医院会坚持让宝宝吃配方奶（见第110页）。至于配方奶过敏的情况，我认为美国人往往过于关注了。一位妈妈告诉我，她的宝宝吃了某一种配方奶后会出现皮疹或者胀气，但是，母乳喂养的宝宝也会出现这些问题。

> **如果你做过乳房手术**
>
> · 如果是乳房重塑手术或者乳房切除手术，要弄明白外科医生是从乳头还是从胸骨后面切开的。即使输乳管被切除了，你的宝宝依然可以吮吸乳头。如果你使用一套辅助哺乳装置，宝宝就可以同时吮吸乳头和喂食管。
>
> · 找一个哺乳顾问，让他帮助你确定宝宝的衔乳姿势是否正确，如果有必要，让他教给你如何使用补充喂养系统。
>
> · 每周给你的宝宝称一次体重，连续称6周，来确保他的体重以适当的速度增加。

妈妈的禁忌症。一些妈妈不能进行母乳喂养，因为她们可能做过乳房手术（见本页“如果你做过乳房手术”），可能因为她们患有艾滋病之类的传染性疾病，或者因为她们正在服用一种会进入乳汁的药物，比如金属锂或者常见的镇定剂中的任何一种。尽管研究表明，诸如乳房大小和乳头形状之类的身体因素与乳汁流出和宝宝衔乳并不相关，但是，一些女性在这两个方面遇到的问题，会比另一些女性遇到的多。这些问题中的大部分都能得到解决（见第101~102页），不过，一些妈妈没有耐心坚持下去。

尽管宝宝喝一些母乳有好处，尤其是在出生后头1个月内，但是，如果妈妈没有选择母乳喂养，或者如果因为某些原因，妈妈无法选择母乳喂养，配方奶喂养也是一个完全可以接受的替代选择——对一些人来说，是更可取的替代选择。一位女性可能觉得自己没有时间哺乳，或者给宝宝哺乳这个念头对她毫无吸引力。尤其是在这不是她第一个孩子的情况下，她可能害怕看到哺乳打破家里的平衡——或许她的大孩子们会嫉妒。

无论如何，当女性不希望哺乳时，我们需要支持她，而且我们需要让她停止自责。我们还必须停止只在母乳喂养时使用“责任”这个词，任何一种喂养方式都是在承担责任。

从此开心地喂养

正确的开始是成功的一半（关于宝宝出生头几天的喂养，如果选择母乳喂养，详情见第90页，如果选择配方奶喂养，详情见第106页）。重要的是，要在你的家里留出一处特别的空间——可以是你的宝宝的婴儿房，也可以是远离家庭喧嚣的一块安静的所在，并且将其专门用作喂奶的地方。要慢慢来。尊重你的宝宝安静地吃奶的权利。不要一边抱着宝宝给他哺乳或者喂奶瓶，一边打电话或者隔着篱笆跟隔壁邻居聊天。喂奶是一个互相交流的过程，你也必须集中精力。这是你认识你的宝宝的方式。而且，这也是你的宝宝认识你的方式。此外，随着你的宝宝逐渐长大，他将更容易受到视觉和听觉方面的干扰，而这会打扰他进食。

妈妈们经常问：“我可以一边给他喂奶，一边跟他说话吗？”当然可以，但要以一种安静、温和的方式。可以将其想象成烛光晚餐时的对话。要压低声调，不要唐突，并且要以鼓励的语气说：“来吧，再吃一点儿——你需要多吃一点儿。”我经常发出甜甜的“咕咕”声，或者抚摸宝宝的头。这不仅是在和宝宝建立良好的关系，而且还是让他们保持清醒的不可或缺的一部分。如

五种宝宝的吃奶状况

脾性会影响一个宝宝吃奶的方式。可以预见，天使型和教科书型宝宝通常吃奶都很好，不过，活跃型宝宝也吃得很好。

敏感型宝宝经常会沮丧，尤其是在被哺乳的时候。这些宝宝缺乏灵活性。如果你开始给一个敏感型宝宝喂奶时用了一种姿势，他就需要一直用这种姿势吃奶。给他喂奶时，你还不能大声说话，不能改变姿势，也不能去别的房间。

坏脾气型宝宝很没有耐心。如果你在给他们哺乳，他们不喜欢等待乳汁释放。他们有时候会拉扯妈妈的乳房。他们并不介意奶瓶，只要上面有一个通畅的奶嘴（关于奶嘴的更多信息见第106~108页）。

果宝宝闭上眼睛，并且停止吮吸了一会儿，我会说："你还醒着吗？"或者"来吧，工作的时候不要睡觉——毕竟，你就这一份工作啊！"

提示：当你的宝宝在吃奶时打瞌睡，你可以尝试以下任何一种方法来启动他的吮吸反射：用你的拇指在他的手掌上轻轻地画圆圈；抚摸他的背部或者腋下，或者用你的手指在他的脊柱上上下"走动"——一种我称为"走跳板"的技巧。一定不要像很多人建议的那样，将湿毛巾放在宝宝的额头上来把他唤醒，也不要挠他的脚。这样做就像我爬到桌子底下，说："你还没有把你的鸡吃完，所以，我要挠挠你的脚底板，让你重新开始吃。"如果以上方法都不管用，我会让宝宝一个人睡半个小时。如果你的宝宝在吃奶的时候总是睡着，而且你很难把他叫醒，要向你的儿科医生寻求建议。

正如我在第2章清楚地阐明的那样，不管妈妈选择哪种喂养方式，我都绝不赞成按需喂养。除了最终造就一个苛求的宝宝，常见的情况是，父母们没有聆听宝宝发出声音的不同之处，总认为哭声等同于饥饿。这就是我们有那么多过度喂养的宝宝的原因——人们通常将其误认为"腹绞痛"（见第245~252页）。相反，如果你让你的宝宝采用E.A.S.Y.程序，每隔2.5~3小时给他喂一次母乳，或者每隔3~4小时喂一次配方奶，那么，你就会知道，两餐之间的哭泣是因为其他原因。

接下来，我将详细介绍母乳喂养（见第90~106页）、配方奶喂养（见第106~108页）和同时使用两种方法的情况（见第109~113页），但是，首先，无论你选择哪种喂养方式，都会遇到下面这些问题。

喂奶姿势。无论给宝宝哺乳还是用奶瓶喂奶，你都应该让宝宝舒服地躺在你的臂弯里，差不多与你的乳房齐平（即使你用奶瓶给宝宝喂奶），这样他的头会略微高一点儿，身体呈一条直线，而且他不必使劲伸着脖子就能贴紧你的胸部或者够他的奶瓶。要把他靠近你怀里的那条胳膊向下塞，让它紧贴他的身体或者贴在你的身侧。注意不要让他的身体倾斜，从而导致他的头比身体低，因为这会让他吞咽困难。如果给他哺乳，应该让他的身体略微侧向你，脸贴在你的乳房上。

打嗝。所有的宝宝都打嗝，有时候在喂奶之后，有时候在小睡之后。人们认为，这是由于吃得太饱或者吃得太快造成的，与成年人狼吞虎咽后的下场一模一样。横膈膜发生了痉挛。除了记住打嗝来得快去得也快以外，你什么也做不了。

拍嗝。无论是给宝宝哺乳还是用奶瓶喂奶，所有的宝宝都会吞咽空气。你经常能听到它——轻微的吸气声或者倒吸一口气。空气会在宝宝的肚子里聚集成一个小气泡，有时候会让宝宝觉得吃饱了，而实际上并没有，这就是你需要给宝宝拍嗝的原因。我喜欢在哺乳或者用奶瓶喂奶之前给宝宝拍嗝，因为他躺着的时候也会吞咽空气，然后在喂完奶之后再拍一次。或者，如果一个宝宝在吃奶的过程中停下来，并开始烦躁，这通常意味着他肚子里有点儿空气。在这种情况下，恰当的做法是停下来给他拍嗝。

给宝宝拍嗝的方法有两种。一种是让宝宝端坐在你的膝头，你用一只手托住他的下巴，然后用另一只手轻轻抚摸他的背部。我个人偏爱另一种方法——将宝宝直立抱在肩上，让他双手放松，自然地从肩上垂下来。他的双腿应该垂直向下，为空气上下活动建立一条直道。由下往上轻轻按摩宝宝左侧肚子。对一些宝宝来说，抚摸就够了，另一些宝宝还需要轻轻地拍打（如果你拍的位置偏低，就是在拍他的肾）。

如果你已经拍打和抚摸了5分钟，而宝宝没有打嗝，你差不多就可以认为宝宝肚子里没有什么气泡。如果你把他放下来，而他开始扭来扭去，要轻轻地把他抱起来，然后他就会打一个奶嗝。有时候，气泡会越过腹部，进入肠道。这会引起宝宝极大不适。你会知道这种情况的，因为你的宝宝将会把腿抬到肚子上，绷紧身体，开始啼哭。有时候你还会听到他放屁，然后他的身体会放松下来（关于放屁的其他建议，见第249页）。

吃奶与体重增长。无论用什么方式给宝宝喂奶，新手妈妈们通常都会担心："我的宝宝吃饱了吗？"采用配方奶喂养的妈妈能看到宝宝吃下了多少。一些选择哺乳的妈妈实际上能感受到刺痛感或有时候伴随着泌乳反射产生的捏痛感，所以，她们至少知道自己在分泌乳汁。但是，如果妈妈的感觉没有这么敏锐——而且很多人确实如此，我总是会告诉她："你不仅能看到你的宝宝吮吸，还可以倾听他吞咽的声音。"选择哺乳并且有此担忧的妈妈们还可以"挤奶"，正如我在第95页“但是，应该喂多长时间呢”提到的那样。无论如何，如果你的宝宝在吃完奶后感到很满足，就表明他吃得刚刚好。

我还会提醒父母们：“有进必有出。”你的新生儿每24小时会排尿6~9次。尿液呈淡黄色或无色。他还将排便2~5次，芥末状，颜色呈黄色或黄褐色。

提示：如果你使用尿不湿，那么宝宝的尿液将被它充分吸收，你将很难判断你的宝宝撒尿的时间或者尿液的颜色。尤其是在宝宝出生后的头10天里，你可以在他的尿不湿里放一张纸巾，来确定他是否在排尿以及排尿的频率。

最后，摄入量的最佳指标是体重增长，尽管正常新生儿的体重在出生后的头几天内会比出生时轻多达10%。在子宫里，他们一直通过脐带获取营养。现在，他们不得不学习独立进食，而且一开始需要一些时间。然而，如果提供了充足的乳汁和能量，大多数足月宝宝在出生后的7~10天内都能恢复到出生时的体重。尽管一些婴儿需要更长时间，但是，如果你的宝宝在出生两周后还没有恢复到出生时的体重，你就应该带他去看儿科医生。那些到出生3周时仍然没有恢复到出生体重的宝宝，在临床上被认为是“发育不良”的宝宝。

提示：体重不足2.7千克的宝宝是无法承受丧失10%的体重的。在这种情况下，要给他补充配方奶，直到母亲开始分泌乳汁。

新生儿体重增长的正常区间是每周1.8~3.2千克。但是，在你担心你的宝宝体重增长之前，要记住，母乳喂养的宝宝往往更瘦，而且体重增长的速度比那些喝配方奶的同龄人略微慢一些。一些焦虑的妈妈会购买或租赁体重秤。我个人认为，只要你定期带他去医院，在出生后的第一个月每周称一次体重，以后每月称一次体重就足够了。但是，如果你有一台体重秤，要记住，体重每天都会波动，所以，至少要隔4~5天称一次体重。

母乳喂养基本知识

专门讲母乳喂养的书籍有很多。如果你已经决定给你的宝宝哺乳，那么我敢打赌，现在你的书架上已经有**好几本**这方面的书了。与你学习任何技能一样，耐心和练习是关键。你可以阅读相关书籍、参加一个泌乳辅导班，或者加入一个母乳喂养支持小组。除了明白你的身体是如何分泌乳汁的（见下方方框），**我认为**下面这些内容最重要。

在怀孕期间练习哺乳。哺乳问题的主要（而且通常是唯一）原因，是衔乳姿势不正确。我为之工作的妈妈们不会遇到这个问题，因为我会在她们预产期前4~6周与她们见面。我会向她们解释乳房是如何工作的，并教给她们如何在自己的乳房上贴两片圆形弹力绷带（约克郡人称之为邦迪创可贴）——乳头上方和下方2.5厘米处各一片，这正是她们在哺乳的时候用手指扶住乳房的位置。这样做会让她们习惯正确地放置手指。你可以自己试试——然后勤加练习。

要记住，乳汁并不是宝宝从乳头里吸出来的。而是在宝宝吮吸的刺激下，由乳房分泌出来的。刺激越多，分泌的乳汁越多。因此，正

乳房是如何分泌乳汁的

几乎从宝宝降生的那一刻起，你的大脑就会分泌催乳激素——一种刺激并维持乳汁分泌的激素。每当宝宝吮吸你的乳房，催乳激素和一种叫作后叶催产素的激素就会被释放出来。乳晕，或者说乳头外围颜色较深的区域，表面有些粗糙，足以让宝宝牢牢地将其衔住，而且它的质地柔软，因此宝宝也就很容易挤压吮吸。随着宝宝吮吸乳头，输乳管窦——乳晕内测的棱线——就会向你的大脑输送信号："快快分泌乳汁！"输乳管窦在宝宝吮吸时会富于节奏地舒张和收缩搏动，激活连接乳头和乳腺泡（你的乳房中存储乳汁的细小液囊）的通道——输乳管，乳汁最终流入乳头。乳头就像一个漏斗，一点一点把乳汁漏入宝宝口中。

确的喂奶姿势以及正确的衔乳姿势对于成功吮吸来说至关重要。做到这两点，哺乳将显得“非常自然”。然而，如果喂奶姿势不正确，衔乳姿势也不正确，输乳管窦就无法向大脑发送信号，也就无法释放哺乳所需要的任何一种激素。结果是，乳汁没有分泌，妈妈和宝宝都将深受其苦。

提示：正确的衔乳姿势，要求宝宝的嘴巴含住乳头和乳晕，嘴唇向外翻出。正确的哺喂姿势，要求宝宝的脖子略微伸长，他的鼻子和下巴碰到你的乳房。这样做能帮助宝宝的鼻子顺利吸气，而且你也不必扶着你的乳房。如果你的乳房很大，可以在乳房下面垫一只袜子。

尽可能在宝宝一出生就进行第一次哺乳。第一次哺乳非常重要——但原因不是你想的那样。你的宝宝不一定感到饥饿。然而，第一次哺乳会在宝宝的记忆里确立一个如何正确衔乳的蓝图。如果可能的话，要让护士、哺乳顾问、好朋友或者你的妈妈（如果她哺乳过的话）进入产房，来帮助你完成第一次衔乳。当一位妈妈顺产结束，我会尽量立刻让宝宝在产房里当场衔乳。你拖延的时间越长，就越难做到。在出生后的头一两个小时里，宝宝是最清醒的。在接下来的两三天里，他会进入一种受惊的状态——从产道出来的后遗症——而且他的吃奶和睡眠模式可能会不规律。因此，当一位产妇接受了剖宫产，并且在产后黄金3小时甚至更长的时间内没有进行第一次哺乳，那么妈妈和宝宝都会感到眩晕无力。在这种情况下，通常要花更长时间、更多的耐心才能让宝宝正确地衔乳。（我不建议她们此时为哺乳而把宝宝弄醒，除非宝宝出生时体重偏轻——不足2.5千克。）

在产后的头两三天，你的身体将分泌初乳——其成分堪称母乳中的“能量棒”。初乳比较浓稠，呈黄色，更像蜂蜜而非牛奶，富含蛋白质。在这段时间，你的母乳几乎是纯初乳，每侧乳房可以喂15分钟。然而，当你开始分泌乳汁之后，你就可以改用单侧乳房给宝宝喂奶。（见下页图表。）

哺乳：宝宝出生后的头 4 天		
当宝宝的出生体重达到或超过2.7千克时，我通常会给他们的妈妈这样一张表格，来指导她们完成头几次哺乳。		
	左侧乳房	右侧乳房
第一天：全天哺乳，只要宝宝想吃	5 分钟	5 分钟
第二天：每隔2小时哺乳一次	10 分钟	10 分钟
第三天：每隔2.5小时哺乳一次	15 分钟	15 分钟
第四天：开始用单侧乳房哺乳，并实施E.A.S.Y.程序	最长40分钟，每隔2.5~3小时哺乳一次，每次哺乳换一侧乳房。	

了解你自己的乳汁以及乳房是如何分泌乳汁的。亲口尝尝。这样一来，如果你储存了乳汁，你就会知道它是否已经馊了。要留意你的乳房胀满时的感觉。当乳汁从乳房里流出时，通常会有刺痛感或涌出感。一些母亲的乳房泌乳很快，也就是人们所说的排乳反射（milk-ejection reflex），意思是说她们的乳汁流出速度非常快。她们的宝宝在吃奶的头几分钟里可能会呛奶。为了不让乳汁流得那么快，你可以将一根手指放到乳头上，就好像你正在给伤口止血一样。如果你感受不到乳汁流出，也不要害怕。每位妈妈的敏感程度是不一样的。当妈妈的排乳反射比较慢时，她们的宝宝就会显得沮丧，并且可能会一会儿含住乳头一会儿吐出来，试图刺激乳汁流出。泌乳速度慢，可能是紧张的一个标志。要尽量放轻松，或许可以在哺乳前听一段冥想音乐。如果这不管用，你可以“事先”用吸奶器吸你的乳房，等看到乳汁流出来，再给宝宝哺乳。这样做要花3分钟时间，但可以让你的宝宝不沮丧。

不要变换乳房。美国的很多护士、医生和哺乳专家都告诉母亲们，为了让你的宝宝在每次哺乳时都有机会吮吸两侧乳房，要每隔 10 分钟交换一次。你可以阅读本页方框，里面介绍了母乳的三种成分，告诉你为什么换来换去对你的宝宝没有好处。

尤其是宝宝出生后的头几周，我们希望能确保他吮吸到后乳。如果你刚喂奶 10 分钟就换到另一侧乳房，你的宝宝顶多只能开始吮吸前乳，绝不可能吮吸到后乳。更糟糕的是，这种换边吮吸最终会向你的身体传递这样的信息：没有必要分泌后乳。

相反，如果你每次哺乳都让宝宝吮吸一侧乳房，他摄入的母乳中所含的三种成分就是等量的——也就是说，饮食结构均衡。而且，你的身体将习惯这种模式。如果你仔细想想，这正是双胞胎的妈妈不得不采用的哺乳方式。在哺乳的过程中突然由一侧乳房换到另一侧，这样做难道不是很傻吗？事实上，对于只生了一个宝宝的妈妈来说，这样做也是徒劳无益的。

母乳里有什么

如果你将一瓶母乳静置一小时，它将分离成三部分。从上到下，你将看到里面的液体变得越来越浓稠，你的宝宝吮吸的乳汁也是这样的：

消渴乳（头5~10分钟）：这部分更像脱脂牛奶——我把它看成是一道汤，因为它能让宝宝止渴。它富含催产素——性爱过程中释放的同一种激素，会对妈妈和孩子都产生影响。母亲会真正放松下来，就跟一次性高潮后的感受一样，而宝宝会犯困。这部分母乳的乳糖含量也是最高的。

前乳（每次哺乳5~8分钟后开始）：其黏稠度更像是普通牛奶。前乳富含蛋白质，对骨骼和大脑的发育有好处。

后乳（每次哺乳15或18分钟后开始）：这部分母乳很黏稠，呈乳脂状，而且里面全是“好吃的”脂肪——帮助你的宝宝增加体重的“甜点”。

提示：在每次哺乳完毕后，可以在衣服上别一只安全别针，标出下次喂奶要用的那一侧乳房。宝宝没有吸空的那一侧乳房还可能会有鼓胀感。

当我从宝宝出生第一天就为其母

亲工作时，我会让她在第三、四天时，使用单侧乳房哺乳。但是，我经常接到一些来自妈妈们的求助电话。她们无一不被各自的儿科医生或哺乳专家要求用两侧乳房轮流哺乳。通常，她们的宝宝们都在2~8周之间。

例如，玛丽亚的儿子3周大，她告诉我："我的宝宝最多每隔1~1.5个小时就要吃一次奶，我招架不住了。"玛丽亚的儿科医生毫不在意：贾斯汀体重增长虽然很缓慢，但至少在增长。贾斯汀每隔1小时吃一次奶也没有让他感到困扰——反正喂奶的不是他。我告诉玛丽亚要用单侧乳房哺乳。由于玛丽亚的身体已经适应了双侧乳房轮流哺乳，我们不得不逐渐改变贾斯汀的吃奶惯例。我让玛丽亚每次喂奶时只用一侧乳房哺乳5分钟，然后其余时间全部用另一侧乳房。这样连续进行了3天，每一次哺乳时，不打算用的那一侧乳房的压力都得以减轻并且防止了涨奶。同样重要的是，它向玛丽亚的大脑发送了一个信息：

忌口迷思

哺乳期的妈妈们经常被告知不要吃卷心菜、巧克力、大蒜以及其他气味强烈的食物，以防它们"渗入"乳汁里。一派胡言！正常而且多样化的饮食对母乳没有任何影响。这让我想起了那些生活在印度的妈妈。她们的辛辣饮食让大部分美国成年人的胃都吃不消。但是，不管是她们还是她们的宝宝都丝毫不受影响。

婴儿肠胃里存在的气体不是由卷心菜之类的食物制造的。它们是由于宝宝吞咽了太多空气、打嗝的方式不正确或者消化系统尚未发育成熟造成的。

有时候，宝宝可能会对母亲饮食中的某种东西过敏——常见的是牛奶、大豆、小麦、鱼、玉米、鸡蛋以及坚果中所含的蛋白质。如果你相信你的宝宝对你的饮食中的某种东西有反应，那就先停止食用这种食物两三周，然后再试着吃它。

要记住，运动也会影响你的母乳。当你运动时，你的肌肉会产生乳酸，而乳酸能让你的宝宝肚子疼。因此，一定要在运动完一小时后再哺乳。

“我们现在不需要这一侧乳房。”未被使用的那一侧乳房里的乳汁被玛丽亚的身体吸收并储存起来，以供贾斯汀3小时后使用。到了第4天，玛丽亚就能够使用单侧乳房哺乳了。

不要看着表哺乳。哺乳从来与时间以及摄入量无关，只与你对你自己和你的宝宝的了解有关。母乳喂养的宝宝往往吃得略微多一点儿，因为母乳比配方奶更容易消化。所以，如果你给一个两三个月大的宝宝哺乳40分钟，用不了3个小时，他的身体就能将其全部消化完（关于喂奶时长的内容，见下方方框）。

但是，应该喂多长时间呢

除非你将母乳吸出来并且称重（见下方的“提示”），否则你很难知道你的宝宝吃了多少。尽管我不建议看着表哺乳，但是，很多妈妈都问我给宝宝喂一次奶大体需要多长时间。随着宝宝成长，他们吃奶的效率会越来越高，用的时间也会越来越少。下面是我估计的时间以及每次哺乳所摄入的母乳量。

4~8周：　最多40分钟（60~150毫升）

8~12周：　最多30分钟（120~180毫升）

13~16周：　最多20分钟（150~240毫升）

提示：如果你担心自己的母乳分泌量，可以花两三天时间来做我所说的“挤奶”——来自农民世家的一个专业术语。在哺乳前15分钟将你的母乳吸出并称重，每天做一次。你的宝宝用嘴吮吸乳头要比你手动吸出多至少30毫升，将这一点考虑进去，你就能很好地了解你的泌乳量了。

提示：在喂完奶后，一定要用一条干净的毛巾擦拭你的乳头。残留的母乳可能会成为滋生细菌的温床，进而让你的乳房上和宝宝的嘴巴里出现鹅口疮。千万不要使用肥皂，因为它会让你的乳头变干燥。

坚持用你自己希望的方式哺乳的权利。在美国，几乎没有人会告诉你不要用双侧乳房轮流哺乳。不管你决定如何喂养你的宝宝，要坚持下去。

母乳的存储

我曾经拜访过一位彻底抓狂的母亲，原因是由于停电，她吸出来存放在冰箱里的2.8升母乳全部变质了。我惊呆了，问她：“亲爱的，你是想创造一项世界纪录吗？你一开始为什么要储存这么多母乳？”当然，将母乳吸出并加以储存是个好主意，但不要存太多。你要记住以下几点：

·刚吸出的母乳应该立即放入冰箱，并且存储时间不应该超过72小时。

·可以将母乳冷冻长达6个月，但到那时，宝宝的需求已经变了。1个月大的宝宝与3个月或6个月大的宝宝对营养的需求是不一样的。母乳的神奇之处在于其成分会随着宝宝的成长而变化。因此，为了确保冷冻母乳里的热量能满足你的宝宝的需求，你储存的母乳不要超过12包（每包120毫升），并且要每4周轮换一次。先使用储存时间最长的母乳。

·母乳可以存放在经过消毒的瓶子或者为了装母乳而专门设计的塑料袋里（普通塑料袋所含的化学物质可能会渗到母乳中）。无论哪种方法，都应该标注日期和时间。为了避免浪费，每一个容器的容量要在60~120毫升之间。

·要记住，母乳是人类分泌的液体。一定要洗手，并且最大限度地避免用手碰触。如果有可能，要将其直接吸入冷藏袋里。

·将装母乳的密封容器放入一碗温水中，大约30分钟左右就可以解冻。千万不要用微波炉解冻。这样做会使蛋白质分解，从而改变母乳的成分。在解冻过程中，可以摇晃密封容器，以使可能已经分离并浮在表面的脂肪与其他成分混合在一起。解冻好的母乳应该立刻食用，或者放进冰箱，但不要超过24小时。你可以将新吸出的母乳与解冻好的母乳混在一起食用，但绝对不要再次冷冻。

给丈夫和友人的提示：当你的妻子（或者一个好朋友）第一次哺乳，你也要了解她学的内容，并且继续认真地观察。要确保你的宝宝能正确地衔乳。但也不要过于警惕。尽管你可能出于好意，但是，不要打着“指导”的旗号当场连续发表评论：“真棒，你做到了……哦，不，他没含住……看，他又开始了……真棒，他做到了，他正在像一个小冠军一样吸奶……唉，他的嘴巴又滑开了……对，就这样，就这样……哦，不，他的嘴巴又没含住！”要站在对方的立场想一想。妈妈需要充满爱意的支持，而不是一个喋喋不休的体育节目解说员。对于一位女性来说，学习哺乳这门“艺术”而不被评头论足已经够困难了。

找一位“导师”。哺乳技能以前是在母女之间传承的。但是，由于配方奶喂养在1940~1960年代末风靡一时，整整一代原本可能选择哺乳的妈妈们决定给孩子喂配方奶。结果，今天的很多年轻妈妈无法向自己的妈妈寻求帮助，因为自己的妈妈以前采用的是配方奶喂养。更可悲的是，年轻的妈妈们得到的信息通常是自相矛盾的。比如，在一家医院里，当班护士告诉她应该用这种姿势给宝宝喂奶，下一班次的护士说的却不一样。这种混乱不仅会影响母亲的母乳分泌量，还会让她的情绪陷入混乱状态，而且最重要的是，会影响她哺乳的能力。由于这些混乱，我为我服务的妈妈们创建了一些哺乳支持小组。没有比刚刚经历过的女性，更能帮助你克服一开始哺乳所遇到的障碍的了。如果没有人可以求助，你可以在你所在的地区找一个哺乳顾问，他能够教给你一些预防措施，并且在出现问题时随叫随到。

提示：要明智地选择你的“导师”——她要有耐心、幽默风趣，并且对哺乳有好感。对于那些负面信息或者不靠谱的故事，你要持保留态度。这让我想到了可怜的格雷琴，她告诉我她不想哺乳是“因为我朋友的宝宝吞了她的乳头”。

关于吸奶器

把母乳吸出来不是为了代替哺乳，而是对哺乳的补充和增强。将母乳吸出来能够让你清空乳房，这样即使你不在宝宝身边，他也能吃到母乳。这样做还能预防诸如乳房肿胀（见第101页）之类的问题。一定要确保让哺乳顾问教给你如何正确地使用吸奶器。

哪种类型：如果你的宝宝是个早产儿，你将需要一款强有力的电动吸奶器。如果你只打算偶尔离开你的宝宝，那么手动型或者脚踏型吸奶器就够了。无论哪种情况，都要学习用手挤奶，以防吸奶器出故障。

购买还是租赁：如果你要回去工作并且计划给宝宝喂一年母乳，那就要购买一台。如果你打算喂半年，就可以选择租赁。租赁的吸奶器都有维修服务。你自己购买的吸奶器最好由你一个人使用。

如何挑选：要购买或者租赁那种可以调节发动机的速度和力度的吸奶器。远离那些需要你将手指放在软管上手动调节发动机运转的吸奶器——它们不安全。

什么时候：一般来说，在一次哺乳结束后，你的乳汁需要1个小时时间自行补充。为了提高你的母乳分泌量，每次哺乳完成后都要用吸奶器吸10分钟，连续吸两天。当回去工作时，如果你无法在平时哺乳的时间吸奶，至少要在每天同一时间用吸奶器吸——比如，在午餐时间抽出15分钟用吸奶器吸奶。

什么地点：不要在你工作场所的卫生间里吸奶，那里不卫生。你可以关上你的办公室的门或者寻找其他安静的地方。我服务过的一位妈妈告诉我，她上班的地方有一间“吸奶室”，里面打扫得极干净，是为哺乳的妈妈们准备的。

记哺乳日记。一旦你度过了宝宝出生后的头几天，并且开始使用单侧乳房喂奶，我就会建议你记录宝宝吃奶的时间、吃奶的时长，吃的哪一侧乳房以及其他相关细节。下页的表格是我给我服务的妈妈们的，现在我将它重新印刷。你可以任意修改以满足你的需要。你会看到我已经填好了前两栏，来作为例子（见下页）。

遵守我制定的40天法则。有些女性用不了几天就能掌握哺乳的技巧，而另一些女性可能需要更长时间。如果你属于后者，请不要恐慌。给你自己40天不抱太高期望的时间。当然，每个人（包括父亲）都希望立刻就能顺利哺乳，所以，在给宝宝哺乳两三天后，你或者你的伴侣可能会变得不耐烦并且忧心忡忡。但是，要想真正舒服地哺乳而且哺乳姿势正确，通常需要花更长时间。40天有什么特别之处吗？40天大约是6周，通常是我们定义的产后恢复期的时长（更多内容见第7章）。对于一些女性来说，习惯哺乳就需要这么长时间。即使你的宝宝能正确地衔乳，你的乳房也可能出现问题（见第101~102页），或者你的宝宝可能无法立刻学会。要给你们一个机会并且要留出试错的时间。

提示：你全天摄入的热量既要供养你的宝宝，也要供养你自己的身体。这就是你在哺乳的同时维持自身食物摄入如此重要的原因——一定不要节食减肥。饮食要保持健康均衡，要吃富含蛋白质和复合碳水化合物的食物。而且，由于宝宝还要从你的身体里吸收液体，要确保每天喝16杯水——也就是建议饮水量的两倍。

哺乳困境：饥饿、吮吸的需要还是生长突增期？

吮吸是新生儿的一种生理需求，一天24小时，有16小时需要吮吸。记住这一点很重要。尤其是那些选择哺乳的妈妈，她们有时候会把出于生理需要的吮吸与宝宝真正饥饿时由于“觅食反射”而出现的吮吸混为一谈。例如，给宝宝哺乳的黛尔在给我打电话寻求意见时，就描述了这一明显的模式：“特洛伊似乎一直很饿，所以当他哭的时

哺乳时间	使用哪一侧乳房？	哺乳时长	听到吞咽声了吗？	从上次喂奶到现在，尿湿了几块尿布？	从上次喂奶到现在，排便次数以及大便颜色	补充了什么：水/配方奶	吸出的母乳量	其他
上午6：00	左侧□ 右侧□	35分钟	是□ 否□	1	1 黄色，非常软	无	30毫升	吃完奶后感觉有点儿烦躁
上午8：15	左侧□ 右侧□	30分钟	是□ 否□	1	0	无	45毫升	吃奶的过程中不得不把他唤醒
	左侧□ 右侧□		是□ 否□					
	左侧□ 右侧□		是□ 否□					
	左侧□ 右侧□		是□ 否□					
	左侧□ 右侧□		是□ 否□					

哺乳问题解决指南		
问题	症状	措施
乳房肿胀：乳房里充满液体。有时候是乳汁，但更常见的是多余的液体——血液、淋巴液和水——淤积在身体末梢，尤其是在剖宫产手术后。	乳房坚硬、发热、肿胀；可能伴有流感症状——发烧、怕冷、夜间盗汗；还会让宝宝出现衔乳困难，进而引起乳头发炎。	用热的湿布包裹乳房；在哺乳前做举手过肩（投球的动作），每2小时做5组，并且要转动手臂和脚踝。如果24小时内情况未见好转，要咨询你的医生。
乳腺导管堵塞：乳汁在输乳管中凝结，并且变得像松软干酪一样浓稠。	乳房局部出现肿块，一触就疼。	如果不治疗，可能会引发乳腺炎（见下页）。给乳房做热敷，并以画小圆圈的方式按摩肿块周围的乳房，轻抚乳头。想象自己正在揉一块松软干酪，以便把它变成牛奶（你不会真的看到乳汁从你的乳房流出来）。
乳头疼痛	乳头可能破裂、疼痛、触痛以及/或者发红；慢性病例表明，在哺乳的过程中以及两次哺乳之间，乳头会起水泡、有灼热感、出血并且疼痛。	刚开始哺乳那几天的常见疾病，而且一旦你的宝宝开始有节奏地吮吸，它就会消失。如果这种不适持续存在，说明你的宝宝的衔乳姿势不正确。你可以向一位哺乳顾问寻求帮助。

（续表）

哺乳问题解决指南		
催产素过量	妈妈在哺乳的过程中犯困，因为产生了“爱的激素”——也就是性高潮时分泌的激素。	无法真正预防，但在两次哺乳期间尽量多休息会是个不错的主意。
头疼	在哺乳过程中或哺乳结束后立刻发生，是由于脑垂体分泌催产素和催乳素所致。	如果症状持续，要请医生诊治。
皮疹	遍布全身，就像荨麻疹一样。	一种对催产素的过敏反应。一般情况下推荐使用抗组胺药，但要先和你的医生谈谈。
酵母菌感染	乳房疼痛，或者你感觉乳房内有灼烧感；你的宝宝也可能会患上尿布疹，并出现一些红点。	给你的医生打电话。你可能也需要用药物治疗酵母菌感染；可能需要往宝宝的屁股上涂抹乳膏或软膏，但不要将其抹在你的乳房上——它会堵塞乳腺。
乳腺炎：乳腺出现炎症	一条明显的红线横穿双侧乳房；乳房发热；出现流感症状。	立刻找医生诊治。

候，我会把他抱在怀里喂奶。他吃3分钟左右，接着就会睡着。我就不断地尝试把他唤醒，因为我害怕他还没吃饱。”特洛伊是个3周大的宝宝，体重4千克，所以我知道他不可能存在营养不良的情况。相反，黛尔一直将宝宝的吮吸反射误认为肚子饿，尽管他1个小时前刚吃过奶。接下来，当他在她怀里吃着奶睡着后，她会戳他、抚摸他，但都不能让他多吃几口奶。然后，她会让特洛伊离开自己的怀抱。问题是，到这时，二三十分钟已经过去了，而且他已经经历了一个睡眠周期（见第171页）。她让宝宝离开她的乳房时，宝宝很可能刚好进入快速眼动睡眠，他就会醒来。由于受到打扰，他这时会希望再次吮吸乳房，其目的是**自我安慰，并不是因为他突然饿了**。所以，妈妈会坐下来，而这个循环会再次开始。

这里的问题——也是一个常见的问题——是黛尔在无意间把特洛伊调教成一个“爱吃零食的孩子”。而且，现在她在打一场必败的战争。你想想，这与你不让你学步期的孩子在两顿正餐之间吃饼干的原因是一样的。如果一个孩子一天到晚不住嘴地吃东西，他还可能好好地吃正餐吗？每隔1小时或1.5小时吃一次奶的宝宝也是如此。用奶瓶喂养的宝宝则不常遇到这个问题，因为妈妈能够真切地看到自己的宝宝喝了多少毫升奶。然而，不管你采用哪一种喂养方法，当一个宝宝很好地适应每隔3小时吃一次奶的惯例时，你就知道他吃饱了，而且你甚至可能不必在喂奶的时候叫醒他，因为他休息的时间也很合理。

现在，我们以另一个让哺乳的妈妈感到困惑的情形——生长突增期——为例。比如，你的宝宝一直有规律地每隔2.5~3小时吃一次奶，可是，突然之间他似乎非常饿——就好像他希望整天吃个不停一样。他可能正处于生长突增期——持续一两天的一个时期，在此期间，宝宝吃得比平时多。生长突增期通常每3~4周出现一次。如果你注意观察的话，你将看到，这种持续全天的饮食无度现象只会持续48小时左右，然后你们会重新回到E.A.S.Y.程序的正常轨道。

无论你做什么，都不要将生长突增期与你的乳汁分泌量减少或完全枯竭混为一谈。事实上，你的宝宝正在成长，他的需求已经改

运用你的常识

尽管我推荐一种有规律的常规喂养程序，但我并不是说如果一个宝宝在2小时后发出饥饿的哭声，你也不要给他喂奶。事实上，在一个生长突增期，他或她可能需要吃得比平时多一些。我要说的是，如果你的宝宝有规律地进食的话，他将吃得更好，而且他的肠道功能也将运转得更好。

我也并不是在说，如果你的宝宝由于发育太快而偶尔需要你多抱他一会儿或者多吃一顿奶，你应该忍住，什么也不做。我想表达的是，我讨厌看到妈妈和爸爸因为开始时没有当真而让孩子不开心。让一个宝宝养成坏习惯的是父母，不是他自己。所以，如果你现在运用常识，你就能预防你的宝宝以后受到伤害。（关于改掉坏习惯的更多内容见第9章。）

变，他对吮吸更多母乳的需求是在自然而然地向你的身体传递一个信息——“分泌更多母乳”。神奇的是，对于身体健康的母亲来说，其身体能够制造宝宝需要消化吸收的任何东西。对于配方奶喂养的宝宝来说，如果你的宝宝一直每隔3小时喝一次奶，并且突然似乎比平时饿，你只要多给他喂一些奶就好。这也是哺乳的妈妈们所要做的。而且，对于采用单侧乳房喂养的妈妈来说，当你的宝宝吃空了一侧乳房（这通常发生在宝宝体重增加到5.4千克的时候），你只需要换到另一侧乳房，这样就能满足他对母乳的所有需求。

如果宝宝似乎**只有在晚上**才会格外饿，这可能不是生长突增期。相反，可能是他没有获得足够热量的一个信号，而且你需要调整你的E.A.S.Y.程序来满足宝宝对更多热量的需求。这可能是“密集进食”的好时机（见第169~170页）。

提示:早晨，在经历了一夜好眠之后，你的乳汁里的脂肪含量最丰富。如果你的宝宝晚上似乎格外饥饿，你可以在早上把这些富含脂肪的母乳吸出来，留到晚上给孩子吃。这将给你的宝宝提供他需要的

哺乳存在的问题		
发生了什么	原因	如何解决
“我的宝宝经常吃奶吃到一半就扭动身体。”	对于四个月以下的婴儿来说，这可能意味着他需要排便。他不可能一边吃奶一边排便。	让他离开你的乳房。把他放在你的腿上，让他排便，排完后继续吃奶。
“宝宝经常在我给他哺乳的时候睡着。”	你的宝宝体内的催产素含量过高（见第93页方框）。或者，他可能在吃“零食”，其实并不饿。	要想把一个睡着的宝宝唤醒，你可以看第87页的“提示”。但是，你还要问自己：“我的宝宝在执行一个有规律的日常惯例吗？”这是判断他是否真的饥饿的最好方法。如果他每小时吃一次，那么他可能在吃零食，而不是正儿八经地在填饱肚子。要让他采用E.A.S.Y.程序。
“我的宝宝把我的乳头含住，再吐出来。”	可能是乳汁流出太慢，让他不耐烦。如果伴随着抬腿，可能是出现了胀气。又或者他可能不饿。	如果这一情形反复发生，可能是你的排乳反射比较慢。你可以先用吸奶器吸奶（见第92页）。如果是胀气，可以试试第249页的解决方法。如果以上这些都不管用，他可能对哺乳不感兴趣。要让他离开你的乳房。
“我的宝宝似乎‘忘记’如何衔乳了。”	所有的宝宝，尤其是男孩，都会偶尔“忘记”——他们注意力不集中。还可能意味着宝宝饿过头了。	把你的乳头放到宝宝的嘴里几分钟，来让他集中注意力，并且提醒他如何吮吸。然后，把他抱到胸前。如果他饿过头了，而且你知道自己的排乳反射比较慢，在让他衔乳前要先用吸奶器吸你的乳房。

额外热量，让你和你的丈夫好好睡一觉，而且最重要的，让那个恼人的声音平息下来："我分泌的乳汁能让我的宝宝吃饱吗？"

配方奶喂养基本知识

无论你为什么选择配方奶喂养，都没关系。如果你阅读了相关书籍、做了调查研究，然后得出你希望用配方奶喂养你的宝宝的结论，那很好。**要维护你用配方奶喂养宝宝的权利。**伯妮斯把能接触到的书籍都读遍了，包括一些复杂难懂的医学报告。她告诉我："如果我是一个软弱的人，特蕾西，我应该已经陷入内疚之中了。因为我知道关于配方奶的信息——甚至连护士都不知道的信息，所以，他们不得不尊重我的决定。但是，我为那些不像我这么坚强的女士感到难过。"面对那些批评配方奶喂养的人的最好防御措施，就是用事实说话，尽管你不需要防御。

选择配方奶，要阅读其成分表。市面上有很多不同种类的配方奶，所有在售的配方奶都经过了美国食品药品监督局的严格检测和批准。一般来说，配方奶要么是由牛奶制成，要么是由大豆制成。与大豆配方奶相比，我个人更偏爱牛奶配方奶，尽管两者都添加了维生素、铁以及其他营养成分。两者的区别在于，牛奶配方奶中含有乳脂，而在大豆配方奶中，取而代之的是植物油。大豆配方奶既不含动物蛋白，也不含乳糖——据称这两者与腹绞痛和某些过敏症有关系，但我建议先尝试低过敏原牛奶配方奶。没有确切的证据证明大豆能预防这些问题。此外，牛奶配方奶含有一些大豆所不具备的营养成分。至于对配方奶会引起皮疹和胀气的担忧，要记住，这些问题也出现在那些母乳喂养的宝宝身上。尽管症状可能更加显著，比如喷射性呕吐或者腹泻，但是，这类症状往往不是不良反应。

挑选与你的乳头最接近的奶嘴。市场上有很多种类型的奶嘴——

配方奶的存储

配方奶包括配方奶粉、浓缩配方奶，甚至更方便的即食配方奶。生产商都会在产品包装上标注生产日期。罐装配方奶在不开封的情况下可以一直保存到保质期结束。然而，一旦进入奶瓶，无论你使用哪种形式的配方奶，都只能保存24小时。大多数生产商不建议冷藏配方奶。和母乳一样，绝对不要使用微波炉加热配方奶。尽管这样做并不会改变配方奶的构成，但是，这种加热方式无法让液体均匀受热，进而可能烫伤你的宝宝。不要让宝宝继续喝上次没喝完的配方奶。为了避免浪费，要使用容量只有60~120毫升的奶瓶，直到你的新生儿表现出更旺盛的食欲。

扁的、长的、短的、球状的。我总是推荐新生儿使用哈伯曼奶瓶[1]。这种奶瓶的底部有一个特殊的阀门，使得婴儿只有在用力吮吸时才能喝到奶，这与哺乳的情况一样。尽管一些奶嘴比其他奶嘴能更有效地调节流量，但是，除了哈伯曼奶嘴，配方奶都是落入奶瓶中，然后由重力而不是宝宝决定流量（见第110页的“‘乳头混淆’迷思”）。通常，我建议宝宝在三四周大以前都使用这种奶嘴，尽管它比其他奶嘴贵一些。到宝宝2个月大时，可以换成一个流速较慢的奶嘴，到宝宝3个月时，换成二段奶嘴，从4个月一直到断奶，换成正常流速的奶嘴。除了考虑奶嘴的流速，如果你打算采用哺乳和奶瓶喂养两种方式，那么，找到一个与你的乳头相似的奶嘴就很重要。例如，如果你的乳头扁平，可以试试Nuk奶嘴。如果你的乳头坚实挺拔，倍儿乐（Playtex）、新安怡（Avent）或者满趣健（Munckin）牌奶嘴可能更适合。

我最近拜访了为宝宝哺乳的妈妈艾琳。她正打算返回工作岗位。她购买了8种不同类型的奶嘴，都被她的女儿朵拉拒绝了。“她要么不张嘴，要么把它们在嘴里滚来滚去，”艾琳哀叹道，“每一次喂奶

---

① 英国人曼迪·哈伯曼设计的一种奶瓶和奶嘴。——译者注

需要多少配方奶

采用配方奶喂养，配方奶的成分是不会改变的，这一点与母乳一样，但是，宝宝需要吃更多配方奶，这是可以理解的。

0~3周：每3小时进食90毫升。

3~6周：每3小时进食120毫升。

6~12周：每4小时进食120~180毫升（到3个月时，通常稳定在180毫升）。

3~6个月：增加到每4小时240毫升。

都是一场噩梦。”噩梦还多着呢，我想，考虑到她平均每天要给孩子喂8次奶。所以，我说：“让我仔细看看你的乳房，然后我们去购物。”我们找到了一个与艾琳的乳头最相似的奶嘴。在接下来的几天里，朵拉还是会难为妈妈一会儿，但是，让她适应一个与妈妈的乳头相似的奶嘴肯定要比适应其他8个奶嘴容易。

购买奶瓶和奶嘴时，还要寻找那种瓶口和奶嘴的螺旋可以通用的款式，这样你就可以在需要的情况下交换使用。我见过一些外观赏心悦目并配有各种天花乱坠的承诺的奶瓶和奶嘴——“胜似妈妈的乳房”“自然倾斜”“防止吞咽空气”。对于这些广告，你不要全信，并且要看看哪一种最适合你的宝宝。

第一次使用奶瓶。首次将奶嘴放入宝宝的嘴巴里时，要用奶嘴轻触他的嘴唇，然后等着他张嘴。接下来，在他要衔乳的时候将奶嘴轻柔地滑入他的嘴巴里。绝对不能将奶嘴用力塞进宝宝的嘴巴。

不要将配方奶喂养的模式与哺乳做比较。配方奶比母乳消化得慢，这意味着配方奶喂养的宝宝通常每隔4小时而不是3小时进食一次。

第三种选择：哺乳与奶瓶

撇开我对母乳和配方奶的中立态度不谈，我总是告诉父母们，哪怕喂宝宝一点儿母乳，也比一点儿不喂强。一些妈妈听到这句话后感到很震惊，尤其是那些咨询过提倡母乳喂养的医生或组织的妈妈。她们相信母乳喂养和配方奶喂养只能二选一，无法并行。

“我真能同时用这两种方式吗？”她们问，“有可能既给宝宝哺乳，又用奶瓶喂奶吗？”我的答案永远是：“你当然能。”我还会解释，我所说的“两种方式”，指的是一个宝宝能够同时吃母乳和配方奶，或者只吃母乳，但是通过奶瓶和乳房来吃。

诚然，有些妈妈从一开始就对自己的偏好非常肯定。伯妮斯在怀孕期间做了大量研究，完全肯定她用配方奶喂养伊万的决定——她是如此肯定，以至于她要求产科医生给她注射激素，让她的身体立刻停止分泌母乳。而另一方面，玛格丽特对母乳喂养同样态度坚决。但是，那些夹在中间的妈妈呢？其中一些妈妈因为产后头几天母乳分泌量有限，不得不给宝宝补充配方奶。另一些女性从一开始就选择同时采用哺乳和奶瓶喂养的方式，因为她们不希望自己的生活受到限制。第三类人一开始选择一种方式，后来又改变主意。在这些人中，大多数母亲一开始选择哺乳，然后加入配方奶，但是，不管你信不信，有时候也会反过来。

如果一个宝宝不到3周大，无论让他从哺乳改成用奶瓶喝奶，还是从用奶瓶喝奶改为哺乳，亦或者继续同时使用这两种方式，都是相对比较容易的。但是，在宝宝3周大以后，这种改变对母亲和孩子来说就会非常困难（见第113页的方框）。因此，如果你对只给你的宝宝哺乳感到犹豫不决，要记住这个窗口期，并且尽早行动。

让我们来看几个例子，例子里的妈妈们都做到了两全其美。

卡莉：需要辅助喂养。尤其是母亲接受了剖宫产的情况下，在宝宝出生的头几天里，她可能无法分泌宝宝需要的母乳。剖宫产后一般会注射吗啡，这会让她的身体“停止运作”，但她可能没有意识到自

"乳头混淆"迷思

很多人不同时采用哺乳和奶瓶喂养两种方式的原因，是担心婴儿出现"乳头混淆"问题。我相信，他们对此有误解。让婴儿感到困惑的，是母乳或者奶液的流速，而这个问题是能轻松解决的。婴儿吮吸乳房所使用的舌头肌肉与吮吸奶瓶时用的并不相同。而且，婴儿吮吸乳房时，可以通过改变吮吸方式来调节自己摄入的母乳量，但是，奶瓶的奶液流速是恒定的，而且是由重力而不是宝宝控制的。如果宝宝吮吸奶瓶会呛奶，你最好使用哈伯曼奶瓶，它只有在宝宝用力吮吸时才会流出奶液。

己没有分泌乳汁。一些悲剧就是这样发生的：宝宝趴在母亲的乳房上吸奶，在接下来的几周里，他的身体严重缺水，甚至因营养不良而夭折。他是在吮吸，但妈妈不知道的是，他什么也没吸出来。这也是检查一个婴儿的尿液和大便以及每周给宝宝称一次体重如此重要的原因（见第81~89页）。

不幸的是，很多母亲没有意识到自己需要长达一周时间才能分泌乳汁。因此，无论母亲的哺乳姿势多么正确，或者宝宝的衔乳姿势多么规范，如果母亲没有分泌乳汁，宝宝就不可能茁壮成长。在医院里，当护士进来通知母亲，需要给她的宝宝喂葡萄糖或者补充配方奶时，她可能会抗拒："不要给我的孩子喝配方奶。"她听说辅助喂奶粉将"毁掉"她的母乳。真相是，亲爱的，如果你分泌的母乳不足，你就别无选择。

甚至给宝宝喂了配方奶，我也会告诉我为之服务的妈妈们，无论如何要让宝宝吮吸她们的乳房，因为宝宝的吮吸有助于激活母亲的输乳管窦，而这是吸奶器做不到的。宝宝的吮吸会给你的大脑传递分泌乳汁的信息，而吸奶器这个器械只能清空储存在乳窦中的乳汁。因此，你给宝宝喂配方奶的同时，还要继续每隔2小时让宝宝吮吸一次，以便让你的乳汁流出来。例如，卡莉通过剖宫产生下了一对双胞胎男婴。在产后的头3天里，她没有奶水。由于两个宝宝的血糖水平很低，我们就直接让他们喝配方奶。卡莉仍然给他们哺乳——每2小时哺乳20分钟，但我们最后还会让宝宝喝30毫升配方奶。

在哺乳完后，妈妈要用吸奶器吸奶，1小时后，她还要再吸一次。到了第4天，卡莉开始分泌乳汁，我们不再给宝宝喂30毫升配方奶，而是只给他们喂15毫升。毫无疑问：母亲因此精疲力竭。难怪到第3天吸奶前，卡莉真的将吸奶器从房间的一头扔到了另一头。当她情绪崩溃的时候，我和孩子的爸爸都站得远远的，然后，日子继续这样过下去。但是，到了第5天时，这对双胞胎就能全部吃母乳了。

弗丽达：不想哺乳，但希望身体分泌乳汁。正如我在前面提到的，由于对身体的感受，尤其是对乳房的感受，有些母亲拒绝给宝宝哺乳，但她们知道母乳有益于宝宝的身体健康。例如，弗丽达只在宝宝出生的头几天哺乳过，目的只是为了让她的母乳流出来。然后，她继续用吸奶器吸奶，直到孩子满月。而此时，她的奶水明显已经开始干涸了。我还知道一位妈妈，她把她的奶水吸出来，冷冻后通过快递邮寄给宝宝的养母。无论是哪种情况，单凭用吸奶器吸奶无法让母乳持续分泌5周以上。

凯瑟琳：考虑家庭和睦。还怀着第3个孩子史蒂文时，凯瑟琳就已经决定也给这个新宝宝哺乳，就像她当年为珊努（现年7岁）和埃里克（现年5岁）做的那样。史蒂文在医院里没费什么劲就能正确地衔乳，但是，当回到家里，凯瑟琳就招架不住了。她白天根本没时间给史蒂文哺乳，所以，她很不情愿地改成配方奶喂养。大约两周过后，万不得已之下，她给我打了电话。通过给两个女儿哺乳，她与她们建立起了亲密关系，她希望也能与史蒂文建立这种亲密关系，但是，每个人都告诉她为时已晚。此外，她也看到了哺乳对她的家庭生活造成了多么大的破坏。“我真正想要的，”凯瑟琳坦陈，“是每天哺乳两次，一次在他早上醒来的时候，一次在午饭时间，也就是两个姐姐放学回家之前。”我向凯瑟琳解释，乳房是很神奇的——如果你一天只给你的宝宝哺乳两次，它就会只分泌刚好满足这两次哺乳的乳汁。为了再次哺乳——让她重新分泌母乳——凯瑟琳实际上“上了手段”：她每天让史蒂文吮吸乳房2次，并且用吸奶器吸6次。起初，尽管史蒂文吮吸凯瑟琳的乳房，但最后不得不喝配方奶。到第五天时，他在哺乳完后显得更心满意足，而且，通过使用吸奶器，她能够看到，自己的奶水确实恢复了。在凯瑟琳的案例里，一旦她的乳汁恢复，她就不再需要用吸奶器吸奶了。最后，凯瑟琳如愿以偿地跟宝宝建立了她渴望已久的亲密关系，但采用的是一种不会对其他家庭成员产生不利影响的方式。

维拉：重返职场。如果一位女性打算重返职场，她要么不得不将自己的乳汁吸出并且储存起来，要么不得不让孩子喝配方奶。一些女性会等到重返职场前一周，才开始每天给孩子加一两瓶配方奶，但是，如果一个宝宝没有喝过配方奶，我建议妈妈在重返职场前3周开始给孩子喝。维拉在一家大型工业联合体从事文秘工作，一直待在家里负担不起生活开支，重返职场后，她选择在早上哺乳一次，白天给宝宝喝配方奶，她回家后再给宝宝哺乳。夜奶一直由她丈夫喂。

类似的场景还会出现在妈妈希望有更多属于自己的时间，或者她不得不出差的情况下。一位居家办公的妈妈——比如一位画家或者作家——也可能希望将自己的母乳快递出去，只是为了让另一个看护人喂孩子。

提示：疲劳是职场母亲的头号敌人，无论她选择如何喂养宝宝。在重返职场的头几周，最大限度地减轻疲劳的方式之一，是把周四而不是周一当作一周的开始。

简：手术阻碍了哺乳。对于身患严重疾病或者做了手术的母亲来说，她的身体往往不可能继续哺乳。在这种情况下，世界卫生组织（WHO）建议你让其他母亲捐赠母乳。但是，让我告诉你，这只是一个美好的幻想，仅此而已。当简的宝宝只有1个月大时，她被告知必须做手术，而且要离开她的宝宝，住院至少3天。我给我认识的处于哺乳期的26位母亲打了电话，只有1位愿意捐献母乳——而且只捐赠240毫升。你可能认为我要的是金子，而不是母乳！最终，简吸出了自己的大量乳汁，但她也让儿子喝配方奶，而且，相信我，他并没有因为这次经历而受到伤害。

哺乳与奶瓶喂养的切换

在出生后的头3周里，宝宝能在哺乳和奶瓶喂养之间轻松切换。但是，如果你等一段时间，这种切换就会变得困难。接受哺乳的宝宝一开始会拒绝用奶瓶吃奶，因为他的嘴巴唯一认识并且期待的是人类的肌肤。他可能会用嘴巴玩弄奶嘴，而且也不知道如何吮吸或者衔乳。反之亦然。如果一个宝宝不习惯妈妈的乳头的感觉，他就不可能本能地知道如何衔乳。

以前接受哺乳的宝宝常常会“罢餐”，白天拒绝用奶瓶喝奶。当母亲回到家里，她一心想着在睡前好好给宝宝哺乳几次，宝宝却另有打算。这么小的一个孩子就会在夜里把他妈妈唤醒，试图补上他白天没吃的几顿。他不知道也可能不在乎现在是夜里，他的肚子正饿着呢。

你该怎么做呢？连续两天只用奶瓶喂奶，不给他哺乳（或者相反，如果你正试图让一个奶瓶喂养的宝宝接受哺乳的话）。要记住，宝宝总是愿意回到他们最初的喂养模式。无论你的宝宝习惯奶瓶还是乳房，一旦形成记忆，他就没什么好拒绝的了。

要注意：两者之间实现转换并不容易。你的宝宝会感到沮丧，并且会哭个不停。他在跟你说：“你到底往我的嘴巴里塞了个什么东西？”在喂奶的时候，他甚至可能会大口吞咽然后溢出来，尤其是如果你正换成奶瓶喂养，因为宝宝不知道如何调节从橡胶奶嘴中涌出的液体。再说一遍，哈伯曼奶瓶能够解决配方奶流量的问题。

用不用安抚奶嘴：每位母亲都要面对的问题

安抚奶嘴问世已经有上百年之久——而且理由非常充分。新生儿唯一能够掌控的身体部位，差不多就是他的嘴巴了。他之所以吮吸，是为了得到他所需要的口腔刺激。在过去，妈妈会把一块破布甚至把一个陶瓷塞子放在婴儿的嘴巴里，来安抚他的口腔。

不必对安抚奶嘴持负面看法。现如今安抚奶嘴之所有存在争议，部分原因是人们使用不当，使它变成了我所说的“道具”——婴儿赖以自我安慰的东西。而且，正如我在前面提到的，当父母使用安抚奶嘴的目的是让宝宝安静下来，而不是克制自己并且倾听他的真正需

吮吸拇指值得鼓励

吮吸手指是口腔刺激的一种重要形式，也是一种自我安慰行为。甚至在子宫里的时候，婴儿就会吮吸拇指。等到出生后，他们开始吮吸拇指和其他手指，而且常常在无人看到的时候。吮吸拇指之所以成为问题，是你对它的负面联想让你产生了偏见。或许是你小时候因为吮吸拇指受到过责备。或许你的父亲或母亲曾经打过你的手，声称这是一个“坏习惯”，或者声称你（或者其他人）这样做“让人讨厌”。我听说有些父母给孩子戴上连指手套或者在他们的手上涂抹难闻的药水，甚至把孩子的两只胳膊固定住——所有这一切都是为了不让孩子吮吸手指。

事实是，无论你喜欢与否，宝宝就是会吮吸，而且我们应该加以鼓励。要保持客观。记住，这是你的宝宝掌握的控制自己的身体和情绪的最初的几种方式中的一种。当他发现他有一根拇指，而且吮吸它能够让自己感觉好起来，这给了他一种无与伦比的掌控感和成就感。安抚奶嘴或许也能做到，但它是由一个成年人控制的，而且会丢失。人的拇指总是长在手上——宝宝可以随意地将其放进去和拿出来。我向你保证，当你的宝宝准备好了，他将不再吮吸拇指，就像我的苏菲一样。

求，那么，他们就会很有效地让她或他闭嘴。

我喜欢在头三个月里让宝宝使用安抚奶嘴，为的是给宝宝充足的吮吸时间，让他在睡觉或者小睡前平静下来，或者试图让他少吃一顿夜奶（我在第6章中讲述了我的方法，具体见第169~170页）。然而，这段时间过后，婴儿将能更好地控制他们的双手，并将能够用自己的手指进行自我安慰。

对安抚奶嘴的错误看法有很多。例如，一些人相信，如果你给一个宝宝使用安抚奶嘴，他就无法学会如何吮吸自己的拇指。胡说八道！我保证，你的宝宝会淘汰安抚奶嘴，转而吮吸自己的拇指。我的女儿苏菲就是这么做的，而且持续吮吸了6年。随着年龄的增长，她只在睡觉的时候吮吸拇指——而且，让我再多说一句，她从来没有龅牙。

购买安抚奶嘴时，你可以套用购买奶嘴的规则：购买宝宝习惯的形状。现在，市面上有30多种不同类型的安抚奶嘴。有那么多选择，妈妈们，你们肯定能够找到与自己的乳头或者使用的奶瓶上的塑料奶嘴的形状相匹配的安抚奶嘴。

断奶，宝宝，断奶！

断奶有两种不同的含义。与流行的错误观念恰好相反，断奶指的不是停止吃母乳。相反，它指的是所有哺乳动物共同的自然进程：从流质饮食——不管是母乳还是配方奶——向固体饮食的转变。通常，婴儿根本不需要“断”奶。随着宝宝开始吃固体食物，他摄入的母乳或配方奶会越来越少，因为他正通过其他方式摄入营养。事实上，一些宝宝在8个月左右会——主动——放弃母乳，妈妈只要给他一只鸭嘴杯就可以了。当然，还有一些宝宝更加固执。特雷弗，1岁，对断奶毫无兴趣，尽管他的爸爸妈妈做了充分准备。我告诉他的妈妈，不管他怎么像前几天那样拉扯她的衬衫，都要坚定，并且要对他说“不能再吃奶了！”我警告过他的父母：“你们将度过几天特雷弗不高兴的日子，而且他会缠着你们。毕竟，他已经被哺乳了一年多，他从来没用过奶瓶。”但是，没过几天，特雷弗就心甘情愿地用他的鸭嘴杯了。另一位妈妈，阿德丽安娜，等了2年才对她的儿子说："不能再吃奶了。"这种情况很常见，宝宝并不想这样，是阿德丽安娜不愿意放弃哺乳带来的亲密关系（见第252页，我会详细讲述阿德丽安娜的故事）。

哺乳的规矩

到4个月左右，宝宝就能挥舞双手，还能转动头部并扭动身体。哺乳的时候，他们会摆弄你的衣服或者戴着的首饰，而且他们还可能会戳弄你的下巴、鼻孔或者眼睛，如果能够着的话。随着一天天长大，他们会养成其他一些坏习惯。坏习惯一旦养成，就很难改正。所以，要从现在开始教给你的宝宝我所说的"哺乳的规矩"。在每一种情况下，秘诀都是温柔而坚定，提醒他你的底线是什么。此外，要找一个安静的环境哺乳，以便让宝宝少分心。

针对摆弄东西：抓住他的手，然后温柔地将它从你的身上或者触摸的任何东西上拿开。要对他说："妈妈不喜欢你这样。"

针对分心：最糟糕的情况莫过于宝宝分心并且试图扭头……同时妈妈的乳头还在他的嘴巴里。当这种情况发生时，要将乳头从他的嘴里抽出，并且说："妈妈不喜欢你这样。"

针对咬乳头：宝宝长牙时，几乎每一位妈妈都会被咬。但是，这种情况应该只发生一次。不要害怕做出适当的回应，你要把乳头从他嘴巴里抽出来，并且说："哎呀，你咬得很疼。不要咬妈妈。"这样做往往就够了，但是，如果这样做没能让他停止咬你，就让他离开你的怀抱。

针对掀衣服：那些到了学步期还吃母乳的孩子，在希望得到安抚时，偶尔会这么做。你只要这样说就可以："妈妈不喜欢你掀起她的衣服。不要掀衣服。"

大多数儿科医生都建议等到宝宝6个月大时再开始让他吃固体食物。我赞同这个建议，除了那些体型很大的宝宝（四个月大时体重8~10千克），或者那些患有胃食管反流的宝宝——相当于患有胃灼热的宝宝。到6个月的时候，你的宝宝需要固体食物所含的铁元素，因为此时他体内储存的铁已经消耗殆尽。而且，他的吮吸反射——让婴儿在被任何东西（比如乳头或勺子）触碰时伸出舌头——已经消失，所以，他能够更好地吞咽糊状固体食物。而且，到6个月时，他能够控制头和脖子。现在，你的宝宝能够通过后仰和扭头的动作，表达不感兴趣或者他已经吃饱了。

实际上，断奶相当简单，如果你遵循以下三个重要原则的话：

- **从一种固体食物开始。**我更喜欢梨，因为容易消化，但是，如果你的儿科医生推荐了另一种食物，比如米糊，你务必要遵从。每天吃两次新食物，早晚各一次，连续吃两周，然后让孩子吃第二种固体食物。
- **总是在早上让宝宝吃一种新食物。**这会给你一整天的时间来观察你的宝宝是否对这种食物有不良反应，比如皮疹、呕吐或者腹泻。
- **绝对不要将不同食物掺杂在一起。**这样一来，对某种具体食物的过敏反应就是确定无疑的了。

在第118~119页的图表中，我详细列出了头12周让宝宝吃什么以及什么时间吃。到宝宝9个月大的时候，我会让他开始喝鸡汤。我会用鸡汤来给宝宝的米糊调味，米糊尝起来像浆糊，或者把它加入我在家里做的蔬菜泥中。然而，我建议在宝宝1岁前，不要让他吃肉、蛋或者全脂牛奶。当然，你的儿科医生对此应该有最终决定权。

永远不要强迫宝宝吃他不想吃的食物，也不要在这件事情上纠结。对于宝宝以及整个家庭来说，吃饭应该是一次愉快的经历。正如我在本章一开始说的，饮食乃人类生存之本。如果我们足够幸运，照顾我们的人也会让我们认可并且享受食物的美味和质感。这种喜爱始于婴儿期。对食物的热爱是你能给你的宝宝的最美好的礼物。无独有偶，均衡的饮食还会给他提供安然度过一天所需要的能量和体力。而且，正如我们将在下一章看到的，这对于一个成长中的宝宝来说是一项非常艰巨的任务。

断奶：头12周

下面的12周饮食安排是以给6个月大的婴儿断奶为基础设计的。你可以像往常一样在清晨时分给孩子喂奶，可以哺乳，也可以用奶瓶喂奶，2小时后再喂他们吃“早餐”。“午餐”不妨在午间进行，而“晚餐”则可以于傍晚时分进行。早餐和晚餐都给宝宝喂母乳或奶粉。不要忘记每个孩子的情况各不相同，请教你的儿科医生之后再决定最适合你孩子的食谱。

星期（周数）	早餐	午餐	晚餐	说明
1（6个月）	梨，2茶匙（约10克）	配方奶或母乳	梨，2茶匙（约10克）	
2	梨，2茶匙（约10克）	配方奶或母乳	梨，2茶匙（约10克）	
3	南瓜，2茶匙（约10克）	配方奶或母乳	梨，2茶匙（约10克）	
4	红薯，2茶匙（约10克）	南瓜，2茶匙（约10克）	梨，2茶匙（约10克）	
5（7个月）	燕麦片，4茶匙（约20克）	南瓜，4茶匙（约20克）	梨。	加量，以满足宝宝不断增加的需要。

（续表）

<table>
<tr><th colspan="5">断奶：宝宝出生后的头 12 周</th></tr>
<tr><th>星期（周数）</th><th>早饭</th><th>午饭</th><th>晚饭</th><th>说明</th></tr>
<tr><td>6</td><td>燕麦片和梨，各4茶匙（各约20克）</td><td>南瓜，8茶匙（约40克）</td><td>燕麦片和红薯，各4茶匙（各约20克）</td><td>现在一顿饭可以让宝宝吃一种以上的食物。</td></tr>
<tr><td>7</td><td>桃，8茶匙（约40克）</td><td>燕麦片和南瓜，各4茶匙（各约20克）</td><td>燕麦片和梨，各4茶匙（各约20克）</td><td></td></tr>
<tr><td>8
（8个月）</td><td>香蕉</td><td colspan="3" rowspan="3">从这时起，你可以将以上食物混合搭配，像左侧那样，每周给宝宝吃一种新食物，每餐8~12茶匙（40~60克）</td></tr>
<tr><td>9</td><td>胡萝卜</td></tr>
<tr><td>10</td><td>豌豆</td></tr>
<tr><td>11</td><td>青豆</td><td colspan="3" rowspan="2">你可以将不同的食物混合搭配，每周给宝宝吃一种新食物，每餐8~12茶匙（40~60克）</td></tr>
<tr><td>12
（9个月）</td><td>苹果</td></tr>
</table>

第5章

活动（A）：醒来和玩耍

婴儿和儿童能够思考、观察和推理。他们会思考证据，得出结论，进行试验，解决问题，并且追求真理。当然，他们并非像科学家那样有意识地做这些事情。他们试图解决的问题都是日常生活中关于人、物以及话语是什么的问题，并非关于行星和原子的高深莫测的难题。但是，甚至年龄最小的宝宝对这个世界也了解很多，并且积极地努力去探索更多。

——《摇篮里的科学家》[1]

① 由 Alison Gopnik, Andrew N, Meltzoff, 以及 Patricia K. Kuhl 合著。——作者注

在醒着的时候

对于新生儿来说，每一天都是一个奇迹。从离开子宫的那一刻起，宝宝就在以指数级的速度成长，一如他们探索和享受周围环境的能力。不妨这样想：当你的宝宝只有1周大，他的年龄是他出生时的7倍，等到快满月时，他已经远远地甩开了出生第一天的自己，依此类推。我们在宝宝的活动中经常见到这些变化。在这里，活动，指的是宝宝在醒着时运用一种或多种感官所做的任何事情。（显然，吃奶也是一种活动，是一种刺激宝宝味觉的活动，不过，我将在最后一章讲述。）

在母亲子宫里，宝宝的感知力已经开始发育。科学家推测，事实上，宝宝出生时，似乎就能够辨别出妈妈的声音，因为他们在子宫里听过，不管当时声音多么微弱。当他们诞生到这个世界上，所有的感官会按照这个顺序继续变敏锐：听觉、触觉、视觉、嗅觉和味觉。对于今天的你来说，躺在换尿布台上换尿布或者穿衣服，洗澡或者做按摩，盯着一个移动的物体或者抓住一个填充动物玩具，似乎算不上一项活动。但是，正是通过这些各式各样的努力，宝宝不仅让自己的感官变得敏锐，还开始了解自己和周围的世界。

近年来，关于在最大限度上开发孩子潜力的文章，已经发表了很多。为了让宝宝有一个良好的开端，一些专家建议，从宝宝出生的那一刻起，就要为他们构筑一个环境。父母是孩子的第一任老师，尽管这一点毋庸置疑，但是，我并不是那么关心教给宝宝知识，我更关心的是激发他们天生的好奇心并教化他们——也就是说，帮助他们理解这个世界是如何运作的，以及如何与他人沟通。

为了实现这一目的，我鼓励父母们把宝宝做的任何活动，都当作培养其安全感和独立性的一个机会。安全感和独立性看起来可能相左，但实际上殊途同归。任何年龄的孩子，他们越有安全感，就越有可能去探索和自娱自乐，而无需别人的帮助和外部干涉（除非遇到危险）。因此，E.A.S.Y.程序中的活动（A），产生了一个看似矛盾的情形：**活动（A）帮助我们与宝宝建立亲情心理联结，但也帮助我们给**

他们上了关于自由的第一课。

你需要为孩子做的事情，可能比你意识到的要少。尽管这并不是说不管他们。这句话的意思是，要寻求平衡——提供宝宝需要的引导和支持，同时尊重他们自然的发展进程。事实是，即使没有你的帮助，只要宝宝醒着，他就在倾听，在感受，在观察，在嗅闻，或者在品尝。尤其是在宝宝出生的头几个月，那时，每一件事都是新的（对一些宝宝来说，是可怕），你最重要的工作，就是确保宝宝的每一次经历都舒适——而且足够安全，让他希望继续探索和成长。要想做到这一点，可以创建一个我所说的"尊重圈"。

画一个尊重圈

无论是早上把宝宝从婴儿床里抱出来，给他洗澡，还是跟他玩躲猫猫，关键是要记住，他是一个独立的人，应该得到你全部的注意力和尊重，但同时他也能够按照自己的意愿行事。我希望你试着想象自己在宝宝的周围画了一个圆圈——一个勾勒出他的私人空间的假想边界。在没有得到他的允许，没有告诉他你为什么想进去，也没有解释你将要做什么的情况下，不要擅自进入宝宝的尊重圈。这听起来可能有些做作或者傻气，但是，要记住，他不只是一个婴儿——他还是一个人。如果你能记住以下这几项基本原则——我将在本章做更详细地解释和说明——你就能在宝宝进行每一项活动时，轻松而自然地维持一个尊重圈：

- **陪伴你的孩子。**在那一刻，将你的全部注意力放在孩子身上。这是建立亲情心理联结的时间，所以，要集中注意力。不要打电话，不要想着把衣服洗完，也不要思考你必须写完的一份报告。
- **愉悦你的宝宝的感官，但不要过度刺激。**我们的文化鼓励超越极限和过度刺激——父母们也在无意间促成了这个问题，因为他们没有意识到宝宝的五官有多么脆弱，也不知道宝宝实际上能承受多少（见下页的方框）。我并非建议停止给孩子唱歌，停止给他们播放音乐，不让他们看色彩鲜艳的东西，甚至不给他们买玩具，我想说的是，在与婴儿相关的领域，少即是多。

- **一定要让你的宝宝周围的环境有趣、愉快而且安全。**要想做到这一点，你需要的不是钱，而是常识（见第134~143页）。
- **培养你的宝宝的独立能力。**听起来可能有违常理——一个婴儿如何独立？好吧，亲爱的，我不是说你现在就应该立刻给他收拾行李，让他离开。他当然无法做到字面意义上的独立，但是，你可以开始帮助他培养敢于冒险、探索以及独立玩耍的信心。所以，当宝宝自己玩耍时，观察他要好过与他互动。
- **记住，与你的宝宝交谈，而不是对他说话。**交谈意味着一个双向过程：每当宝宝在进行一项活动时，你要观察、倾听并且等待他的反应。如果他试图让你加入，你当然要加入。如果他“要求”换一种感官，你一定要尊重他的要求。除此之外，让他探索吧。
- **要参与并激发宝宝，但要永远让宝宝主导。**绝对不要勉强宝宝做任何事。不要给他“学习三角”之外的玩具（详情见第134~140页）。

从宝宝早上睡醒到晚上睡觉，你都要牢记以上 6 条原则。记住，每一个人，包括你的宝宝，都应该拥有私人空间。接下来，我将手把手地带你度过宝宝的一天，你将看到以上原则是如何应用的。

醒醒，小苏西，醒醒吧！

如果每天早上，在你半梦半醒之间，你的伴侣走进卧室，一把掀开你的被子，你会怎么想？假如他紧接着对着你大喊：“快点儿，该起床了！”你会不会被吓一跳，并且感到火冒三丈？婴儿也会有同样的感受，如果他们的父母不能正确地开启这一天的话。

当你早上与宝宝打招呼时，要温柔、体贴地轻声细语。我通常

宝宝知道的比你认为的要多

在近来大约20年里，感谢录像机这一神奇的发明，婴儿研究人员才发现了婴儿能够处理多少信息。我们一度认为，婴儿是一张“白纸”，现在，我们知道，新生儿来到这个世界上时，就具备敏锐的感官以及一系列迅速发展的能力，让他能够观察、思考，甚至推理。通过观察婴儿的面部表情、身体语言、眼睛的运动以及吮吸反射（婴儿在兴奋时会更用力地吮吸），科学家已经验证了婴儿具备惊人的能力。下面是一些科学发现（本章中还有更多）：

- 婴儿能够区分不同的影像。早在1964年，科学家就发现，婴儿不会长时间持续盯着重复出现的影像，但是，新的影像能够吸引婴儿的注意。
- 婴儿能够与人交流。他们会随着你的语调轻轻地哼哼、微笑，做出手势。
- 婴儿长到3个月大的时候，就能够形成预期。在实验室里，在给婴儿看过一系列视觉影像之后，他们能够推断出模式，并且会移动视线来期待下一个影像的出现，这表明他们有预期。
- 婴儿有记忆力。有证据证明，5周大的婴儿就有记忆。在一项研究中，一群孩子在自己还是婴儿的时候（6~40周）接受过试验，等长成3岁左右的学步期孩子时，被带回到同一间实验室，尽管他们没有用话语来描述对之前经历的记忆，但是，对于他们被再次要求执行的任务（在光亮和黑暗的环境中拿物品），都表现出了熟悉感。

会唱着一首英语歌谣走进房间："早上好，早上好，我们跳舞跳了一整夜，早上好！"你可以选择任何一首你喜欢的欢快歌曲来当作"唤醒曲"，只要它能表明此时是早上就可以。或者，像贝弗莉那样，用那首耳熟能详的《生日歌》的曲调，唱的时候改编成："祝你早晨快乐……"唱完之后，我会说："你好，杰里米，睡得好吗？见到你真高兴。你一定饿了吧。"我一边弯下腰，一边提醒他："我现在要把你抱起来……让我们开始吧，1，2，3，我们起来啦！"当天晚些时候，在宝宝小睡醒来后，我可能会加几句话："我敢说，小睡后你感觉很好。伸了个大大的懒腰啊！"此时，在把他抱起来之前也要提前告诉他，就和你在早上做的一样。

当然，不管你早上以什么方式与宝宝打招呼，他都有自己的想法。和成年人一样，宝宝对于醒来有不同的态度。一些宝宝醒来时脸上已经挂着笑，而另一些则闷闷不乐，甚至大哭。一些宝宝立刻就能准备好迎接这一天，而另一些则需要一点儿鼓励。

下面简单地列出了不同宝宝的不同反应：

天使型。总是笑眯眯的，咿咿呀呀地说话。这些宝宝在自己的环境里似乎永远都开开心心的。除非感到非常饥饿或者尿布湿透了，否则，他们会心满意足地在婴儿床上玩耍，直到有人进来抱他们。换句话说，他们几乎不会出现一级警报中的情况（见下页的方框）。

教科书型。如果在宝宝出现一级警报之前，你没有抱起他，他就会发出二级警报中那讨人厌的声音，意思是："到我这里来。"如果你进来，并且说："我来了，我刚才哪里也没去。"一切就烟消云散了。如果你没出现，他们就会"拉响"清晰响亮的三级警报。

敏感型。该类宝宝醒来几乎总是会哭。由于需要安慰，他们通常会迅速依次"拉响"这三个"睡醒警报"。一个人在婴儿床上待5分钟以上，就让他们难以忍受。如果你在一级警报或者二级警报被拉响之前没有到他身边，他们很可能会崩溃。

坏脾气型。因为这些宝宝不喜欢湿乎乎或者不舒服的感觉，他们也会相当迅速地"拉响"这三级警报。你别指望早上能哄他笑一

睡醒系统警报

一些宝宝醒来后能一个人玩儿，并且永远不会出现一级警报中的情况——他们心满意足地待在婴儿床里，直到有人来抱他们。其他宝宝则会迅速经历这三级警报，不管你的反应速度有多快。

一级警报：焦躁不安，同时发出微弱或者紧张的声音，意思是"你好？有人吗？你为什么不进来抱我？"

二级警报：喉咙后面发出像咳嗽一样时断时续的哭声。他们会停一会儿，听听你的动静。当你没有进来，他们就在说："嗨，到我这里来。"

三级警报：撕心裂肺地哭，胳膊和腿乱晃。"现在就进来！我是认真的！"

笑——你可以倒立或者翻跟头，但这些小家伙依然无动于衷。

活跃型。这些宝宝活泼好动、精力充沛，通常会跳过一级警报，直接拉响二级警报。他们心情烦躁，身体扭来扭去，发出像咳嗽一样的哭声。如果这时没人出现，他们最终会号啕大哭。

有意思的是，你在一个婴儿身上看到的睡醒时的行为，等到他或她长大了以后，你仍然会看到。记得我跟你说过我的女儿苏菲非常安静而且性情温和，以至于很多个早晨，我都担心她没有呼吸了吗？好吧，时至今日，苏菲早上依然是一个开心果。她很容易就能醒来，然后就跳下床。她的姐姐萨拉是一个活跃型宝宝，醒来时通常脾气暴躁。现在，在睡了一夜醒来时，她仍然需要一些时间让自己清醒。苏菲早上能迅速与我对话。与苏菲不同，萨拉喜欢让她先说，而不是由我絮絮叨叨地谈论即将到来的这一天。

换尿布和穿衣服

正如我先前提到的，在我的父母课堂上，我经常要求新手爸妈们躺下来，并合上双眼。然后，我会选择一位男士，毫无预警地提起他的双腿，并将其推过头顶。不用说，他会吓一大跳。当其他人意识到我做了什么时，他们会认为非常有趣，然后我们会哄堂大笑。但是，接下来，我会解释这个游戏的原因：这就是在没有警告或解释的情况下给宝宝换尿布时他的感受。事实上，你已经侵入了他的尊重圈。相反，如果我说过“约翰，待会儿我要提起你的两条腿”，那么，约翰不仅能让自己为我的碰触做好准备，而且还知道我考虑到了他的感受。我也会这样考虑孩子的感受。

研究人员注意到，触觉信号需要3秒种才能到达婴儿的大脑。那么，双腿被人向上提起，下体裸露，屁股被擦拭，对一个婴儿来说就是一件很可怕的事情，更别提肚脐被人用冰凉的酒精擦拭了。研究还表明，婴儿的嗅觉非常敏锐。哪怕是新生儿，在闻到浸过酒精的棉签散发出的难闻气味后，都会把头扭向另一侧。一周大的婴儿能够通过味觉辨认自己的母亲。综上所述，你会意识到，当私人空间受到侵犯，宝宝能敏锐地意识到有事情发生，尽管他可能无法表达。

事实是，大多数宝宝在换尿布台上哭泣，是因为他们不知道要发生什么事情，和/或不喜欢要发生的事情——一点儿也不喜欢。我的意思是，真的，你让宝宝张开双腿，摆出一个最脆弱、最暴露的姿势，你还能期待什么？你张开双腿，躺在妇科医生办公室里时，有什么感受？我总是告诉我的医生：“我需要确切地知道你接下来要做什么。”宝宝还不会开口要求你慢下来或者尊重他们的私人边界，但他们的哭声表达了同样的意思。

当一个妈妈告诉我：“爱德华讨厌换尿布台。”我说：“他不讨厌那张台子，亲爱的，他讨厌发生在上面的事情。你可能需要放松一点儿并且与他交谈。”而且，与所有活动一样，在换尿布时，你必须专注。看在上天的份儿上，不要用胳膊和耳朵夹着手机。要从宝宝的角度想想。想象一下你向他俯下身子时是什么样子——更不要说手机可能会掉下来砸到他的头上。这样做是在“告诉”你的宝宝：“我在忽视你。”

当我给宝宝换尿布时，我会一直与他交谈。我会弯下腰，把脸凑到距离宝宝30~35厘米的地方——要在他的正上方，绝对不要在斜上

棉布尿布还是纸尿裤？

尽管棉布尿布再度风靡，但是，绝大多数父母仍然更喜欢纸尿裤。这只关乎选择，可我喜欢棉布尿布，因为它们更便宜，垫在宝宝的屁股上更柔软，而且符合环保的理念。

此外，一些婴儿对纸尿裤中所含的吸水颗粒过敏——一种有时候会与尿布疹混淆的疾病。两者的区别在于，尿布疹是局部的，通常出现在肛门周围，而过敏引起的红疹会遍布纸尿裤包裹的整个区域，并向上延伸至腰部。

纸尿裤存在的另一个问题是，它们的吸收能力非常强，能非常有效地吸收尿液，以至于似乎只有坏脾气型宝宝能够意识到自己尿湿了。一些学步期的孩子到3岁还没有接受如厕训练，有时候是因为尿不湿让他们意识不到自己已经尿了。

使用棉布尿布需要注意一点：你需要注意检查尿布是否湿了。湿尿布会引起尿布疹。

方，因为这样宝宝看得更清楚——而且，在整个过程中，我会一直与他交谈：“现在我要给你换尿布。我要让你躺在这里，这样我就能脱下你的裤子。”我一直说着话，以便让他知道我将要做什么。“现在我要解开你的睡衣。解开啦。哦，看看你可爱的大腿。现在，我要提起你的小腿。提起来了……我要解开你的尿布……哦，我看到你尿了一大泡……现在我要给你擦屁股。”对于小女孩，我会小心地从前向后擦拭。对于小男孩，我会在他们的阴茎上放一张纸巾，以免他尿我一脸。如果宝宝开始哭泣，我会问：“是我做得太快吗？那我慢一点儿。”

提示：当你的宝宝光着身子时，你可以把手轻轻地放在他的胸前，或者把一个豆豆娃[①]或者其他比较轻的填充动物玩具放在他的胸前。这

① 豆豆娃（Beanie Babies，也常称为豆豆公仔）是一种使用豆状PVC（聚氯乙烯）材料作为填充物的绒毛玩具。——译者注

一点儿额外的重量，能帮助他减少裸露感和脆弱感。

必须补充一点，给宝宝换尿布时，你也可能需要稍微快一点儿。我见过有些人换一块尿湿的尿布需要20分钟。耗时实在太长了。我的意思是，如果你算一下，他们在喂奶前给宝宝换一次尿布，给宝宝喂40分钟，喂完奶后又给他换一次尿布，总共用时1小时20分钟。这样做会影响宝宝的活动时间，不仅因为换尿布花了很多时间，还因为换尿布会让宝宝感受到压力，让他疲惫，如果宝宝不喜欢换尿布的话。

提示：在宝宝出生的头三四周，你可以给他买一些价格便宜的睡衣。为了方便换尿布，要选择正面系带或者有按扣、裆部敞开的睡衣。一开始，你肯定会不时地遇上尿布漏尿的情况。在手边多放几件睡衣可以节约时间，也能减少烦恼。

你可能需要好几周时间，才能掌握换尿布的诀窍，但是，你应该设法在5分钟内换完。关键是准备好一切——拧开润肤乳的盖子、打开擦拭用的纸巾、展开尿布，并且准备好将它塞到宝宝的屁股下面，打开尿布桶或者垃圾桶，准备放脏尿布。

提示：第一次让宝宝躺下给他换尿布时，要先把一块干净的尿布铺到他的屁股下面。把脏尿布解开，但不要把它抽走。要先把宝宝的生殖器和肛门区域擦拭干净。清洁完后，再把脏尿布抽走，干净的尿布就在宝宝的身体下面了。

当所有诀窍都无法让宝宝平静下来时，可以尝试在你的大腿上给他换尿布——很多宝宝喜欢这样，而且还省去了在换尿布台旁站着的麻烦。

过多的玩具/过多的刺激

好了，亲爱的，你的宝宝已经吃完第一顿奶，换上干净的尿布，接下来就到玩耍时间了。这是父母们经常感到疑惑的地方。他们要么最大限度地贬低婴儿游戏的重要性，没有意识到即使宝宝盯着某样东西看的时候，他也是在学习；要么陷入疯狂，不停地出现在宝宝面前，逗他，给他玩具，摇晃某样东西。这两种极端做法都没有好处。从我遇到的父母来看，大多数倾向于后者——过度刺激——这正是我经常接到像梅这样的父母的电话的原因。梅的女儿赛琳娜3周大：

“特蕾西，赛琳娜到底怎么了？”她恳求道。我能够听到宝宝的尖叫声，而且还夹杂着赛琳娜饱受煎熬的父亲温德尔拼命想让她安静下来的声音。

“好吧，”我说，“告诉我在她开始哭之前发生了什么。”

“她只是在玩耍。”梅说，语气很无辜。

“玩什么？”请注意，我们正在谈论的是一个3周大的婴儿，而不是某个两三岁的学步期孩子。

“我们让她荡了一会儿秋千，但她很快开始变得烦躁不安，我们就把她抱下来，放在椅子上。”

“然后呢？”

“她还是不乐意，所以，我们把她放在地毯上，温德尔试着给她讲故事，”她继续说，“现在我们认为她累了，可她还是不想去睡觉。”

梅没有提到的是——可能因为她认为这些无关紧要——那架秋千还会放音乐，那张椅子会震动，那条毯子是一个精巧的可移动装置的一部分，配有红白黑三个明亮的颜色，能够在宝宝的头顶上跳舞。除此之外，爸爸正在她面前举着一个逃家小兔玩偶。

你认为我夸大其词？一点儿都没有，亲爱的。我在无数个家庭里看到过类似的情景。

“我怀疑你的小姑娘只是受到了过度刺激。”我温柔地说，指出这个可怜的小家伙一直在忍受一个——在她的宝宝看来——像是在迪士尼乐园过一天那样的环境！

什么会影响你的宝宝	
听 （听觉）	说话 哼唱 唱歌 心跳声 音乐
看 （视觉）	黑白卡片 表面有条纹的东西 手机 脸 环境
摸 （触觉）	皮肤、嘴唇、头发接触 搂抱 按摩 水 棉球 / 棉布
闻 （嗅觉）	人体 饭菜的味道 香水 调味料
尝 （味觉）	牛奶 其他食物
运动 （前庭觉）	摇动 拿东西 摆动 乘坐（婴儿车、汽车）

"但她喜欢她的玩具。"她反驳道。

我从来不与父母们争辩，而是提出我的基本原则：**把所有会摇动、会嘎嘎做响、会摆动、会扭来扭去、会发出吱吱声或者会震动的东西都收起来。**我让他们只试3天，看看宝宝会不会平静下来（除非出现别的问题，他们通常都会平静下来）。

可悲的是，赛琳娜的父母——实际上，当今的大多数父母——都已经沦为美国文化的牺牲品。每年有近400万新生儿降生，婴儿期的蓬勃需求惠及了整个产业。每一年都有数亿美元花在让我们相信我们必须为宝宝创建一个合适的"环境"上，而且父母们对此深信不疑。他们认为，如果不能持续地为宝宝提供娱乐，他们就在某种程度上辜负了宝宝，因为他没有得到足够的"智力刺激（intellectual stimulation）”。而且，即使他们奇迹般地没有给自己施加压力，他们的朋友也会说：“你的意思是你不给赛琳娜买放在门廊上的婴儿摇椅？”梅和温德尔的朋友们会这样质问，就好像没有这件东西，他们的女儿就在贫困中长大一样。那纯粹是一派胡言！

我们当然应该给孩子们播放音乐和歌曲。我们当然应该给他们看一些色彩鲜艳的东西，甚至给他们买一些玩具。但是，当我们做得太多，给宝宝太多选择时，他们就会受到过度刺激。对他们来说，离开舒适的子宫，进入亮着刺眼的白炽灯的产房，已经历尽艰难——一些被迫从狭窄的产道里挤出来，另一些被从子宫里“拔”出来。在这个过程中，他们会遇到手术器械、麻醉药物，还要被许多双手拉扯、碰触和擦洗，通常都发生在他们降生后的几秒内。正如我在第1章指出的，每一个宝宝都是独一无二的，但是，几乎每一个新生儿都必须忍受某种混乱。对于那些敏感的宝宝来说，出生本身就给他们带来了无法承受的刺激。

还要加上你们家里常见的声音和景象——电视机、收音机、宠物、路过的汽车、吸尘器、割草机以及数不尽的其他家用电器。考虑到你自己的充满焦虑的声音，你的父母、岳父母以及其他访客的叽叽喳喳悄声说话的声音，哇！要处理的事情太多了，如果你全身的神经和肌肉加起来还不足4.5千克的话。而且，现在，妈妈或者爸爸在你面前，让你去玩耍。这足以让一个天使型宝宝大哭。

误解：“让他们习惯家里的声音”

父母们经常被告知，让他们的宝宝习惯高强度的噪音是一个明智之举。我问你，如果我趁你半夜熟睡之时进入你的房间，并且大声播放音乐，你会怎么想？你应该那么不体贴你的孩子吗？这不是一种尊重孩子的行为。

在“学习三角”内玩耍

我说的“玩耍”到底是什么意思？它取决于你的宝宝能做些什么。现在，大多数书籍提供的玩耍标准都是按照年龄划分的，对此我并不赞同。并非因为这类指南没有帮助，了解不同年龄段的典型特征是有益的。事实上，我就是按照年龄段——0~3个月、3~6个月、6~9个月以及9个月~1岁——开设“妈妈与我”课堂的。我之所以不赞同，只是因为我接触过的那么父母中，很多父母没有意识到正常儿童在能力和认知方面存在着巨大差异。在我的课堂上，这种情况不断地上演着。总会有一位母亲变得惶恐不安：“哦，不，特蕾西，他一定是发育太慢了。”——她在某个地方读到过5个月大的宝宝应该学会翻身。她之所以告诉我，是因为她的小男婴只会躺着：“我怎么才能帮助他学会翻身？”

我不赞成为了让孩子做到什么事而施加任何压力。我总是告诉父母们，宝宝是一个个体。书上的数据不可能将人与人之间的特异性和差异都考虑在内。这种参照充其量只能被当作一个指导。宝宝将在自己做好准备的时候到达发育的每一个阶段。

此外，宝宝也不是小狗，你不能“训练”他们。尊重你的宝宝，意味着如果他不像你朋友的宝宝那样，或者与某些书中的描述不符，你也要任其发展，不刺激他，也不感到惊慌失措。要让宝宝主导。大自然自有其美好而且合理的安排。如果你在宝宝没有准备好之前就让他翻身，他也不会学得更快。事实上，他之所以还不能翻身，是因为他还不具备翻身所需要的生理能力。你设法强迫他翻身，就在无意间为他的生活增加了本不该有的压力。

因此，我建议，父母要一直待在宝宝的“学习三角”内——也就是说，要安排一些宝宝能够独自操作并且能从中获得乐趣的体力或者脑力任务。比如，我拜访过的每一个新生儿，他们的房间里几乎都有一堆拨浪鼓——银质的、塑料的、鸭子形状的、哑铃形状的。对于一个婴儿来说，任何一种拨浪鼓都不适合，因为他还不能抓握。结果是父母在宝宝面前摇晃拨浪鼓，但这肯定不是宝宝在玩耍。记住我的基

从出生开始

即使研究人员也不可能知道婴儿开始具备理解能力的确切时间，所以，从你的宝宝出生开始，你就应该：

· 向宝宝解释你要做或你要为他做的每件事。
· 谈谈你们的日常活动。
· 让宝宝看家庭成员的照片，并介绍他们的名字。
· 指着物体并加以辨认。（“看见这只小狗了吗？”“看，另一个宝宝，和你一样，也是个宝宝。”）
· 给宝宝读简单的书籍，并让他看图片。
· 给宝宝播放音乐，给他唱歌。（具体指导见下页。）

本准则：宝宝玩玩具时，你要观察而不要介入。

要想知道什么东西在你的孩子的学习三角内，可以想想他到目前为止取得的成就——他能够做什么。换句话说，不要参照某些书上给出的各个年龄段的指导原则，而要观察你自己的宝宝。如果你一直待在孩子的学习三角内，他就会按照自己的节奏，自然而然地获得知识。

他主要在看和听。在出生后的头6~8周左右，你的宝宝是一个听觉和视觉动物，但是，他的警惕性正变得越来越高，对周围环境的意识也越来越强。尽管他的视力让他只能看到20~30厘米内的物体，但他能够看见你，甚至可能会奖励你一个微笑或者一声咿呀。要花些时间“回应”他。研究人员已经证实，婴儿一出生就能够将人的面孔和声音与他看到的其他物体和声音区分开——而且，他们更喜欢前者。用不了几天，他们就能够辨认出熟悉的面孔和声音，并且会选择看着熟悉的面孔，而不是盯着一个不熟悉的影像。

当宝宝不看你的脸时，你可能会注意到他还特别喜欢盯着一些线条。这是怎么回事呢？对他来说，直线看上去在移动，因为他的视网膜尚未发育成熟。你没必要花钱买一套有趣的识字卡片来娱乐他。用一只黑色马克笔在一张白色卡片纸上画一些直线就可以了。这会给你

伴随音乐成长

婴儿喜欢音乐，但音乐要适合其年龄。在每节“妈妈与我”的课程结束前，我总爱播放下面音乐：

- **不满3个月大：** 我只播放摇篮曲——轻柔舒缓的音乐，童谣太吵了。我选用的是一张名为《献给婴儿的摇篮曲》的专辑，其CD和盒带都可以买到。如果你的嗓音甜美温柔，你完全可以自己唱给宝宝听。
- **6个月大：** 培训课程结束时，我只会播放一首歌曲，通常是一曲简单上口的童谣，比如“小蜘蛛”“公交车上的轮子”“小黑羊”“我是一只小茶壶”。
- **9个月大：** 我会从上面提到的几首歌中选择三首，但每一首只播放一遍。
- **12个月大：** 我会再加一首歌曲，四首歌曲重复播放两遍。这时，还可以加入一些肢体动作。

的宝宝一个视觉焦点，而视觉焦点是很重要的，因为他的视线依然很模糊，而且是二维的。

如果你想给你的新生儿购买一个玩具，可以买一个“子宫盒子”，甚至在宝宝出生前就可以买。这是一个放在婴儿床上的装置，能够模拟宝宝在子宫中听到的声音。然而，对于新生儿来说，我建议只在其婴儿床上放一两件玩具。当他不看它们的时候，可以将它们互换一下位置。要注意颜色的影响——三原色让宝宝兴奋，浅色让宝宝平静。在一天中的任何时候，你都可以通过选择颜色，来达到预期效果，比如，如果宝宝正准备小睡，那就不要在他的婴儿床上放红黑色的识字卡片。

他能够控制头和脖子。一旦你的宝宝能够转动头部——这通常发生在出生后第2个月里的某个时间——并且能从一侧扭到另一侧，或许甚至能抬起一点点（通常要到第3个月），他还能更好地控制自己的眼睛。你可能会捕捉到他盯着自己的手看的时候。实验已经证明，甚至1个月大的宝宝，就能够模仿一些面部表情——如果大人伸舌头，宝宝也会伸舌头，如果大人张开嘴巴，宝宝也会照做。这是购买卡扣式摇铃的好时候。这种摇铃既可以在婴儿床上使用，也可以移到游戏围栏里使用。我知道这是大多数父母为他们的宝宝购买的第一件物品，但是，在宝宝长到2个月大以前，摇铃基本上是一个摆设。宝宝喜欢转动自己的头（通常向右转），所以，不要把它放在他视线的正前方——也不应该放在距离他35厘米远的地方。此时（大约8周左右），你的宝宝开始能够看到三维影像了。他的身体已经能够挺直，而且他大部分时间都把手张开。偶然的情况下，他的一只手会抓住另一只手。他还能够记住并且更准确地预测接下来会发生什么。事实上，在2个月大的时候，宝宝能够认出并且记住前一天见过的人。当他看到你时，他会迅速地扭动身体，并且表现得很开心，当你在屋里走来走去的时候，他的视线还会一直追随着你。

尽管直线可以逗乐新生儿或者4周大的宝宝，但到8周大的时候，人脸图片将能够让宝宝开心微笑。现在，你可以将你的自制教学卡升级，画一些曲线、圆圈以及诸如马、笑脸之类的简单图画。你还可以在婴儿床上放一面镜子，这样一来，当他微笑的时候，它也会对他微笑。然而，要记住，尽管你的宝宝喜欢盯着东西看，但是，他还不具备在看够了时将视线从自己不再感兴趣的东西移开的能力。你要保持警惕，如果他开始发出烦躁不安的声音，他的意思是："我看够了。"要在他放声大哭之前搭救他。

他能伸手够并握住东西。差不多任何东西——包括他自己身体的诸多部位——对一个具备抓握能力的宝宝都有吸引力，这种情况发生在宝宝三四个月大的时候。他会把每件东西都直接塞到自己的嘴巴里。到此时，你的宝宝还能够抬起下巴，并且发出咯咯的笑声。他最喜欢的玩具是你，但此时也适合给他提供一些简单、反应灵敏的玩具，比如拨浪鼓以及诸如泡沫卷发器之类能够产生声响或者摸起来很舒服的其他安全物品。婴儿热爱探索，而且引发反应会让他们感到兴奋。当你的小宝宝玩拨浪鼓的时候，你会看到他的眼睛睁得大大的。

宝宝现在能够理解因果关系，所以，能够发出声响的任何东西都会给他们一种成就感。与不久前相比，他现在的反应灵敏多了——你会因为他不断发出的咿呀声感到高兴——而且以后会越来越灵敏。他还知道在玩够了以后如何吸引你的注意力。他会把玩具扔到地上，从喉咙后面发出咳嗽般的声响，或者发出烦躁的哭声。

他能够翻身了。宝宝向一侧翻身的能力出现在三四个月大的时候，这是他移动能力的开端。在你意识到之前，宝宝就能够向左右两侧翻身，而且好玩的事情还在继续。他仍然喜欢能发出声响的玩具，但是，你也可以给他一些日常家居用品，比如一把勺子。这种简单的物品可以带给宝宝无穷的乐趣。观察拿着一个塑料餐盘的宝宝，你将看到他翻来覆去地转动它，把它推到一旁，又再次抓住它。他现在是一位正在持续探索的小小科学家。他还热爱玩各种形状的小物品，比如立方体的、球形的或者三角形的。不管你信不信，把东西放到嘴巴里，他就能弄明白它们是什么并且能够感知它们的不同之处。研究告诉我们，非常小的婴儿就能够用嘴巴分辨出不同的形状。甚至在1个月大的时候，宝宝在实验室里的表现就表明，他能将**看到的东西**与该物体带来的触觉匹配起来。给他们一个粗糙的奶嘴或者一个平滑的奶嘴，并给他们看粗糙奶嘴和平滑奶嘴的图片，他们观看形状与他们吮吸过的奶嘴相同的那张图片的时间会更长。

他能够坐起来了。等到宝宝的大脑发育以后，他们才能坐起来，这通常发生在他们6个月大左右，在此之前，他们是头重脚轻的。当宝宝能够自己坐起来时，他们就开始形成深度知觉[①]。毕竟，宝宝坐着的时候看到的世界与趴着的时候看到的大不相同。现在，他还能够将物品从一只手换到另一只手中。他能够用手指东西和做手势。他的好奇心将驱使他向着某样东西前进，但是，他的身体还没有达到这个水平。要让他自己去探索。此时，他已经能够控制他的头、胳膊和躯干，但还无法控制双腿。所以，他可能会向前倾并且扑向他想要的东

① 深度知觉（depth perception），又称距离知觉或立体知觉。是个体对同一物体的凹凸或对不同物体的远近的反应。——译者注

西，但最终只能趴下，因为他依然有点儿头重脚轻。他的胳膊和腿将胡乱挥动，就像他在飞翔一样。宝宝一发出烦躁的声音，父母们通常就会介入，而且，他们不是等一会儿并且观察宝宝，而是给宝宝他想要的玩具。我会说："住手！"不要立刻把这个玩具递给他。不要介入，而要给他鼓励。这样说能给宝宝信心："干得好。你快够到它了。"但是，要运用你自己的判断力，你不是在训练他参加奥林匹克运动会。你只是在给他一点儿来自父母的鼓励。在他努力尝试之后，你就可以把玩具给他了。

要给他一些能强化某种行为的简单玩具，比如一个小丑或者按正确的按钮或控制杆就能弹出来的木偶盒子。这类玩具最合适，因为宝宝喜欢看到自己能够让事情发生。此时，你可能会忍不住购买很多玩具。要克制你自己。记住，少即是多，而且，你想给宝宝购买的很多东西并不能让他感到开心。事实上，当我听到这个年龄孩子的父母们说"我的宝宝不喜欢这个玩具"时，我会轻笑出声。他们没有意识到，这不是一个喜欢与不喜欢的问题，而是宝宝根本就不懂这个玩具。他不知道如何摆弄这个玩具。

他能够移动身体。通常在8~10个月大时，你的宝宝真正能开始爬行。此时，如果你还没有把你的房间打造成对儿童安全的地方，你现在就应该着手布置了（见第142页），这样，你就能给他创造足够多的机会去探索。你的小宝宝这时甚至可能开始能自己站起来。一些宝宝最开始会倒退着爬行，或者在原地打转，因为他们的腿已经为爬行做好准备，但他们的身体还长得不够长或者不够强壮，无法承受脑袋的重量。而且，好奇心和身体的发育是齐头并进的。在这之前，你的宝宝还不具备处理复杂思维模式的认知技能——例如，思考"我想要房间那头的玩具，所以我不得不到那边去"。现在，所有这些都开始变成现实。

一旦能够关注不同的目标，你的宝宝将像一只小蜜蜂一样忙着爬来爬去。他将不再满足于坐在你的膝头。他依然喜欢你的搂抱，但他首先要去探索，并且消耗掉身体内的能量。他将发现新方法来制造噪音——以及制造麻烦。最适合的玩具，莫过于那些鼓励他把东西放进来拿出去的。当然，他一开始更擅长“破坏”——他会把每一件东西都拿出来，但几乎不会把任何东西放回去。最终，到大约10个月至1岁时，他将具备他这个年龄该有的灵敏，让他能把东西收拢在一起，甚至能把玩具从地板上收集起来并放进玩具箱里。他还可能有能力捡起一些小物品，因为他的精细动作技能正在发育，这将让他能用拇指和食指把东西捏起来。他还喜欢能滚动的玩具，那些能够让他拉到自己身边的玩具。而且，他还可能开始形成对一个特定玩具的依恋，比如一个填充玩具或者一条可爱的毯子。

提示：要确保你的宝宝玩的每一样东西都可以清洗，结实，边缘不锋利，也没有会松脱、能被吞食的绳子。如果一个物品能够装进一个卷筒式卫生纸的卷筒里，那它就太小了，不适合宝宝玩。它可能会卡在宝宝的喉咙里，或者被塞进宝宝的耳朵或者鼻孔里。

现在播放童谣时，你可以加入一些肢体动作来让宝宝模仿。歌曲和旋律能培养孩子的语言能力以及身体协调能力。这时候，最受欢迎的游戏是躲猫猫，它会教给你的宝宝物体的恒存性。这一点很重要，因为一旦宝宝理解了这个概念，他还将明白，如果你到另一个房间，你也不会消失。你可以通过这样说来强化这一点：“我很快就会回来。”你可以把各种各样的家居用品当作玩具，而且，要发挥你的创造力。勺子和餐盘或锅很适合敲击。漏勺是躲猫猫游戏中很好的“掩体”。

随着宝宝的身体和心理能力不断扩展，要记住，他是一个个体。他与你姐姐的宝宝不一样，不会在同样的年龄做完全相同的事情。或许他会做得更多，或许他会做不一样的事情。和所有人一样，他有自己的特质、自己的好恶。要观察他，从他的所做所为中了解他是什么样的人，而不要试图迫使他成为你想让他成为的人。只要他感到自己安全，有人支持他、爱他，他就将茁壮地成长为一个让人赞叹的独一无二的小家伙。他将不断地运动，每天学习新技能，而且一定会给你带来惊喜。

儿童安全应做到什么程度

对儿童安全是一件很重要而又有些复杂的事情。你希望宝宝远离危险，比如中毒、烧伤、烫伤、溺水、划伤自己或者从楼梯上摔下来。你还希望保护你的家，让它不被你的好奇宝宝破坏。问题是，你应该做到什么程度？由于父母的担忧，一个行业俨然已经应运而生。前不久，一位妈妈告诉我，她花了4000美元来打造对宝宝安全的家——所谓的“宝宝安全员”来到这位女士的家里，给每一个橱柜都装上锁，包括她儿子在未来8~10年内都不可能够到的那些！他还说服这位女士在宝宝不可能够到的地方安装门。我喜欢的方法更简单，也更便宜（见第142页）。例如，用枕头或者防撞杆围起来的不超过3平方米的空间就是个不错的游戏空间。

更重要的是，如果你把太多东西从家里移走，你就剥夺了宝宝探索的机会。你还剥夺了他学习辨别是非的机会。让我以我的生活中发生的一个故事来解释一下。

在我的两个女儿还小的时候，我移走危险化学品，锁上我不希望她们探索的区域，还采取其他此类预防措施，打造了一个对宝宝安全的家。但是，我同时还教给女儿，她们必须尊重我的物品。我们在起居室的一个矮架子上摆了一些卡特·迪蒙特瓷器雕像。当萨拉开始爬行的时候，她对每一件物品都充满了好奇。一天，我注意到她被那些雕像吸引住了。没等她去抓，我就拿了一个给她看，并说：“这是妈妈的东西。我和你在一起的时候，你可以拿。但它不是玩具。”

与大多数宝宝一样，萨拉试探过我几次。她径直走向那些雕像，但就在她要够到的时候，我用一种轻柔但坚定的语气说：“哦，不准摸。这是妈妈的——它不是玩具。”如果她执意去摸，我会简短地说：“不！”不出3天，她就几乎不再关注这些小雕像了。我对她的妹妹苏菲也用了同样的方法。

让我们把镜头切到几年后。我的朋友带着儿子来我家找苏菲玩。在他自己的家里，所有矮架子上都空空如也，因为他的妈妈已经将所有的物品都移到了他够不到的地方。不用说，他已经准备好好玩玩我

儿童安全的基本要点

诀窍是通过孩子的眼睛（并处于孩子的身高）来审视你的家。趴在地上，并到处爬一爬！以下是你希望预防的危险：

- **中毒**。把厨房和浴室水槽下面的所有清洁液和其他危险物品移走，储存在高一点儿的橱柜里。就算你安装了锁柜门的夹子，你敢冒一个身体强壮或者头脑聪明的学步期孩子打开的危险吗？要买一个急救套装。如果你相信宝宝已经摄入有毒物质，在采取任何措施前，要先给你的医生或120打电话。
- **空气传播污染物**。你家里有没有检测过氡——一种自然排放的放射性气体？要安装烟雾和一氧化碳探测器，并定期检查电池情况。掐灭没有燃尽的香烟，不允许任何人在你家里或者车里吸烟。
- **窒息**。用挂钩或者胶带将窗帘和窗帘绳以及电线固定在宝宝够不到的地方。
- **触电**。把所有电源插座遮盖起来，并且确保家里的每一个灯座上都装有灯泡。
- **溺水**。永远不要让宝宝独自留在浴缸里。还要给马桶盖装锁。宝宝依然处于头重脚轻的年龄，可能会掉进马桶里并且溺水。
- **烧伤和烫伤**。给炉子的旋钮安装保护装置。在浴缸水龙头上安装防护罩，可以是一个塑料防护罩（大多数五金店里都有售）或者用毛巾将其裹住。这样做既能预防宝宝触摸热水水龙头，也能预防他的头撞到上面而受重伤。将热水器的温度设在49℃以避免烫伤。
- **摔倒以及楼梯事故**。一旦你的宝宝变得好动，如果你仍然使用换尿布台，要时刻提高警惕。在楼梯的两端安装门，但不要让自己盲目乐观。当你的宝宝开始学习爬楼梯，要时刻待在他身边。他擅长向上爬，却不知道如何向下爬。
- **婴儿床事故**。美国消费品安全委员会要求婴儿床的板条之间要间隔6厘米。不要使用1991年前生产的婴儿床，那时该条例尚未通过，也不要使用板条间隔特别宽的老式婴儿床。在我刚到美国时，婴儿床围栏这项美国人的发明让我大吃一惊。我一般会让父母把它收起来，因为活泼好动的宝宝会在它的下面翻滚，进而把身体卡住，更有甚者，导致窒息。

的雕像了。我尝试对他使用我曾经在萨拉身上用过的方法，但没能阻止这个小男孩。最终，我非常严厉地说："不！"他妈妈惊恐地看着我："我们不会对乔治说不，特蕾西。"

这个颇有警示意义的故事告诉我们一个简单的道理：如果你把所有物品都移到孩子够不到的地方，他就永远学不会尊重自己家里的那些漂亮而易碎的物品，也肯定不知道如何在别人家里举止得体。而且，当其他父母告诉你的孩子，禁止触碰家里的某样东西或者去某个地方，你也不要像乔治的妈妈那样感觉受到冒犯。

我总是建议你为宝宝留出一个安全区。当宝宝要求看某样东西时，要让他看。让他感受它，摆弄它——但永远要在你的面前做。有意思的是，孩子们讨厌大人的东西，因为我们的小装饰品除了摆在架子上什么也干不了。一旦你允许宝宝把玩一个物品，他可能很快就玩腻了。他的眼睛将移到别的东西上，自然就把它放下了。

提示：尽管教孩子不要触碰某样东西只需要几天时间，但是，你可能不得不在家里的不同地方、对着不同的物品重复这个过程。在教的阶段，你可能不希望冒我曾经冒过的风险。所以，你可以用一些不那么贵的小玩意儿，来代替你最珍贵和最珍视的装饰品。

还要记住，你的小宝宝肯定会认为录像机的卡槽是一个可爱的信箱，是放自己的手指、饼干，或者任何能塞进去的东西的好地方。不要担心，把它盖住就可以了。你可能还需要花一些钱，购买你拥有并且孩子觉得有趣的东西的微缩模型。比如，大多数宝宝喜欢摆弄旋钮和按钮。你可以买一个看上去像电视遥控器或收音机的玩具——他能摆弄的任何东西都行。毕竟，他感兴趣的不是破坏房子，也不是毁掉你的设备。他只不过是想模仿你所做的事情。

让宝宝放松下来

经历了一整天吃奶、小睡、玩耍等辛苦工作之后，你的宝宝需要洗个澡，来稍微放松和休息一下。事实上，在宝宝两三周大的时候，你就可能注意到他夜里比白天烦躁。随着他变得越来越活跃、越来越了解周围的环境，在刺激的一天结束时，他需要平静下来。洗澡可以成为17：00或18：00那次吃奶之后的活动（A），可以在打完最后一个饱嗝后的15分钟左右开始。当然，你可以在早上或者一天中的任何时间给你的宝宝洗澡，但对我来说，最理想的时间是睡觉前，因为这是放松下来的最佳方式。这还是特别的亲子体验之一，通常是爸爸最喜欢的家务活。

敏感型宝宝在出生后的头三个月讨厌洗澡，坏脾气型宝宝勉强能够忍受洗澡，除此之外，大多数宝宝都喜欢洗澡——如果你能慢慢来，并且严格遵守“洗澡101”（见第145页）的话。

宝宝第一次洗澡大约发生在出生后14天左右——有足够的时间让脐带脱落，让男婴从包皮环切手术中康复。在此之前，你可以给宝宝洗“海绵浴”（见下方“海绵浴指南”）。无论采取哪种方式，都要注意从宝宝的视角来看待这次经历。这应该是一段充满乐趣和互动

海绵浴指南

- 把你需要的每一件东西——小毛巾、温水、酒精、棉球、棉签、软膏和毛巾——放在手边，随时取用。
- 把宝宝裹好，给他们保暖。按照从头到脚的顺序，每次只洗一个部位。轻轻拍干，然后继续清洗下一个部位。
- 用一小块毛巾清洗腹股沟，要始终从外生殖器向肛门方向擦拭。
- 用棉球清洁眼睛，每只眼睛用一个棉球，从眼窝向外擦拭。
- 用蘸过酒精的棉签清洁脐带残端。要一直擦到底。宝宝有时候会哭，不过不是因为疼痛，而是因为感觉有点儿凉。
- 如果你的宝宝是个男孩，并且做了包皮环切手术，可以用涂有凡士林的纱布或者棉花覆盖切口，以保持切口湿润并防止尿液进入。在刀口愈合之前，不要让宝宝的阴茎沾到水。

的时间，至少持续15~20分钟。和给他穿衣服、换尿布一样，要尊重他。记住你的宝宝多么脆弱，还要记住运用你的常识。动作要尽可能温柔。

例如，洗完澡后，给宝宝穿衣服时，不要猛地把连体衣套在他的头上，然后试图强行将他的胳膊塞进袖子里。婴儿的脑袋非常重——在8个月大左右之前占了体重的三分之二。当你试图给他们穿套头的衣服时，他们的头总会向下垂。而且，当你试图拉着宝宝的胳膊，哄他伸进连体衣的袖子里时，他会抗拒。因为他已经习惯了在子宫里的姿势，会本能地蜷缩胳膊，让它贴紧身体。相反，可以将袖子挽起来，套在宝宝的手腕上，然后拽袖子，而不是宝宝。

为了彻底避免这些麻烦，我强烈建议父母们不要购买套头上衣。（如果你已经有了几件，可以看看下页的侧边栏。）要购买那种前身带扣的上衣、有扣子或者肩部有尼龙搭扣的连体衣。要永远追求舒适和方便，而不是时尚。

如果你的宝宝在洗澡时啼哭，而且你已经遵照列出的步骤，让洗澡的过程安全、缓慢而且愉快，问题可能出在宝宝的敏感程度和脾气上，而非你的操作问题。如果宝宝在洗澡时一直很痛苦，最好过几天再试试。如果他还是烦躁——如果你有一个敏感型宝宝，可能会出现这种情况——在头一两个月里，你可能不得不继续给他洗海绵浴，这样做也并没有任何不妥。你必须读懂你的宝宝。如果他在告诉你："我不喜欢你做的事情——我无法忍受。"你就必须等一段时间。

洗澡101：我的十步指南

下面是我教给客户的洗澡流程。每一步都非常重要。在开始洗澡前，要把用到的所有东西（见下页"洗澡必备物品"）准备好，这样，当你把光溜溜的宝宝从水里抱出来时，就不会手忙脚乱。顺便说一句，我知道有些人会说，你可以在厨房的洗涤槽里给宝宝洗澡，但我更喜欢浴室——那里才是洗澡的地方。

当你阅读这些步骤时，要记住，在整个过程中，你还必须与宝宝

T恤很难穿

我不推荐T恤，但如果你已经给你的宝宝买了套头T恤，下面是避免穿衣服时与宝宝发生冲突的最好办法：

- 让你的宝宝躺平。
- 把衣服拢在一起，将领口撑开，放在宝宝的下巴下方，然后，拉起领口，迅速越过他的面颊，并套向后脑勺。
- 先把你的手指从袖口伸到袖管，然后抓住宝宝的手，像穿针引线一样，将它从袖管里拉出来。

洗澡必备物品

√平底塑料浴盆（我喜欢把它放在浴盆架而不是地板上，因为这样做可以让你的背部轻松一些，还因为浴盆架通常配有抽屉和架子，便于取用放置的东西。）
√一壶干净的温水
√宝宝沐浴露
√两块小毛巾
√带帽子的或者超大号的毛巾
√换尿布台上准备好衣服和干净尿布

交谈。要不停地说话。倾听并观察他的反应，然后继续告诉他你在做什么。

1. **营造气氛。**确保房间温暖（22℃~24℃）。播放音乐——任何轻柔的流行音乐都可以（也为了帮助你放松）。
2. **向浴盆中注水，水位到浴盆三分之二处即可。**将一瓶盖婴儿沐浴液直接倒入水中。水温应该保持在38℃，略微高过体温。用你的手腕内侧测试水温，一定不要用手试。水给人的感觉应该是温暖而不是热，因为宝宝的皮肤比你的皮肤敏感。
3. **把宝宝抱起来。**张开右手，手掌放在宝宝胸前，叉开手指，让右手的食指和拇指待在宝宝胸前，另外三根手指伸到宝宝的左腋窝下。（如果你是左撇子，就换成左手）。将你的左手轻轻地放到他的脖子和肩膀后面，轻轻向前弯曲他的身体，用你的右手托住他的身体。将你的左手放在他的屁股下方，然后向上托起。现在，他的身体略微前倾，靠在你的右手上，身体呈坐姿，并坐在你的左手上。

4.**将宝宝放进浴盆**。以坐姿慢慢地将宝宝放进浴盆，先让他的双脚落水，接着是屁股。然后，将你的左手放到他的头和脖子后面，扶住他。慢慢地让他的背部没入水中。现在，你的右手空出来了。用右手把一块湿毛巾放到他的胸前，为他保暖。

5.**不要将肥皂直接抹到宝宝的皮肤上**。记住，你已经在水里放了一些宝宝沐浴露。用你的手指擦拭他的脖子和腹股沟。略微提起他的双腿，这样你就能够清洗他的屁股。然后，用一个小水罐舀水，冲洗干净他身上的泡沫。他还没有在玩具沙箱里玩过，亲爱的，所以他的身上并不是特别脏。在这个时间给他洗澡，是为了建立一个惯例，而不是为了清洁。

> 绝对不要将宝宝以仰卧的姿势往浴盆里放。这样做就好像背朝水面跳水一样，会让婴儿失去方向感。

6.**用毛巾为他洗头发**。很多时候，宝宝还没有长出多少头发。即使长出来，也不需要用洗发水洗头发和做定型。把毛巾展开，擦拭他的头皮。用清水冲洗，重要的是，不要让水流进宝宝的眼睛里。

> 永远不要把宝宝一个人留在浴盆里。如果你碰巧忘了婴儿沐浴露，那这次就用清水冲洗，然后记住下一次洗澡时把所有东西准备齐。

7.**不要让水流进宝宝的耳朵里**。确保托着他背部的手不要没入水中太多。

8. **做好洗完澡的准备**。用你闲着的那只手去拿那件带着帽子的毛巾（或者不带帽子的超大号毛巾）。用你的牙齿咬住帽子（或者超大号毛巾的一角），将其他边角塞到你的腋下。
9. **将宝宝抱出来**。小心地将你的宝宝摆成刚开始给他洗澡时的坐姿。他大部分的体重应该落在你的右手，同时将右手手指岔开，扶住他的胸部。把他托起来，让他背对着你，头部处于你的胸口正中，也就是比帽子或者大毛巾的一角略微低一点儿的地方。用毛巾的其他边角包裹住他的身体，并把帽子或者毛巾的一角盖在他的头上。
10. **把他抱到换尿布台上穿衣服**。宝宝出生的头三个月，要完全按照步骤做。重复会给宝宝安全感。随着时间的推移，你可以不再直接给他穿上睡衣，而是在这段放松的时光里加上一次按摩，具体取决于你的宝宝的性格。

按摩：与宝宝交流的媒介

婴儿按摩方面的研究，最早主要针对的是早产儿。研究证明，受控的刺激可以加速大脑和神经系统的发育，改善血液循环，强健肌肉，并缓解压力和焦躁情绪。由此可以得出符合逻辑的结论：正常孩子也会从中受益。确实，自从问世以后，按摩就是帮助婴儿健康和成长的好方法。尽管研究已经证实，但我也亲眼见到了按摩教给婴儿了解触摸的力量。那些接受过按摩的宝宝，在成长为学步期的孩子的过程中似乎会感到自己的身体更自在。我在位于加利福尼亚州的分部开设了婴儿按摩课程，这是我最受欢迎的课程。毕竟，这是父母们了解宝宝的身体、帮助宝宝放松的好机会，也是父母和孩子感到真正联结和聆听彼此的好机会。

还要思考婴儿的各种感觉是如何形成的。当宝宝还在子宫里的时候，他的听觉就已经开始发育，下一个发育的感觉是触觉。婴儿在出生过程中，要经历温度和触觉刺激的双重改变。他的哭声是在告诉我们："嘿，我感受到了。"事实上，感官的发育先于情感——一个宝宝在知道热、冷、疼、饿是什么意思之前，就已经感受到了。

尽管我见过一些妈妈很早就开始给宝宝做按摩，但宝宝3个月大时才是最佳时机。开始按摩时，要慢慢按，并且要挑选一个你不那么匆忙或者心事重重的时间，这样你就能百分之百地投入。在按摩过程中，你不能加速，也不能敷衍了事。而且，不要期待第一次尝试按摩，你的宝宝就能躺15分钟。相反，要从按摩3分钟开始，逐渐延长按摩时间。我喜欢将按摩与晚上洗澡放在一起，因为这对于大人和宝宝来说都会非常放松。不过，你有时间的时候，就是合适的时候。

自然，一些宝宝比其他宝宝更容易接受按摩。天使型、教科书型和活跃型宝宝都能相对较快地适应按摩。但是，对于敏感型和坏脾气型宝宝来说，刚开始按摩时，需要放慢速度，因为这两种类型的宝宝需要更长时间才能习惯这种刺激。假以时日，按摩能够提高他们的刺激阈值，让他们的容忍力逐步增强。敏感型宝宝能够从敏感天性中获得解脱，而坏脾气型宝宝将学会放松。按摩甚至能让患有腹绞痛的宝宝缓解紧张——否则紧张会加剧不适。

蒂莫西是接受按摩后收效最明显的一个宝宝。他是一个敏感型宝宝，敏感到甚至连给他换尿布都很困难。不管是我还是他的妈妈，只要一把他放到浴盆里，他就会哭。他哭得如此厉害，以至于到6周大时都没能好好洗个澡。对蒂莫西的妈妈拉娜来说，他的脾气让人非常沮丧。他的爸爸格雷戈里询问有没有办法让自己分担一些压力。格雷戈里每天23：00给小蒂莫西喂一瓶母乳，但白天不在家。我建议他尝试给这个敏感的小男孩洗澡。我通常会以这种方式让父亲参与。这会给他们一个机会来真正认识宝宝，而且，同样重要的，承担自己应该承担的育儿责任。

格雷戈里慢慢地开始给蒂莫西洗澡，最终能够把他放进浴盆里了。然后，我给他分派了另一项任务：按摩。格雷戈里认真地看着我按照步骤（在下文中列出）操作。我们非常小心地推进，让蒂莫西先习惯我的触摸，然后习惯他爸爸的触摸。

蒂莫西现在快1岁了，还是一个敏感的小男孩，但他已经取得了长足的进步。蒂莫西忍受刺激的能力与日俱增，至少在某种程度上是他父亲晚上给他洗澡和按摩的直接结果。他的父亲现在还在继续这样做。当然，如果是蒂莫西的妈妈给他做按摩，他也同样会受益。但是，在与她的敏感型的宝宝待了一整天后，到了晚上，拉娜需要休息来帮助自己恢复精力。此外，孩子们需要这类时刻来与父亲建立亲情心理联结。共度这种亲密时光，会让他们收获一种不一样的自信。所以，当拉娜体验着哺乳建立起的亲密感时，格雷戈里能够通过搂抱和皮肤接触培养起类似的依恋。

按摩101：十步，给你一个更放松的宝宝

像给宝宝洗澡一样，我会为你提供我教授的十步按摩法。要确保准备好你需要的所有物品，具体见下页的“按摩必备”。记住，要慢慢来，触摸宝宝之前要告诉他你要做什么，按摩过程中要解释每一个步骤。如果你的宝宝看上去不舒服（不必等到宝宝哭，通过他扭动的身体就能看出来），你要随时停止按摩。第一次尝试按摩时，不要期待宝宝会老老实实地躺在那里接受全身按摩。你必须每次花几分钟培养自己的忍耐力。开始时先做几个动作，只持续两三分钟。过几周甚至更长时间之后，可以逐步延长到15~20分钟。

1. **确保环境宜人。**房间要暖和，温度在24℃左右，不要有穿堂风。可以播放柔和的音乐。在你的“按摩桌”上放一个枕头，在枕头上放一块隔水垫，在隔水垫上铺一块柔软的浴巾。
2. **为按摩做准备。**问问你自己：“我现在能和我的孩子在一起吗？还是应该另选一个合适的时间？”如果你确定自己可以全情投入，就把双手洗干净，做几次深呼吸，让自己放松下来。然后，让你的宝宝做好准备。让他躺下来。与他交谈。向他解释：“我们要给你的小身子做按摩啦。”一边解释你要做什么，一边将

少量（1茶匙[①]）按摩油倒到你的手上，轻搓手掌给按摩油加热。

按摩必备

你可以在地板或者换尿布台上给宝宝按摩。选择一个自己感到舒服的姿势。你还需要：

√枕头

√防水垫

√两条柔软的浴巾

√婴儿润肤油，植物油，或者特殊配方的婴儿按摩油（绝对不要使用有香味的芳香精油，它对于宝宝的皮肤来说效力过强，而且对于他的嗅觉来说过于刺激）

3.**请求开始**。从宝宝的双脚开始按摩，一路向上按摩到头部。但是，在触摸你的宝宝之前，你要解释："我现在要抬起你的一只小脚丫。我要摸摸你的脚底。"

4.**先按摩脚和腿**。用拇指连续按摩法按摩他的双脚——用两只手的拇指轮流从后向前按摩宝宝的脚。沿着从脚后跟到脚趾头的方向，轻轻按摩他的足底。要全方位按摩足底。小心地捏住每一根脚趾。你可以边捏脚趾，边唱童谣："这只小猪……"向着脚踝的方向按摩脚背。用画小圈圈的方式按摩脚踝。向上按摩到宝宝的腿时，可以温柔地"拧绳子"：用你的双手松松地握住宝宝的腿。上面的手向左转，同时下面的手向右转，名副其实地轻轻"拧"他的皮肤和肌肉，从而促进腿部的血液循环。自下而上"拧"每一条腿。然后，将你的双手伸到宝宝的屁股下面，按摩两瓣屁股，然后沿着腿向下按摩至双脚。

5.**接着按摩腹部**。将你的双手放在宝宝的肚子上，轻轻地向外滑动。用两个拇指由肚脐处向外按摩。让你的手指从他的腹部"走到"胸部。

6.**胸部**。说"我爱你"，然后做"太阳和月亮"动作：以宝宝的

①1茶匙约等于5克。——译者注

胸部顶端为起点，以肚脐为终点，用你的两个食指画一个圆，也就是“太阳”。现在，让你右手原路返回宝宝的胸部，画一个“月亮”（一个倒着写的C），然后让你的左手原路返回（一个正写的C）。重复几遍。然后“画心”：把你所有的手指都放到他的胸口，也就是胸骨的中间，以肚脐为终点，温柔地画一个心形。

7.**胳膊和手**。按摩腋窝。做拧绳子动作，然后张开双手按摩双臂。活动一下宝宝的每一根手指，重复唱童谣“这只小猪”，这次是按摩手指的时候唱。最后把宝宝的小手腕转圈。

8.**面部**。按摩面部时要格外小心。按摩额头和眉毛，用你的拇指按摩他的眼部。沿着鼻梁向下按摩，来回按摩脸颊，再从两侧耳朵按摩至上下嘴唇。在下巴和耳后根的部分以画圆圈的形式按摩，揉搓耳垂和下巴下方，最后轻轻地帮他翻身。

9.**头和背部**。在宝宝的后脑勺和肩膀上画圆圈。用前后的动作，上下抚摸她。沿着与脊柱平行的背部肌肉做小圈。让你的手游遍他的全身，从他的背部到他的臀部，然后到他的脚踝。

10.**结束按摩**。“我们都做完了，亲爱的，你感觉好吗？”

如果你每次都遵循以上步骤，你的宝宝将会对按摩产生期待。再说一次，记住，要尊重你的宝宝的敏感。如果他哭了，千万不要继续做按摩。要过几周再尝试一次，这次按摩的时间要更短一些。我只能向你保证，如果你能够让你的宝宝适应触摸的乐趣，不仅从长远来看他会获益，他还将更容易入睡——也就是我们下一章的主题。

第6章

睡觉（S）：睡觉，也许会哭

生完孩子不到两周，我突然意识到自己永远也不能休息了。好吧，也许不是永远。我怀着一丝希望，也许等孩子们上了大学，我还能睡个安稳觉。我敢肯定的是，在他幼年时期是不可能了。

——桑迪·卡恩·谢尔顿 《睡一整夜以及其他谎言》[1]

① 选自 Sandi Kahn Shelton, *Sleep Through the Night and Other Lies*——作者注

好睡眠，好宝宝

在出生的头几天，宝宝睡觉的时间，比做其他任何一件事的时间都多——在第一周，一些宝宝每天睡多达23小时。正如玛莎·斯图尔特[1]所言，这是一件好事。当然，睡眠对所有人都重要，但对宝宝来说，睡眠意味着一切。婴儿睡觉时，他的大脑会不停地“生产”智力、身体和情感发展所需要的新的脑细胞。确实，休息得很好的宝宝，就和睡了个好觉或者打了个盹的我们一样：警醒、专注而且放松。他们吃得香甜，玩得尽兴，精力充沛，而且与他人互动也很好。

相反，睡眠不佳的宝宝缺乏身体有效运转所需要的神经系统资源。他很可能会变得脾气暴躁，身体缺乏协调性。他不能好好地吮吸妈妈的乳房或者奶瓶，也没有精力去探索世界。而且，最糟糕的是，过度疲惫实际上会毁掉他的睡眠。因为不良的睡眠习惯会一直延续下去。一些宝宝会变得过于疲惫，导致身体无法放松下来，也无法进入梦乡。只有当他们疲惫不堪时，才能睡着。看到一个婴儿如此紧张不安，为了屏蔽这个世界不得不大喊大叫着才能入睡，让人非常心痛。更糟糕的是，当他终于睡着了，睡眠也是短暂的、断断续续的，有时候不超过20分钟，所以，他实际上总是很暴躁。

现在，这一切似乎都是明摆着的。但是，很多人没有意识到，为了养成合理的睡眠习惯，宝宝需要父母的引导。事实上，所谓的“睡眠问题”之所以普遍存在，是因为有那么多的父母没有意识到，必须由他们而不是宝宝来控制睡眠时间。

让这种状况进一步恶化的是外界的压力。人们问小宝宝父母的第一个问题几乎都是：“他能睡一整夜吗？”如果宝宝长到4个月以上，问题可能稍有变化（“他睡得好吗？”），但是，对于连自己的睡眠往往都少的可怜的父母来说，最终结果是一样的：内疚和紧张。一位母亲在一个养育网站上承认，由于那么多朋友询问过她的孩子是否会在半夜醒来以及醒几次，她最终熬了一夜，来观察宝宝的睡眠模式。

---

① 玛莎·斯图尔特（Martha Stewart），美国商界女强人。——译者注

这是美国独有的现象。我从未见过一种文化充斥着如此大量的与宝宝睡眠有关的荒诞说法和流行观点。因此，在本章中，我希望与你分享我对睡眠的看法，其中一些可能与你从书本里读过或者从别人那里听过的相左。我将帮助你学习如何在宝宝变得过于疲惫前就发现他已经疲惫了，以及如果你已经错过了这个宝贵的窗口期该怎么做。我将教给你如何帮助宝宝入睡，还将教给你在睡眠问题变成痼疾之前就解决它的方法。

放弃流行风尚：合理的睡眠法

对于让一个宝宝入睡的最好方法以及无法让宝宝入睡时该做些什么，每个人都有自己的看法。我不会探究过去几十年里的流行观点，但是，我在2000年撰写本书时，两种截然不同的思想流派正吸引着父母们（以及媒体）的注意力。一个流派支持“西尔斯亲密育儿法”。它以威廉·西尔斯博士的名字命名，又被称为“孩子和父母一起睡”“同床共眠”“家庭床”。威廉·西尔斯博士是美国加利福尼亚州的一位儿科医生，他推广的理念是让宝宝在父母的床上睡觉，直到他们要求自己睡一张床。这一理念背后的基本原理是，孩子们要培养对睡眠时间的积极联系（我完全赞同），而且实现这一点的最佳方法是拥抱、搂着、摇晃宝宝以及给宝宝做按摩，直到他睡着（我完全不赞同）。目前为止，西尔斯是这一方法的头号支持者，在1998年发表在《儿童》（*Child*）杂志上的一篇文章中，他告诉记者：“父母为什么要把他们的孩子独自留在黑暗房间里的一个装着栏杆的‘盒子’里呢？”

其他赞同“家庭床”理念的人常常引用巴厘岛之类文化中的育儿方法。在巴厘岛，不满3个月大的婴儿不允许下床。（当然，我们并非生活在巴厘岛。）国际母乳会（LaLeche League）建议，如果宝宝的一天过得不顺利，妈妈就应该陪他一起睡觉，给予他所需要的额外的抚触和滋养。这一切都是为了增强“亲情心理联结”和“安全感”。所以，这些人认为妈妈和爸爸放弃自己的全部时间、隐私或者对睡眠的需求并无不妥之处。而且，为了让这一做法付诸实践，帕特·耶瑞恩（Pat Yearian），一位被《母乳喂养的女性艺术》（*The Womanly Art of Breastfeeding*）引用过的家庭床支持者，建议道："如果你能够调整你的心态，更大程度上接受（你的宝宝将不断地弄醒你），你将发现自己能够享受夜里与宝宝在一起的那些安静时光，他们需要你的拥抱和哺乳；你也能够享受与学步期孩子在一起的时光，他们需要你的陪伴。"

另一个极端是"延迟反应法"，人们更常因为理查德·法伯博士而称其为"法伯睡眠法"。理查德·法伯是美国波士顿儿童医院儿童睡眠障碍中心主任。他的理论认为，不良的睡眠习惯是后天养成的，所以也能够克服（我完全赞同）。为此，他建议父母在宝宝还醒着的时候就将其放到婴儿床上，并教给宝宝如何自己入睡（我也赞同）。然而，当宝宝啼哭而不是逐渐进入梦乡，实际上是在说"快来把我抱出去"时，法伯建议任由他一直哭下去——第一晚5分钟，接下来10分钟、15分钟，以此类推（这是我与法伯博士分道扬镳的地方）。《儿童》杂志引用了法伯博士的解释："当一个年轻人想玩某个危险东西时，我们会说不，并设置一些他或许会反对的限制……教给宝宝你晚上也有规矩，也是一样的。他可以从晚间的优质睡眠中最大程度地获益。"

很明显，这两个思想流派都有某些可取之处，支持它们的专家也都接受过良好的教育并且都颇有资质。不难理解，每一种方法产生的问题经常会在媒体上引起激烈争论。例如，1999年秋，美国消费品安全委员会（U.S. Consumer Product Safety Commission）就向"与孩子一起睡"的父母们提出警告，说"与你的宝宝一起睡或者让婴儿躺在成年人的床上睡觉"极有可能造成婴儿窒息或者被压死。《母亲》（*Mothering*）杂志的编辑佩吉·奥马尔（Peggy O'Mare）则以一篇名为《滚出我的卧室!》（*Get Out of My Bedroom!*）的雄文，谴责了这一警告。除了其他观点，她还质疑了声称曾压到宝宝的64位父母都是些什么人？他们喝醉了吗？吸毒了吗？同样的，当媒体或者一位养育专家批评延迟反应法是对婴儿需求的漠视，如果谈不上彻头彻尾的残忍的话，一群同样热情的父母就会跳出来，坚持这个方法挽救了他们的健康和婚姻——还会顺便说一句，他们的宝宝现在已经能睡一整夜了。

或许你已经是这个或者那个阵营中的一员。如果其中一种方法适合你、你的宝宝以及你的生活方式，那你无论如何都要坚持下去。问题是，那些给我打电话寻求帮助的父母往往两者都尝试过了。典型的情况是这样的，父母中的一方最开始受到“家庭床”理念的吸引，并向伴侣“兜售”这一概念。毕竟，这是一个浪漫的想法，从很多方面来说都回到了更简单的时光。“和你的宝宝一起睡觉”与“和你的宝宝返回地球”听上去感觉是一样的。它还让半夜给宝宝喂奶更容易些。一开始，夫妻俩头脑发热，决定不买婴儿床。但是，几个月甚至更久之后，蜜月期结束了，妈妈和爸爸要小心翼翼地翻身，以免压在宝宝身上，由于他们要非常警觉，或者由于他们对宝宝半夜发出的每一点声响都变得超级敏感，他们开始失眠。

宝宝可能每2小时就醒一次，期待有人关注他。一些小宝宝只是希望有人拍拍他或者用鼻子蹭蹭他，来让他重新入睡，另一些宝宝则认为玩耍时间到了。父母们可能会轮班——与宝宝在床上睡一夜，去客房补一夜觉。但是，如果双方最初不是100%赞同这个方法，那么，怀疑的一方肯定会开始不满。通常，这就是法伯睡眠法显得最有吸引力的时候。

所以，妈妈和爸爸会购买一张婴儿床，并且确定是时候让宝宝有一张属于自己的床了。现在，从宝宝的角度来考虑一下这一重大变化对他意味着什么：“这就是我的爸爸妈妈。他们几个月以来一直欢迎我待在他们的床上，拥抱我，对我咿呀说话，不惜一切代价让我开心。然后，砰！第二天，我被驱逐到客厅尽头的一个房间里。房间里的环境那么陌生，我对此感到困惑。我不认为这是‘监狱’，也不害怕黑暗，因为这并不在我的小脑瓜里，但是，我确实会想：‘大家都去哪里了？经常躺在我身边的那两具温暖的身体去哪里了？’于是，我开始哭，不停地哭，但没人进来。终于，他们进来了，拍拍我，告诉我要当个听话的好姑娘，然后就回去睡觉了。可没有人教过我如何一个人睡觉。我只是个婴儿啊！”

我要说的是，极端的做法对很多人都不奏效，对那些需要我帮助的宝宝当然也不起作用。因此，从一开始，我就倾向于采取一种中间路线，一种基于常识的做法，我称之为“合理的睡眠法”。

什么是“合理的睡眠法”

合理的睡眠法是一种反极端主义的方法。你会看到，尽管我的理念中包含了两个思想流派的某些方面，但我相信，任由孩子哭个够的理论没有考虑宝宝的感受，而家庭床理论忽视了父母的需求。与之相反，合理的睡眠法是适合全家人的方法，它尊重每个人的需要。在我看来，宝宝需要学会如何一个人睡觉，需要在自己的婴儿床上产生安全感。但是，他们沮丧的时候，也需要我们的安慰。除非我们牢记第二个目标，否则第一个目标就实现不了。同时，父母需要得到充足的休息，需要有属于他们自己以及他们彼此的时间，以及不总围着孩子转的生活。但是，他们也需要为孩子贡献时间、精力和关注。这两个目标并不矛盾。为了实现这两个目标，要记住以下几点，这是合理的睡眠法的根本。在本章中，随着我解释如何处理E.A.S.Y.程序中的S（睡觉），你将看到每一个原则是如何落到实处的。

开始时就要当真。如果你一开始受到与孩子一起睡觉这个理念的吸引，要好好想想。未来3个月你都想这样吗？未来6个月呢？更长时间呢？要记住，你做的每一件事都是在教你的孩子。所以，当你为了让他睡觉而把他抱在胸前或摇晃他40分钟时，你实际上就是在教他。你在说：“你就是这样入睡的。”一旦你踏上了这条路，那么你最好做好在未来很长很长一段时间里抱着他、摇晃他的准备。

独立不等于忽视。当我对一个刚出生一天的孩子的妈妈或爸爸说“我希望帮助他变得独立”，他们有时候会看着我：“独立？他才出生几个小时，特蕾西。”所以，我会问：“好吧，那你们想什么时候开始？”没人能回答这个问题，甚至科学家也不行，因为我们不知道婴儿开始真正理解这个世界或者掌握应对周围环境所需技巧的精确时间。所以，我会说，那就从现在开始。然而，培养宝宝的独立能力，并不意味着让他哭个够，而是意味着满足他的需要，包括在他哭的时候抱起他，因为他毕竟是在努力跟你说些什么。但是，它还意味着在满足他的需要后把他放下来。

观察但不介入。你可能会想起我在谈论与宝宝玩耍时，提到过这个要求。对于睡眠来说也是如此。婴儿每次入睡都经历一个可预测的循环（见第161页）。父母们需要明白这一点，才不会匆忙介入。不要打断宝宝自然的睡眠进程，我们需要克制自己，让宝宝自己入睡。

睡眠类型

尽管入睡会经历可预测的三个阶段（醒来也一样），但是，重要的是了解你的宝宝是如何逐渐进入梦乡的。如果睡眠周期没有被成年人的干扰打乱，那么天使型和教科书型宝宝会比较容易独自入睡。

对于一个很容易崩溃的敏感型宝宝来说，你必须格外善于观察，如果你错过了宝宝的窗口期，他就会变得情绪紧张，并且很难放松下来。

活跃型宝宝往往会变得坐立不安，你可能必须屏蔽对他的视觉刺激。当他累了，有时候会睁大眼睛，就好像有小火柴棍正在支撑着他的眼皮一样。

坏脾气型宝宝可能会有一点儿烦躁，但他通常都能开心地小睡。

（你还可以看看第45~47页上关于宝宝类型的详细探讨。）

不要让宝宝依赖道具。道具，指的是一旦失去就会让婴儿感到痛苦的任何设备或者干预手段。如果我们训练宝宝相信他们随时可以依靠爸爸的胸膛、抱30分钟或衔着奶嘴来获得安慰，那我们就不能指望他们学会一个人入睡。正如我在第4章中说过的，我完全支持使用安抚奶嘴（见第114页，以及本章第165页），但它不是用来让一个孩子当哑巴的。第一，为了让宝宝安静下来，而将一个安抚奶嘴或者母亲的乳房强行塞进他的嘴巴里，是不尊重孩子的做法。第二，当我们这样做，或者当我们以让宝宝睡觉的名义抱着他、摇晃他，或者无休止地搂抱他时，我们实际上就是在让他依赖道具，剥夺他发展自我安抚办法的机会，并阻止他学会如何自己入睡。

顺便说一下，道具与慰藉物不同。慰藉物指的是填充动物玩具、毯子之类的宝宝接受并且依恋的东西。大多数宝宝要长到七八个月大才会有慰藉物——在此之前，慰藉物往往是由父母决定的。当然，如果你的孩子能够被自己喜欢的毛绒玩具安慰，那就给他。但是，我反对你为了让他平静下来而给他任何东西。相反，要让他自己找到平静下来的方法。

培养晚上睡觉和日间小睡的仪式。每次都要以同样的方式，让宝宝在夜里睡觉和在日间小睡。正如我一直强调的，宝宝是按照习惯生活的动物。他们喜欢知道接下来会发生什么，而且，研究已经证实，即使是很小的婴儿，如果他已经习惯于期待一种特定的刺激，他就能够预测它什么时候会到来。

知道你自己的宝宝是如何入睡的。任何一个让孩子入睡的“秘方”都有一个重大缺点，那就是不是人人都适用。所以，尽管我为父母们提供了很多指导意见，其中包括宝宝最终入睡之前经历的3个可预测的阶段（见下页方框），但我总是建议他们要了解自己的宝宝。

最好的方法其实就是记睡眠日记。从早上开始，写下睡醒的时间，以及白天每一次小睡的时间。记下晚上睡觉的时间以及半夜醒来的时间。连续记录4天，即使宝宝的小睡时间看上去毫无规则，这段时间也足以让你了解你的宝宝的睡眠模式了。

例如，玛西确信自己无法描述8个月大的迪伦白天的睡眠习惯：“他白天从来没在同一时间小睡过。”但是，在连续记录了4天之后，玛西看到，尽管小睡时间略微有些变化，但迪伦总是在上午9：00~10：00之间短暂地小睡一次，在12：30~14：00之间再次小睡。并且在17：00左右变得烦躁，此时他会小睡20分钟左右。了解了迪伦的这些信息，可以帮助玛西安排她自己的一天，而且，同样重要的，可以帮助她理解小宝宝的情绪。她能够按照迪伦的生物节律来安排他的一天，这样他就能够得到充分的休息。每当他变得烦躁时，她也能迅速采取行动，因为她知道他什么时候准备小睡。

入睡的3个阶段

宝宝每次入睡都要经历3个阶段。整个过程通常历时20分钟左右：

第1阶段：窗口期。你的宝宝不会说“我累了”，但会通过打哈欠以及其他疲惫的信号（见第163页表格），来让你看到。到宝宝打第3个哈欠时，要把他放到床上。如果你不这么做，他将开始啼哭，而不是进入第2阶段。

第2阶段：走神。此时，你的宝宝的眼神已经发直——或者处在我所说的“眼镜瞪得像铜铃”——这种状态会持续三四分钟。他的眼睛睁着，但其实什么也看不见——他在神游太虚。

第3阶段：即将入睡。现在，你的宝宝就像一个在火车上打盹的人：双眼紧闭，头向前或者向一侧垂下去。就在看上去似乎睡着了时，他会突然睁开眼睛，头向后仰，身体猛然抖动一下。然后，他会再次闭上眼睛，重复这个过程3~5次，直到最终进入梦乡。

通往梦乡之路

还记得《绿野仙踪》里，多萝西为了找人给她指出回家的路，一直沿着黄砖路走吗？在经历了一系列灾难和恐怖时刻后，她最终找到的是自己的内在智慧。本质上，我在帮助父母们做差不多同样的事情——通过提醒父母，宝宝良好的睡眠习惯始于他们。睡眠是一个习得的过程，发端于父母，并由他们强化。因此，他们必须教给宝宝如何入睡。而且，这是通往合理的睡眠之路所必需的。

为睡觉铺平道路。宝宝是依靠可预测性成长，通过重复学习的，所以，我们必须在小睡或者晚上睡觉之前做同样的事情、说同样的话，这样宝宝的脑子里就会这样想：“哦，意思是我要去睡觉了。”要按照同样的顺序做同样的常规程序。可以说：“好吧，亲爱的，我们要睡觉啦。”或者“该睡觉啦。”把他带到他的房间时，要保持安静和低调。要经常查看他是否需要换尿布，因为你想让他舒服。要拉上窗帘或者百叶窗。我通常会说：“再见，阳光先生，睡醒后见。”如果是晚上睡觉时间，而且天黑了，我会说：“晚安，月光先生。”我不赞成让宝宝睡在起居室或者厨房里，这样做太不尊重孩子了。你愿意让你的床摆在一家百货商店的正中间，床边人来人往吗？你不会喜欢，你的宝宝也不喜欢。

留意入睡过程中的信号。和我们一样，宝宝开始感到疲惫时，也会打哈欠。人类之所以打哈欠，是因为随着身体变得疲惫，它不能那么高效地工作；通过肺、心脏和血液系统输入的氧气量比正常情况下少了一些。打哈欠是身体在大口吸入额外的氧气（打个哈欠，你会看到它强迫你深呼吸）。我告诉父母们，要尽量在宝宝第一次打哈欠时就做出反应——如果不能，那至少在他打第三个的时候做出反应。如果你错过了这些信号（见下页），一些类型的宝宝会迅速崩溃，比如敏感型宝宝。

提示：要强调休息对于调节情绪的好处。不要将睡觉当成是一种惩罚或者一件很难的事情。如果一个孩子被以一种“你要被发配到西伯利亚”的语气告知“你要去小睡了”或者“你现在必须睡觉”，他长大后就会认为小睡是坏事或者睡觉意味着错过很多乐趣。

接近目标时要平静下来。临睡觉前，成年人喜欢看书或者电视，来帮助自己从白天的活动中转换过来。宝宝也需要做同样的事情。在睡觉前洗个澡，如果他年龄在3个月以上的话，还可以做做按摩，来帮助他为睡觉做好准备。即使是小睡时间，我也总是播放一首舒缓的摇篮曲。我会坐在一张摇椅里或者坐在地板上，多抱宝宝5分钟。如果你喜欢的话，还可以给他讲个故事，或者只是在他耳边轻声说些甜蜜的话。然而，这样做的目的是让你的宝宝平静下来，而不是让他入睡。所以，如果我看到他两眼发直——第2阶段，或者如果他的眼睛开始闭上，这意味着他已经开始进入第3阶段，我就不会再搂抱他。（尽管给孩子讲睡前故事这件事越早开始越好，但是，我一般要等到

睡觉的信号

和成年人一样，婴儿疲惫的时候也会打哈欠，也会变得注意力不集中。随着年龄的增长，他们不断变化的身体会发现新的方法，来告诉你他们准备睡觉了。

当他们能控制自己的头部时：当他们困了，会扭过脸，不看某个物体或人，就好像在试图将世界拒之门外一样。如果正被你抱着，他们会将脸埋进你的胸口。他们会做一些无意识的动作，垂下自己的胳膊和腿。

当他们能控制四肢时：感到疲惫的宝宝会揉眼睛、抓耳朵或者揉自己的脸。

当他们开始能够活动时：感到疲惫的宝宝会变得明显不协调，并对玩具失去兴趣。如果被抱着，他们会弓起背部，身体向后靠。在婴儿床上，他们会慢慢地挪到角落里，并且可能会把头塞进去。或者，他们会向一个方向翻滚，然后因为不会往回翻而卡在那里。

当他们能爬和/或走路时：当年龄大一些的宝宝感到疲惫时，首当其冲的是身体的协调性。如果他们正独自站起来，可能会摔倒。如果正在走路，他们会摔跤或者撞到什么东西上。他们已经能够完全控制自己的身体，所以，他们通常会缠在那个试图把他们放到地上的大人身上。他们能够从婴儿床上站起来，但通常不知道如何躺下来——除非他们摔倒，这经常发生。

孩子6个月左右才会让他看书，那时候，宝宝能更好地集中注意力，而且也能坐起来。）

提示：不要在宝宝快睡觉的时间邀请客人到你家里来。这样做不公平。你的宝宝想参与。他见到你的朋友，知道他们要来见他："唔……能见到新面孔，他们会对我微笑。什么？妈妈和爸爸认为我会因为睡觉而错过？我不同意。"

在入睡前把他放到婴儿床上。很多人认为，要等到宝宝睡熟以后才能将他放到婴儿床上。这是完全错误的。在第3阶段一开始把他放下，是帮助孩子养成一个人睡觉所需技能的最好方法。还有一个原因：如果宝宝在你的臂弯里或者摇床上睡着了，然后在他的婴儿床上醒来，相当于我在你睡着的时候将你的床推到花园里。你醒来后会希望知道："我在哪里？我是怎么到这里来的？"对于宝宝来说也是一样，除了他们不会像这样推理："哦，一定是有人在我睡着的时候把我推到这里的。"相反，他们会感到困惑，甚至恐惧。最终他们会觉得待在婴儿床里不舒服或者不安全。

当我把宝宝放到床上时，我总是说同样的话："我要把你放到床上睡觉了。你知道睡醒之后感觉有多么舒服。"我仔细地观察他。在入睡之前，他可能会有点儿烦躁，尤其是当他经历了第3阶段身体抖动时。父母往往会在这个时候介入。一些宝宝自己就能自然地安静下来。但是，如果他哭了，有节奏地轻拍他的后背会让他确信他不是一个人。但是，要记住，他不再烦躁时，就要停止拍打——如果你持续拍打的时间比他需要的时间长，他就会开始将拍打与入睡联系起来，更糟糕的是，他开始需要拍打才能入睡。

提示：我通常建议让宝宝平躺着睡觉。然而，你也可以让他侧着身子睡觉。可以在他身后塞上两条卷起来的毛巾或楔形靠垫，后者在大多数商店都能买到。如果他侧着睡觉，为了他的舒服，要确保他并非总是向同一侧睡。

当通往梦乡之路有些"崎岖"时，可以使用安抚奶嘴来帮助他入睡。我喜欢在宝宝出生的头3个月，也就是我们第一次建立惯例期间，使用安抚奶嘴。这样，妈妈就不会变成"人形"安抚奶嘴了。与此同时，我也一直警告父母要限制使用奶嘴，这样它就不会变成一个道具。在正确使用的情况下，宝宝会用力吮吸六七分钟，然后开始慢下来，最终，他们会将它吐出来。因为他们已经释放了需要释放的吮吸能量，并且走上了通往梦乡的路。此时，一些好心的成年人会走过来，说："哦，可怜的宝宝，你把安抚奶嘴吐出来了。"然后试图把

安抚奶嘴的正确使用和滥用：昆西的故事

正如我在第4章中指出的，安抚奶嘴的使用和滥用之间存在一条微妙的界限（见第114~115页）。到宝宝六七周大的时候，如果他睡着后没有自动吐出安抚奶嘴，父母可以把它拿走。当一个3个月甚至更大的宝宝哭着醒来要他的安抚奶嘴，我会将此看作是滥用的信号。这让我想起了6个月大的昆西。他的父母打电话给我，因为他夜里会不断地哭醒，只有安抚奶嘴能让他平静下来。进一步询问之后，我发现了预料之中的事情：当昆西自然地将安抚奶嘴吐出来时，他们总会把它塞回去。他当然会变得依赖含着安抚奶嘴的感觉，没有安抚奶嘴就会干扰他的睡眠。我把我的计划告诉了他的父母：把安抚奶嘴拿走。当天晚上，当他哭着要安抚奶嘴时，我用轻拍他的后背来代替。第二天晚上，他需要的拍打减少。只用了三晚，昆西实际上就能睡得很好了，因为他养成了自己的安抚技巧。他开始吮吸自己的舌头。晚上，他听起来有点儿像唐老鸭，但是，到了白天，他成了一个更快乐的小男孩。

它放回去。不要这样做！如果宝宝需要安抚奶嘴才能继续睡觉，他会发出咕咕声并且扭动身体来让你知道。

对于很多宝宝来说，如果每次轮到E.A.S.Y.程序中的睡觉（S）时，你都采用上述方法让孩子进入梦乡，你就能够帮助他们建立起与睡觉的积极联系。重复这个过程能够建立安全感和可预测性。你将惊讶地看到，你的宝宝是那么迅速地学会了合理的睡眠法所需要的技能。他还会期待着睡觉，将它看成是恢复体力的愉快经历。当然，你的宝宝也会有过于疲惫、因长牙而牙痛或者发烧的时候。但是，这些都是例外，不是常规情况。

还要记住，你的宝宝实际上需要20分钟才能入睡，所以，不要急于求成，否则，他就会变得烦躁，而你也将干扰他天生的三个阶段入睡过程。例如，如果他在第3阶段时受到干扰，比如一声巨响、狗叫或者摔门的声音，就会让他清醒而不是入睡，而你不得不重新开始让他入睡。这与成年人在逐渐进入梦乡时被一声电话铃吵醒没什么区别。如果这个人生气或者受到过度刺激，有时候就很难再次入睡。你的宝宝也一样。如果发生了这种情况，他会自然而然地变得烦躁，整个入睡过程就要重新开始，他需要再花20分钟才能逐渐进入梦乡。

当你错过了窗口期

刚开始，你并不熟悉宝宝的哭声和身体语言，很显然，你可能会错过他第3次打哈欠。如果你的宝宝是天使型或者教科书型，这可能没什么大不了。一点儿小小的安慰通常就能让这两种类型的宝宝在短时间内回到正轨。但是，尤其是对于敏感型宝宝以及一些活跃型宝宝或者坏脾气型宝宝来说，如果错过了第1阶段，你就要用一些技巧，因为到这时，宝宝已经近乎过于疲惫。或者，正如我上面建议的，一声巨响可能会吓到他，扰乱正常的睡眠进程。如果他非常沮丧，他就需要你的帮助。

首先，我要告诉你在任何情况下都不要做的事情：千万不要上下颠动或者左右摇晃他。千万不要抱着他大步走或者大幅度晃动他。要记住，他已经受到了过度刺激。他之所以哭，是因为他已经受够了，而且哭泣是他隔绝声音和光线的方式。你不要做任何让他兴奋的事情。坏习惯通常就是这样开始养成的。为了让宝宝睡觉，妈妈或者爸爸会抱着宝宝走来走去或者摇晃他。当宝宝长到 7 千克甚至更重时，他们试图停止这么做，让他直接睡觉。可想而知，此时宝宝会开始号啕大哭。他在用这样的方式说：“嘿，伙伴们，我们以前不是这样做的。你们通常会摇着我或者抱着我走来走去来让我睡觉。”

为了避免出现这种情况，你可以做下面这些事情，来帮助你的宝宝平静下来并且隔绝外部世界。

襁褓。在宝宝还是一个胎儿时，他就不习惯宽敞的空间。他们也不知道自己的胳膊和腿是自己身体的一部分。当他们过度疲惫时，你要把他们的四肢固定住，因为看到肢体乱舞，不仅会把他们吓得魂不附体——他们会认为有人在对自己做些什么——而且还会让他们原本已经超负荷的感官承受更多刺激。作为帮助宝宝入睡的最古老的方法，襁褓看上去可能已经过时，但是，甚至当代研究也证实它能带来好处。要正确地包裹襁褓，将方形毯子的一角向内折，让毯子呈三角形。将宝宝平放在毯子上，让折叠线恰好与他的脖子齐平。将他的一只胳膊放在胸前，与肩膀呈45°，用这一侧毯子的一角紧裹着他的身体，按照同样的方法处理另一只胳膊和毯子的另一角。我建议在宝宝6周大之前使用襁褓，但是，过了第7周，当宝宝开始试着将手往嘴巴里放的时候，可以弯曲他的胳膊，把手拿出来并且贴近他的脸，来帮助他完成。

安慰。让他知道你会在他身边帮助他。模仿心跳的声音，平稳而匀速地拍他的背，还可以配上“嘘……嘘……嘘”的声音，来模仿宝宝在子宫里听到的有节奏的嘶嘶声。你可以在他的耳边，以低沉轻柔的声音说：“好啦，好啦”或者“你只是该睡觉了。”当你把他放到婴儿床上，如果你刚才一直轻拍他，要继续拍。如果你刚才一直发出安慰的声音，要继续这样做。这会让由抱着到放到床上的转换更加平稳流畅。

隔绝视觉刺激。视觉刺激——光线、移动的物体——会“袭击”一个疲惫的宝宝，尤其是敏感型宝宝。这就是我们在把宝宝放到床上之前要先让房间暗下来的原因，但是，对于一些宝宝来说，这样做还不够。如果你的宝宝正躺在床上，你可以把自己的手放在宝宝眼睛上方，为他遮住这些视觉

大多数睡眠问题的原因

在睡觉前发生了以下情况中的一种：

- 宝宝吃过奶。
- 宝宝到处走动。
- 宝宝被摇晃或者左右摇摆。
- 宝宝被成年人抱在胸前入睡

或者……

- 当宝宝睡着后，父母一听到轻微的呜咽声就匆忙介入。没有他们有意的干扰，他原本可以自己再次入睡。但是，他变得习惯于父母来解救他（详见第171页）。

刺激，但不要把手放在他的眼睛上。如果你正抱着他，要一直待在一个昏暗的地方，如果他非常焦躁，你可以站到一个完全黑暗的壁橱里。

不要妥协。当宝宝过度疲惫时，父母会非常辛苦。这需要极大的耐心和决心，尤其是在宝宝已经养成了一个坏习惯的情况下。宝宝在尖叫，他们不断地拍他，他哭得更大声了。受到过度刺激的宝宝往往会一直哭个不停，直到他们表达“我累坏了”的高亢的号啕声达到高潮。然后，他们会停一会儿，接着再次开始。通常会经历3次这样的高潮，宝宝才会最终平静下来。但是，实际情况是，到第二次高潮时，父母们就受不了啦。绝望之下，他们重操旧业——抱起宝宝，给他哺乳，使劲摇晃他。

问题是，如果你一味地妥协，你的宝宝就一直需要你的帮助才能入睡。不需要太长时间——最多几次，因为他脑袋里能装的东西太少了——宝宝就会依赖上一个道具。如果你第一步就走错了，那么，你之后的每一天都只是在强化这一负面行为。我接到父母们打来的关于睡眠问题的电话时，他们的宝宝往往已经长到8千克，有点儿抱不动了。最重大的问题在宝宝6~8周大时就会显现。当父母们打来电话，我总是跟他们说：“你们需要明白发生了什么，并且为你们养出的坏习惯承担起责任。然后，最难的部分：要有勇气和毅力来帮助你的宝宝学会一种新的更好的方法。”（关于改变不良模式的更详细的内容见第9章。）

再次强调：
独立不是忽视

我从来不会任由宝宝哭泣。相反，我认为自己在替宝宝发声。如果我不帮助他们，谁来翻译他们的需要呢？同时，我不赞同在宝宝的需要已经得到满足的情况下抱着他或者安抚他。孩子一旦平静下来，你就要放下他。这样做，你就送给了他这个礼物——独立。

睡一整夜

不讲宝宝什么时候开始睡一整夜，我就不可能写好睡眠这一章。在本章的结尾，你将看到一个表格，它展示了一般情况下不同发展阶段婴儿的睡眠表现。但是，要记住，表格中的内容只是建立在统计概率基础上的粗略指南。只有教科书型宝宝会完全符合（这也是他们叫教科书型宝宝这一称呼的由来）。那些睡眠习惯与表格内容不相符的宝宝也没什么“问题”，只说明他与众不同罢了。

开始讨论前，请允许我提醒你，宝宝的“白天”有24小时。他不知道白天和黑夜的区别，所以，睡一整夜对他没有任何意义，这是你希望（并且需要）他做的。他不能自然而然地睡一整夜，你要训练他，教给他白天和黑夜是有区别的。以下是我给父母们的一些提醒。

采用拆东墙补西墙原则。毫无疑问，让你的宝宝采用E.A.S.Y.程序，能帮助他加速做到睡一整夜，因为这是一个有规律且灵活的常规程序。我还希望你记录宝宝的喂奶和小睡时间——这样你就能更好地了解他的需要。例如，如果他早上非常烦躁，并且多睡了半小时，让他错过了原定的下一次吃奶的时间，你要让他睡（而按照时间表，你应该唤醒他）。但是，你还需要运用你的判断力。在白天，永远不要让宝宝的睡觉时间超过一个喂奶周期，换句话说，不要超过3小时，否则就会剥夺他晚上的睡觉时间。我保证，任何一个在白天连续睡6小时的宝宝，到了夜里，他的睡觉时间不会超过3小时。所以，如果你发现你的宝宝是这样，你就可以确定，他的“白天”现在变成了你的夜晚。让他转换过来的唯一方法是叫醒他，也就是“拆东墙”——剥夺你的宝宝白天睡觉的时间，以便用来“补西墙”——将这些时间加到他晚上的睡眠时间里。

灌饱孩子。这种表述听起来很粗俗，但让宝宝睡一整夜的方法之一，就是填饱他们的肚子。为此，当宝宝长到6周大时，我建议两种做法：密集喂奶——也就是说，在睡觉前每隔2小时喂一次——以及在你睡觉前进行我所说的“梦中进食”。比如，你晚上18：00和20：00给他哺乳（或者用奶瓶喂奶），然后在晚上22：30或者23：00进行梦中进食。让宝宝梦中进食时，要真正在宝宝的梦里给他哺乳或者用奶瓶喂奶。换句话说，你把宝宝抱起来，轻轻地将奶瓶或者乳房放在他的下嘴唇上，并让他吃奶，要注意不要弄醒他。当他吃完了，你甚至不必给他拍嗝，直接把他放下即可。在这种状态下吃奶，婴儿通常非常放松，不会吞入空气。你不要说话，不要给他换尿布，除非他尿湿了或者大便了。用这两种“灌奶”方法，大多数宝宝都能半夜在睡梦中进食，因为他们有足够的热量，来让他们睡五六个小时。

提示：让爸爸给宝宝进行“梦中进食”。大部分男性在这段时间通常都在家里，而且大多数喜欢做这件事。

使用安抚奶嘴。安抚奶嘴对于让宝宝断掉夜奶大有帮助，如果这样做不会让它变成道具的话，如果宝宝体重达到4.5千克，并且白天至少能吃800~900毫升奶，或者一天进食6~8次（白天4次或者5次，晚上集中吃2次或者3次），他就不需要夜里额外吃一次奶来补充营养。如果夜里依然会醒来，他就是在利用这个机会寻求口腔刺激。此时，你可以谨慎地使用安抚奶嘴。如果正常情况下你的宝宝夜里要花20分钟吃奶，那么，当他夜里哭着醒来要求哺乳或者奶瓶，却只吃了5分钟或者吃了不到30毫升时，你就可以给他一个安抚奶嘴。第1天晚上，他可能嘴里叼着奶嘴，清醒整整20分钟，然后才睡觉。第2天晚上，清醒时间可能会减少到10分钟。第3天晚上，到了平时醒来吃奶的时间，此时处于睡梦中的他可能会显得不安。如果他醒来，就给他安抚奶嘴。换句话说，你在用安抚奶嘴来替代奶瓶或者乳房，给他提供口腔刺激。最后，他就不会再为此醒来了。

这正是发生在朱丽安娜的儿子科迪身上的情况。科迪体重约7千克，而且朱丽安娜在仔细观察过儿子后，意识到他已经养成凌晨3：00吃奶的习惯：科迪会醒来，吮吸奶瓶10分钟，然后继续睡觉。朱丽安娜给我打电话，问我是否可以来她家看看——首先，看看她的评估是否正确（尽管我从她的描述中已经知道她是正确的），然后帮助她让科迪不再在那个时间醒来。我在她家里待了三个晚上。第一天夜里，我把科迪从婴儿床里抱出来，没有给他奶瓶，而是给他一个安抚奶嘴。和吮吸奶瓶一样，他吮吸了10分钟。第二天夜里，我让他待在婴儿床上，并给他安抚奶嘴，这一次，他只吮吸了3分钟。第三天夜里，果然，科迪在3：15后发出了一些不安的声响，但他没有醒。从此以后，科迪能一直睡到第二天早上六七点。

不要匆忙介入。在最佳状态下，宝宝往往都是时睡时醒的（见下面方框）。所以，对你听到的任何细微声响都做出回应，并非明智之举。事实上，我经常要求父母们把监视器扔掉。监视器会放大宝宝的每一声咿呀和哭泣，让父母们大惊小怪、自寻烦恼。正如我在本章反复提及的，一个人必须把握好反应和解救之间的分寸。父母做出反应，宝宝就会成长为一个敢于冒险而且有安全感的孩子。父母不断解救，宝宝就会开始怀疑自己的能力，并且永远不会形成探索自己的世界所需要的力量和技能，也无法舒适地待在自己的世界里。

婴儿的睡眠

和成年人一样，婴儿睡着的时候会经历大约45分钟的睡眠周期。他们首先会进入深度睡眠，然后进入快速眼动睡眠（REM）——这是以做梦为特征的浅度睡眠，最后进入苏醒阶段。对大多数成年人来说，这些睡眠周期几乎不会引起注意（除非一个逼真的梦把你弄醒）。通常，我们只是翻个身，然后继续睡，丝毫没有意识到我们曾经醒来过。一些婴儿也会这样。你可能会听到他们发出些许讨厌的噪音——我称之为“虚幻宝宝”哭声。而且，只要没人打扰，他们会再次进入梦乡。其他从快速眼动睡眠中醒来的宝宝，则无法那么轻松地让自己再次入睡。通常，这是因为从出生起，他们的父母就过快地介入（“哦！你醒了！”），他们从来没有机会学习如何在这些自然的睡眠周期中自由转换。

常见的睡眠障碍

在本章的结尾，我想告诉大家，尽管有上述种种方法，但是，有时候睡眠障碍是难以避免的。一般情况下睡眠质量很好的人，也会经历心神不宁，甚至有难以入睡的时候。比如下面这些：

当宝宝开始吃固体食物的时候。一旦宝宝开始摄入固体食物，他们就可能会因为胀气而醒来。可以咨询你的儿科医生，看看应该吃什么食物以及什么时候吃。问问哪种食物可能会引起胀气或者过敏。认真记录你给宝宝吃过的每一种食物，这样一来，如果出现问题，你的儿科医生就能够研究宝宝的饮食记录。

当宝宝开始移动的时候。刚刚学会如何控制自己的身体移动的孩子，常常会感到四肢和关节刺痛。如果你懒散了一段时间，然后在健身房里锻炼，你也可能会出现类似现象。即使你的四肢已经停止运动，身体的能量水平和血液循环依然在升高。宝宝也一样，他们还没有习惯运动。有时候，一旦他们能够到处移动，就可能会摆出某种姿势而自己又无法恢复原状，这也会打扰他们的睡眠。他们还可能会迷迷糊糊地醒来，因为他们睡觉的姿势改变了。你只需要走过去，用节奏的声音低声安慰他就好："嘘……嘘……嘘……好啦，没事啦。"

当宝宝经历一个生长突增期。在生长突增期（见第99页），宝宝有时候会饿醒。如果宝宝饿醒，那么，当天夜里要给他喂奶，但是，第二天白天要多给他喂些奶。生长突增期可能持续两天，不过，增加宝宝的摄入量，通常就能让它不再干扰宝宝的睡眠。

当宝宝长牙的时候。如果宝宝在长牙，而非出现其他问题，那么，他们会流口水，牙龈红肿，有时候会发低烧。我最喜欢的一个家庭疗法是，将毛巾的一角打湿，放到冰箱里，等到毛巾冻结实后，让宝宝吮吸。我个人不喜欢冷冻从商店里买来的装有液体的物品，因为我不知道里面装的是什么。在英国，我们有亨氏牌宝宝磨牙饼干。这是一种坚硬的、能全部融化的磨牙饼干——它们又好吃又安全，而且在美国本土大

他们需要什么 / 你能期待什么		
年龄 / 里程碑	每天所需睡眠时间	典型模式
新生儿：除了眼睛之外，什么也控制不了	16~20 小时	每隔3小时小睡1小时；晚上睡5~6小时
1~3个月：更警觉并且能注意到周围的环境，能够活动头部	18 个月之前，15~18 小时	小睡3次，每次半小时；晚上睡8小时
4~6个月：获得运动能力		小睡2次，每次2~3小时，晚上睡10~12小时
6~8个月：运动能力更强，能够坐起来，能爬行		小睡2次，每次1~2小时，晚上睡12小时
8~18个月：总是在活动		小睡2次，每次1~2小时，或者一次长时间的小睡，3小时；晚上睡12小时

多数英货店都能买到。在治疗疼痛方面，与小儿泰诺林相比，我更喜欢用小儿布洛芬，因为我发现后者的药效持续时间更长。

当宝宝排便的时候。我认识的一位妈妈称之为“有力的便便”——多数婴儿在排便时会醒来，有时候甚至会被吓到。要在昏暗的光线下给宝宝换尿布，以防止他兴奋起来。要安慰他，并让他重新入睡。

提示：无论你的宝宝半夜什么时候醒来，无论因为什么原因醒来，都绝对不要跟他玩闹或者表现得过于友好。要充满爱意地解决这个问题，但要注意，不要让你的宝宝会错意。否则，他第二天晚上可能会醒来，希望和你玩耍。

我总是提醒那些担心宝宝睡眠的父母，无论出现什么问题，它们都不可能永远持续下去。如果你把眼光放长远，就不太可能因为几个不眠之夜而小题大做。无疑，这件事要看运气：一些宝宝就是比其他宝宝睡得更好。但是，不管你的宝宝属于哪种情况，你至少应该得到充足的休息，以便承受这种冲击。在下一章，我会着重强调这一点以及你能够用来照顾你自己的其他方法。

第7章

你自己的时间（Y）

快！快躺下来，每当你拿起这本书，就要这样做。今天我们能给你的最重要的建议其实很简单：能坐着就不要站着，能躺下就不要坐着，能睡觉，就不要醒着。

——薇琪·艾欧文[①]

有时候要想想你自己。不要把一切都留给孩子，什么也不给自己留。你必须知道自己是谁，你必须多了解你自己，倾听你自己，也要关注自己的成长。

——1100位母亲对美国家庭意见（NFO）所做民意调查的回应[②]

① 选自薇琪·艾欧文（Vicki lovine）所著的《女人写给女人的怀孕私房书》（*The Girlfriends' Guide to Surviving the First Year of Motherhood*）。——作者注

② 选自《母亲报告：女性对为人母的感受》（*The Motherhood Report:How Women Feel About Being Mothers*）。——作者注

我的第一个宝宝

只有同类才能理解同类。父母们信任我，原因之一是，我与他们分享我初为人母时的经历。我清楚地记得我对第一胎的恐惧和失望，我想知道自己准备得是否充分，想知道自己是否真的能当一个好妈妈。不得不说，我有一个强大的支持系统——我的外婆（实际上是她把我养大的）、我的母亲，无数的亲戚、朋友以及准备搭把手的邻居。尽管如此，当分娩的时刻最终来临时，我还是有些震惊。

当然了，我的母亲和外婆声称萨拉长得多么漂亮，但我并不十分确定。我记得自己边看着她边想："哇，她浑身通红，还皱皱巴巴的。"这与我想象中的大相径庭。这段记忆是那么生动，以至于18年后的今天，我依然能感受到自己当时的失望，因为萨拉的上嘴唇看上去一点儿都不完美。我还能回想起她发出的像小羊一样的微弱声音，以及长时间注视我的眼神。我的外婆转过身来，对着我说："你已经开始奉献了，特蕾西，从现在开始，直到你咽下最后一口气之前，你都是妈妈了。"她的话如同当头棒喝：我是一个母亲了。突然之间，我有一种想逃跑的冲动，或者至少终止这一切。

接下来的日子似乎充满了无休止的忙乱、擦不干的眼泪，以及巨大的疼痛。由于分娩时我抱着双腿摆出了一个像青蛙一样的古怪姿势，所以，我的两条腿很疼。由于助产士把我的头向胸前推，我的肩膀也受伤了。我的眼窝因为将孩子用力推出体外时产生的压力而酸痛，而最糟糕的是，我感觉我的乳房就要爆炸了。我记得妈妈说我必须立刻开始哺乳，而这个主意绝对把我吓坏了。至少我的外婆帮助我找到了一个舒服的姿势，但事实是，我必须自己弄明白。所有这些，再加上学习如何给萨拉换尿布、安抚她、真正陪伴她，以及设法给自己留点儿时间，消耗掉了我一天中大部分的时间。

18年后的今天，大多数新手妈妈在经历着与我几乎完全相同的事情。（我怀疑，在我生孩子之前的18年，它也没什么不同。）这种经历不仅会让身体受到创伤——这足以让任何人虚弱不已，还让人的精力损耗殆尽，让人的情绪变成一团乱麻，还会产生让人崩溃的强烈自卑感。而这些，亲爱的，是正常的。我不是在谈论产后抑郁（我将在后文谈论该话题），我只是在说，大自然给了你恢复身体的时间，以及为了了解孩子而留在家里的时间。问题是，宝宝降生后，一些女性几乎不会利用这些时间来照顾自己，这样做是非常失败的，如果不算危险的话。

两个女人的故事

为了证实我的观点，让我给你讲讲我服务过的两位母亲——达芙妮和康妮——的故事。这两位都是女强人，创业多年，颇有成就。在她们30多岁的时候，两人都进行了简单的阴道分娩，并且都有幸生下了天使型宝宝。区别在于——而且这一点很重要——康妮意识到她的生活在宝宝出生后会发生改变，而达芙妮固执地认为她可以继续过和以前一样的生活。

康妮。康妮是一位室内设计师，在她35岁时生下了女儿。她天生就是一个条理分明的人（即兴-计划指数为4，具体见第39~41页）。她给自己订立了一个在妊娠晚期准备好婴儿房的目标，而且她做到了。当我到她家做产前拜访时，我说："看上去你已经把一切都准备好了。我们只需要让宝宝'拎包入住'就行了。"了解到一旦宝宝降生，她可能没有时间或者欲望做饭——正常情况下她喜欢做饭，康妮还将她的冰箱里塞满了美味而且有营养的家常汤、炖菜、调味汁以及其他热一下就能吃的菜。临近预产期，康妮给她所有的客户打了电话，告诉他们，万一发生紧急情况会有人处理，但在接下来的2个月里，负责处理的人不是她。她和她的新宝宝必须排在第一位。有意思的是，没有人反对，事实上，他们认为她直爽的处理方式让人耳目一新，令人钦佩。

由于康妮和家人的关系非常亲密、友爱，不用说，在宝宝出生后，每个人都会行动起来，他们也确实是这样做的。康妮的妈妈和婆婆负责做饭和跑腿。她的姐姐负责处理生意上的电话，甚至去她的办公室检查各种项目。

安娜贝尔出生的第一周，康妮几乎整天待在床上，聚精会神地观察她、了解她。康妮放慢了平时匆忙的步伐，给自己很多时间来哺乳。她接受了需要好好照顾自己这个事实。当她的母亲离开时，冰箱里塞满了可以取用的食物。对于那些甚至连把食物加热一下都做不到的夜晚，她还有一堆外卖菜单。

在让丈夫巴兹参与方面，康妮也表现得非常聪明。我见过很多女性，她们站在丈夫身边，在他们换尿布时指手画脚，甚至更糟糕的，抱怨他们做错了。而康妮知道巴兹和她一样爱着安娜贝尔。或许他换的尿布有些松。那又如何？她在鼓励他成为一个好父亲。他们分工合作，互不干涉。因此，巴兹觉得他更像一个真正的育儿伙伴，而不是一个“帮手”。

给安娜贝尔采用一个有条理的常规程序，可以帮助康妮安排自己的时间。尽管如此，和大部分新手妈妈一样，她的早晨过得飞快：等到她起床，满足了安娜贝尔的需求，自己洗个澡，穿好衣服，已经到了午餐时间了。但是，每天14：00~17：00之间，康妮都能躺下来。不管是小睡、读书还是只是收敛心神，都没有关系。她需要独处的时间。她没有让工作占据自己这段宝贵的休息时间，只处理那些最重要的工作。对于写给她的便条或者打过来的电话，她的结论是：“等等再处理。”

甚至在我离开以后，康妮也能够让她的休息和康复的日常惯例继续下去。她预料到我会离开，因为她已经计划好一切。数周前，她就安排好一群好朋友，每天14：00~17：00之间轮流过来照顾宝宝。而且，她已经开始物色愿意在她去办公室时照顾安娜贝尔的保姆了。

等到安娜贝尔2个月大，康妮开始慢慢地回到工作岗位。一开始，她只在办公室花足够的时间与客户重新联系，并且确保一切都正常运转。此时她没有承接任何新项目，而是只兼职上班。当安娜贝尔6个月大，而且康妮已经花了足够的时间与新保姆相处，对自己选择的保姆感到满意后，她增加了待在办公室的时间。但到这时，康妮已经了解她的女儿，对自己的养育能力有信心，而且感觉身体健康——如果说没能做回原先的自己，至少也是一个休息充足、身体健康的新的自己。

现在，康妮已经全职工作了，她每天下午仍然会在办公室里小睡一会儿。她最近告诉我："特蕾西，对我来说，成为母亲，是最美好的事情，除了其他原因，它还强迫我放慢了脚步。"

达芙妮。达芙妮今年38岁，是好莱坞娱乐业律师。要是她能以康妮为榜样就好了。她从医院回到家还不到1小时就接电话。家里的访客络绎不绝。她为宝宝准备好了一个设备齐全的漂亮育婴室，但所有东西的包装都完好如初。第二天，我无意中听到她计划在客厅开一个商务会议。到了第三天，她就宣布打算"回去工作"。

她的朋友和生意伙伴遍天下，生完宝宝不到一周，她就与他们约午餐，就好像为了证明生孩子不会对她的生活产生任何影响一样。她几乎目中无人。"我能吃午餐。特蕾西在呢，我也已经雇了一个保姆。"她约教练健身，而且只吃一点点饭，很明显，她在担心自己的体重。她还想使用台阶机——这像极了她忙碌的产前生活，那时候，攀登通往成功的阶梯是一种生活方式。

达芙妮就好像没有意识到她生了一个宝宝一样。考虑到她周围的环境和她所处的世界——人们经常把项目称为"我的宝宝"的产业，一切就说得通了。对于达芙妮来说，生孩子是另一个项目——或者至少她愿意这样看。怀孕——这对她来说很困难，是"发展"阶段，而最终产品——宝宝——终于降生后，她就准备好向前走了。

达芙妮会抓住每一个出门的机会，这一点儿都不让人惊讶。如果需要跑腿，无论多么单调，她都自告奋勇地去做。无一例外地，她会忘记购买（或者故意不买）购物清单上的一两样东西，这又给了她另一个出门的借口。

头几天，住在达芙妮家就像住在龙卷风里一样。她试过哺乳，但是，当她意识到自己不得不在上面花40分钟，至少一开始要这么长时间时，她说："我想试试配方奶。"现在，你已经知道我赞成任何适合母亲生活方式的喂养方法，但是，我还建议要考虑多种因素（见第

80~86页“做出选择”）。在这个案例中，达芙妮只考虑了如何在白天给自己留出更多时间。“我想重新做回以前的我。”她宣布。

与此同时，她还给她可怜的丈夫德克一些矛盾的信息。德克是一个喜欢凡事亲力亲为的人，他非常愿意替她收拾残局。有时候，她欢迎他的参与。“我出门的时候，你来照看凯瑞，好吗？”她一边问一边走出家门。但是，有时候，她会批评他抱宝宝或者给宝宝穿衣服的方式。“你为什么要给他穿这件衣服？”她注视着凯瑞的外衣，声音尖锐地问道，“我妈妈就要来了。”毫无疑问，德克越来越不满，也越来越少参与。

为了让达芙妮慢下来，我试过本书中提到的每一种方法。起初，我没收了她的电话。这不管用，因为她有那么多部电话，包括一部手机。我要求她在14：00~17：00之间去床上躺下来，但她总是利用这段时间打电话或者出门拜访。“我14：00~17：00之间有空。你来吧。”她这样告诉她的朋友，或者她会安排一次会议。有一次，德克和我合谋，藏起了她的车钥匙。她像疯了一样寻找它们。当我们最终向她坦白但拒绝给她时，她用挑衅的语气说：“好吧，那我只能走着去办公室了。”

所有这些都是拒绝接受的典型表现。如果不是因为距离我离开只有2天时，她雇来代替我的保姆爽约，她可能还会继续下去。突然间，现实给了她沉重的打击。她筋疲力尽，心绪不宁，最后彻底崩溃，抽泣起来。

我帮助她看到，她一直在用各种活动掩盖自己的不安全感。我温柔地向她保证，她能成为一个好妈妈，但这需要时间。由于她没有利用这个机会来了解儿子或者了解他需要什么，她感到自己很无能，但这并不意味着她真的无能。而且，她之所以筋疲力尽，是因为她没有给自己时间来恢复。“我什么都做不对。”她在我的怀里哭泣，并最终承认她心底最深处的恐惧：“其他人看上去都能做得那么好的事情，我怎么能失败呢？”

我当然不是有意将达芙妮描述得这么糟糕。请相信我，我喜欢她，而且我经常见到类似的情景。很多妈妈都拒绝接受，尤其是那些为了做

借口、借口、借口

从你的宝宝出生那天开始，你每天都要问自己："今天我为自己做了什么？"一些女性不为自己留时间，并认为有充分的理由这样做。下面是我对她们的借口所说的话：

"我不能让宝宝一个人待着。"让亲戚或者朋友过来照看1小时。

"我的朋友们都不熟悉宝宝。"让他们过来，然后教他们怎么做。

"我没时间。"如果你听从我的建议，你就会腾出时间。你可能没有把事情排出优先级。可以打开自动答录机，而不是接电话。

"没有人像我一样照顾我的宝宝。"胡说——是你在控制一切。此外，当你把自己弄到筋疲力尽时，别人就不得不介入。

"如果没了我可怎么办？"控制欲强的女性会震惊地发现，家里没有她们，也不会分崩离析。

"当宝宝再大一点儿，我就有时间了。"如果你现在不为自己留出时间，你就会认为自己不重要。你就会失去自己（非母亲）的身份认同。

母亲而放弃蒸蒸日上、有崇高声望的职位的人，或者那些极有条理的人。孩子一出生，她们的生活就脱节了。她们希望自己相信生活将会一如既往。她们不去感受初为人母的情感，也不去克服她们的恐惧，而是在最大限度上缩减这段经历。事实上，那些强势的妈妈经常问，"生一个宝宝能有多难？"或"母乳喂养能有多难？"当回到家里，她们发现，尽管她们能够经营价值数百万美元的公司，或者通过委员会管理复杂的项目，但是，当妈妈这件事给她们带来了前所未有的挑战。因此，她们的拒绝接受，部分表现为急切地拥抱自己熟悉并且擅长的事情。与第一次带刚出生的宝宝回家后必须做的事情和学的东西相比，与客户谈生意或者与密友吃午饭，就显得那么不费吹灰之力。

如果母亲走向另一个极端，坚持**所有事情**都亲力亲为，也好不了多少。比如，琼在约见我后宣称："我想自己弄明白。"她尝试了2

周……，然后我接到了一个绝望的电话。“累死我了，我整天和我的丈夫巴里吵架，而且我觉得我这个妈妈也当得不称职。这比我想的难太多了。”琼坦诚道。我解释说，并非当妈妈更难，而是当妈妈的工作量比她预期的更多。我让她每天下午小睡一会儿，这样巴里就有机会和他的女儿在一起了。

让自己休息一会儿

可以肯定的是，在宝宝出生的头几天乃至头几周，我给新手妈妈们的重要建议之一是，要记住，你是一个比你想象的还要好的母亲。大多数人没有意识到，当妈妈是一门后天习得的艺术。她们读过很多书籍，也看过各种影音资料，而且她们认为自己知道将要面临什么。然后，宝宝出生了。很不幸，就在她们刚开始学习当妈妈的时候，她们的感受却比以往任何时候都糟糕。这就是我在第4章中建议哺乳的母亲遵守“40天法则”的原因（见第99页）——但是，事实上，**所有新手妈妈都需要花时间来康复。**除了生孩子导致的身体创伤，她们被超乎自己想象的琐事折磨，她们比自己想象的更疲惫，并且她们备受自己的情绪的困扰。对于给宝宝哺乳的妈妈来说，学习如何哺乳遇到的困难以及在哺乳的过程中产生的问题（见第105页）只会让现实雪上加霜。

甚至像盖尔这样曾经当过幼儿园老师而且在5个兄弟姐妹中排行老大的女性，也对自己的工作量和责任感到震惊。她照顾过自己的弟弟妹妹，也经常帮助那些第一次生孩子的朋友。但是，当莉莉出生时，盖尔一溃千里。为什么呢？首先，这是她的宝宝和她的身体——痛苦、僵硬，还有撒尿时的灼烧感都加诸于她的身上。而且，她的激素水平激增。吐司烤得稍微焦一点儿，就会让她火冒三丈。她的母亲因为移动了一把椅子就遭到她的厉声斥责。拧不开瓶盖，会让她痛哭流涕。

“真不敢相信我应付不了。”盖尔哀叹道。

她绝非个例。另一位母亲玛西带着一长串问题在她的家门口等着

恢复身体的提示

这些似乎都很简单，我亲爱的华生，[①]但是，你不会相信，竟然有那么多妈妈记不住：

√吃。均衡饮食，每天至少摄入1500卡热量，如果你哺乳的话，要再多摄入500卡。不要盯着自己的体重。冰箱里要储备食物，手边要有外卖菜单。

√睡觉。每天下午至少小睡一次，如果可能的话，可以多小睡几次。给孩子的父亲一个照顾孩子的机会。

√锻炼。至少6周内不要使用运动器械或者做剧烈运动。可以代之以长距离散步。

√给自己一点儿时间。让你的配偶、亲戚或者朋友来接替你，让你能够真正“下班”。

√不要许下兑现不了的承诺。告诉其他人你至少一两个月内没有时间。如果你已经安排了过多的会面，要推辞：“对不起。我低估了生孩子意味着什么。”

√排列优先顺序。将无关紧要的事情从清单上划掉。

√计划。安排保姆。计划菜单，将其列出，这样你每周只需要采购一次。要想恢复参加生孩子前的活动，比如每周读书会，可以与你的配偶、亲戚或者好朋友协调时间。

√知道你自己的极限。累了就睡，饿了就吃，烦了就离开房间！

√寻求帮助。没有人能独自完成这一切。

√花时间陪伴你的伴侣或者好朋友。不要时时刻刻都围着你的宝宝转。孩子就是全部，是不切实际的。

√善待自己。尽量定期做按摩（让熟悉你的产后身体的人为你做），面部护理、美甲和/或足疗。

---

① 此处出自英国侦探小说家柯南·道尔的《福尔摩斯探案集》，” Elementary” 是福尔摩斯经常跟他的助手华生说的话，意思是非常简单。——译者注

我。她还记得自己刚生完孩子那几天："就好像是一部烂影片。我坐在起居室里，赤裸着上身，因为我的乳头太疼了，什么也穿不了。乳头滴着乳汁，我失声痛哭，而我的母亲和丈夫看着我，一脸惊恐。我能说的只有'这太糟糕了！'"

对我来说，恢复体力的最好方法就是睡觉。我让妈妈们每天在14：00~17：00之间上床睡觉。如果她们做不到，我就告诉她们，在头6周每天至少小睡3次，每次1小时。我警告她们，不要把这段最宝贵的时间浪费在接电话、补上家务活或者写便条上。如果你只能依靠身体所需的50%的睡眠来维持运转，你就不可能投入100%的精力。即使你有帮手，即使你并不感到疲惫，体内依然会存在这个巨大的伤口。如果你得不到充分休息，我保证，6周以后，你的身体会遭受重创。但是，不要让我说"我告诉过你了"。

对于女性来说，与有过相同经历的好朋友谈谈是有帮助的。如果你与自己的妈妈关系密切的话，她可以给你很大帮助，并且能够提醒你这是一个自然的过程。对于男性，与男士们谈谈可能不会让人满意。我听我的支持小组里的父亲们说，新手爸爸们往往会互相攀比谁的情况更糟糕。"宝宝一直把我折腾到半夜。"一位父亲可能会对另一位父亲说，"真的？"他的朋友这样回复道，"我的宝宝折腾了我一整夜。我觉得我睡了不到10分钟。"

无论是新手妈妈还是新手爸爸，关键是慢下来，允许自己犯错误，允许自己遇到困难。例如，康妮对自己既宽容又有耐心。她认识到了计划和获得支持的重要性。她没有急着使用健身器械，而是代之以远距离散步。这既加快了她的血液循环，又让她走出了家门。最重要的是，康妮明白，生完孩子以后，她的生活就永远地改变了。这不是一件坏事——只是不同罢了。

一次只做一点点也有帮助。即使有小山一样的一堆衣服在等着你洗，你也没有必要全部做完。尽管你收到了很多礼物，但是，如果你没有立即发感谢信，人们也会理解。

事实上，当你有了宝宝，所有事情确实都改变了——你的日常惯例、你的优先事项以及你的人际关系。不接受这个现实的女性（和男性）

会遇上麻烦。向前看，向前看，向前看——这样才能平稳度过产后恢复期。头3天不过3天而已，头1个月也不过1个月而已。你要坚持到底。你会有好过的日子，也有不那么好过的日子，你都要为此做好准备。

母亲的多种情绪

通常，在一个妈妈开门迎接我的时候，我就能判断出她的情绪。例如，弗朗辛给我打电话，表面上是要咨询一下哺乳问题。当她穿着一件遍布白色斑点的皱皱巴巴的T恤，开门迎接我时，我就知道哺乳不是她唯一的问题。“对不起，”看到我的眼睛扫过她的衣服，她立刻道歉，“只有今天我想起床、穿衣和洗澡——因为你要来。”然后她又完全没必要地补充道，“我今天过得很不好。”

她倾诉道：“我觉得自己就像化身博士①一样，有双重人格，特蕾西。对我两周大的儿子来说，这一分钟，我是世界上最好的、最有爱心的妈妈，下一分钟，我觉得自己希望离开这个家，永远也不要回来，因为要做的事情太多了。”

“没关系，亲爱的，”我微笑着说，“这仅仅意味着你和所有新手妈妈一样。”

“真的吗？”她问，“我都开始认为是我出问题了。”

就像我经常对新手妈妈说的那样，我向她保证，在头6周，情绪就像坐上了过山车，我们唯一能做的就是系好安全带，为这段旅程做好准备。考虑到情绪波动，难怪很多女性觉得自己突然拥有了多重人格。

记住：这些都是情绪波动，这就是为什么你觉得在一天之内，当然也可能是一周之内，自己的身体就好像被各种人格占据，它们的声音在你体内共鸣一样。

“这太容易了。”这些时候，你觉得自己是天生的母亲——你能又

① 化身博士，Jekyll and Hyde，英国作家罗伯特·路易斯·史蒂文森所著《化身博士》中的人物。“化身博士”这一人物形象是文学史上的经典，而“Jekyll and Hyde”一词则成为心理学“双重人格”的代称。——译者注

快又轻松地解决所有的事情。你相信自己的判断，感到自信，不会轻易受到育儿潮流的影响。你还能自嘲，并且明白做母亲并不是一件你随时随地都要做到完美的事情。你不怯于问问题，并且知道当你问了，你能轻易得到答案或者能调整它们来适应你自己的情形。你感到平衡。

“我做对了吗？”这是一些让人忧心忡忡的时刻，你感到无能又悲观。你对照顾孩子感到不安，害怕自己可能会伤害到他。一点点小故障就让你心烦意乱——事实上，你甚至可能会对没有发生的事情感到忧心忡忡。在极端情况下，当你的激素疯狂飙升时，你会想象最坏的情况。

“哦，这很糟糕——真的、真的很糟糕。”在这些时候，你对你的分娩经历以及正在上演的当妈妈的传奇故事叫苦连天，而且你确信从来没有人像你这样痛苦——否则她们怎么会生孩子呢？向每个人喋喋不休地诉说剖宫产有多么疼、宝宝如何让你整晚睡不着觉，你的丈夫如何完全不做他承诺过的事情，会让你感到更好。而且，当别人向你提供帮助时，你往往会可怜兮兮地说：“没关系，我能应付。”

“没问题——我会把每件事情都安排妥当。”那些放弃如日中天的事业并且成为妈妈的成功女性，最容易遇到这样的时刻。此时，你认为你能够在宝宝身上施展你的管理技巧，而当宝宝不配合时，你可能会惊讶、失望或者生气。亲爱的，此刻，你在拒绝接受，并且相信和宝宝在一起的生活，将和他出生之前的生活一样。

“可是书上说……”在感到迷惑或者有疑问的时刻，你会阅读手边的任何东西，然后试图将其运用到宝宝身上。为了应付这些混乱，你列了无数清单，也使用过黑板和文件夹。尽管我赞成条理性和规矩，但是，不知道变通，让日常惯例控制你而不是引导你，并非好事。例如，如果“妈妈与我”课堂10：30上课，你就不可能参加，因为你担心这会打乱你的日程表。

当然，如果“这太容易了”的声音主宰着你，而且你觉得自己每时每刻都是个天生的母亲，那很好，但是，我向你保证，大多数女性都不是这样的。你能做的最好的事情，就是记下这些声音，如果你记不住，就把你的心情写下来。然后学会处理这些变化。如果一种声音不断地对你大喊大叫，告诉你，你永远也成不了一个好妈妈，那可能就到了重新评估的时候了。

产后抑郁还是真正的抑郁症？

让我再说一遍：一个人有一些负面情绪是正常的。在典型的产后阶段，女性会出现潮热、头疼以及间歇性眩晕。她们可能会变得嗜睡，可能会哭泣，会自我怀疑，并感到疲倦。是什么引起了产后抑郁？产后几个小时内，雌性激素和黄体酮水平会急剧下降，让人在孕期感到快乐和舒适的内啡肽水平也是如此。这会让人的情绪产生剧烈波动。很明显，初为人母的压力也是因素之一。而且，如果你有经前综合征的倾向，这意味着你的激素通常会让你的情绪相当不稳定，那么，你在产后也可能会出现这种情况。

产后抑郁发作的日子往往一波一波地到来，这就是我把这股推动它们的力量称为你的“内心海啸”的原因。一个波浪能让你的理智和幸福感丧失1小时或一两天，也可能会断断续续地持续3个月到1年。在产后抑郁发作的日子，你对任何事情的感受都会发生扭曲，尤其是对你的孩子的感受。你头脑中的声音很可能与这些话遥相呼应：“我给自己找了什么麻烦？”或者“我做不到________（换尿布、哺乳、半夜起床等，你可以自己填）。”

提示：如果你单独和宝宝在一起，他哭了，而你觉得自己无法应对，或者更糟糕的，你感到自己怒火上升，你要把他放在婴儿床上，然后离开房间。宝宝永远不会死于哭泣。你可以做三次深呼吸，然后再回来。如果你仍然焦躁不安，可以给一个亲戚、朋友或者邻居打电话寻求帮助。

当你的内心海啸冲击心灵的海岸线时，你要看得长远一些。当前发生的一切都是正常的——顺其自然吧。你可以躺在床上，如果这样能让你感觉好点儿的话。你可以哭泣。你可以冲着你的伴侣大喊大叫，如果有帮助的话。它会过去的。

但是，你怎么知道自己什么时候会出现一点儿焦虑或不安全感都受不了的情况？产后抑郁症是一种在册的心理障碍——一种疾病。它的发病时间通常被精确地定位在产后第3天，持续到产后第4周。然而，我（以及很多熟悉这种疾病的精神科医生）觉得，这个时间范围太窄了。一些症状，包括情绪低落、持续悲伤、频繁哭泣和绝望、失眠、嗜睡、焦虑和恐慌发作、易怒、强迫症和反复出现可怕的想法、缺乏食欲、自卑、缺乏热情、与伴侣和婴儿的疏远感，以及想要伤害自己或孩子的欲望，会在生完孩子好几个月后才浮出水面。这些症状是产后抑郁症更严重的体现，无论在什么情况下，它们都应该被认真对待。

据估计，10%~15%的新手妈妈患有产后抑郁症。千分之一的新手妈妈会与现实完全脱节，这在医学上被称为产后精神病。除了激素的变化和初次为人母亲的压力，科学家依然不清楚为什么一些女性在产后会陷入严重的临床抑郁症。三分之一有抑郁症病史的女性也会经历产后抑郁症。在第一次生产后罹患过产后抑郁的女性，有一半在随后的生产中会再次患上该病。

可悲的是，甚至连一些医生也没有意识到该病的危险。因此，当抑郁症来袭，很多女性不知道自己怎么了，而通过信息交流和教育，这个问题原本是能避免的。例如，因为抑郁症，伊薇特一直在服用百忧解[①]。怀孕后，她就把药停了。她不知道生完孩子后自己的病会变得那么严重。伊薇特没有感受到对宝宝的温情和怜惜，反而每当他啼哭，她就想把自己锁在卫生间里。当她抱怨“感觉不正常”时，没有人倾听。“哦，生完孩子都是这样的。”她妈妈说，否认了她越来越糟糕的感受。“振作起来。”她的姐姐告诫她，并补充说：“我们都是这样过来的。”甚至伊薇特的朋友也同意：“你经历的一切都是正常的。”

伊薇特给我打电话解释道：“甚至连倒垃圾或者洗澡，我都要用尽全身的力气。我不知道自己怎么了。我的丈夫试图帮助我，特蕾西，但是，我一对他说话就会发脾气，真可怜。”我没有对伊薇特愈

① 百忧解（Prozac），一种治疗精神抑郁的药物。——译者注

发阴郁的情绪掉以轻心。当她告诉我她对小博比哭泣的感受时，我变得尤为担心："当他大声哭喊，我有时候会冲着他喊回去，'怎么了？你到底想让我怎么样？你为什么不能闭嘴？'前几天，我变得那么沮丧，我感觉自己摇晃宝宝的摇篮时有点儿太用力了。我就是在这个时候知道自己需要帮助的。跟你说实话，我想把他扔到墙上。我能理解为什么人们会用力摇晃自己的宝宝了。"

现在，有些日子里，宝宝似乎确实会没完没了地哭闹，让所有人都心烦，但是，伊薇特对这些日子的感受，已经远远超出了正常范围。医生建议她在怀孕期间停药是恰当的，因为它们可能会伤害她的胎儿。那些在正常情况下饱受抑郁症折磨的女性，在怀孕期间停药往往也会感觉很好，因为她们体内的激素和内啡肽水平变高并开始发挥作用。然而，没有人警告伊薇特生完孩子以后，也就是让她维持下去的化学物质耗尽之后，可能会发生什么，而这是错误而且危险的。

事实证明，分娩导致伊薇特的病情加重，她的抑郁症的症状加重了十倍。我建议她立刻去看精神科医生。当她重新开始服药，她对生活的看法就彻底改观了，而且觉得当妈妈是很美好的事情。由于她服用了药物，就再也不能哺乳了，但是，相比迅速重新获得的镇定和自信，这点儿牺牲不算什么。

如果你怀疑自己罹患产后抑郁症，可以向你常看的医生或者精神科医生咨询。在美国，精神科医生通常会查阅《精神疾病诊断与统计手册》（*Diagnostic and Statistical Manual of the Mental Disease,DSM*），来确定病人是否达到各种抑郁症的标准。然而，这本每隔数年更新一次的专业"圣经"在1994年前甚至没有意识到产后抑郁症的存在。当前的版本有这样一段解释："各种类型'情绪障碍'的症状可能会在'产后发作'。"医生还会使用精神病判断量表，来确定抑郁症的严重程度，尽管这些工具并不是专门用来诊断产后抑郁症的。使用最广泛的一种量表是《汉密尔顿抑郁量表》[①]。一些美国医生喜欢

①该量表有多个版本，目前国内使用比较多的是17项版、21项版和24项版。——译者注

抑郁量表样题[①]

以下内容摘自《汉密尔顿抑郁量表》：

激越：
0=无
1=检查时表现得有些心神不定
2=明显心神不定或小动作多
3=不能静坐、检查中曾起立
4=搓手、咬指甲、揪头发、咬嘴唇
精神性焦虑：
0=无异常
1=主观上感到精神紧张而且易怒
2=为一些小事忧心
3=表情和言谈流露明显忧虑
4=明显惊恐

以下内容摘自《爱丁堡产后抑郁量表》：

很多事情冲着我来，让我透不过气：
0=不，我一直像平时那样应付得很好
1=不，大部分时间我都应付得很好
2=是，有时候我不能像平时那样处理
3=是，大多数时候我都不能应付
我心情不好，以至于失眠：
0=不，从不这样
1=不经常这样
2=是，有时候会这样
3=是，大部分时间这样

① 本次摘录已获得皇家精神病学院许可。——作者注

《爱丁堡产后抑郁量表》，该量表最早出现在20多年前的苏格兰，比《汉密尔顿抑郁量表》简单得多，而且，人们发现它在发现有罹患抑郁症风险的母亲方面的准确率在90%左右。两个量表都是为专业人士而不是为自我检测设计的，但是，为了让你大体上有个概念，我从每个量表中选择了几项。（见上页。）

在美国，大多数专家一致认为产后抑郁症存在漏诊问题。美国明尼苏达州罗切斯特市梅奥医学院的两位学生，在研究了当地1997-1998年所有产妇的记录后，证实了这一点。尽管1993年的记录表明，在同一个县，只有3%接受调查的新手妈妈被确诊患有此症，然而，当两人要求所有产后第一次去诊所的产妇完成《爱丁堡产后抑郁量表》后，发现发病率上升到了12%。

如果你的产后抑郁症看上去一直在持续，或者，如果痛苦从一个坏日子延续到第二天，毫无缓解的迹象，你应该立刻向专业人士求助。这并不意味着你是一个坏妈妈——它意味着你病了，与得了感冒没什么两样。而且，最重要的，你可以得到医治，还能得到患过此病的其他产妇的支持。

爸爸的反应

在产后阶段，父亲往往会受到冷落，因为家人大部分的注意力和精力都放在了母亲和新生儿身上。当然，这是应该的，但是，男人也是人。研究表明，一些男性甚至出现了紧张和抑郁的症状。爸爸会忍不住对宝宝、对这个新家人得到的所有关注、对妈妈的情绪、对络绎不绝的访客和陌生人，做出被动反应。事实上，就像妈妈有很多情绪一样，我注意到爸爸在宝宝到家后也会出现某些“情绪”。

“让我做吧。”有时候，尤其是宝宝出生的头几周，爸爸真的会变成一个非常勤快的人。从怀孕到分娩，他全程参与其中，然后，他彻底爱上了这个宝宝。他乐于学习并且迫切地想听到人们夸他做得很好。他对宝宝也有着良好的自然本能，而且从他的脸上就能判断出来，他喜欢和宝宝在一起。如果你的伴侣是这样，那么，妈妈，知足吧。如果你足够幸运，这会延续到宝宝考上大学。

“这不是我该做的。”我们一度认为的“传统”父亲会做出这种反应。传统父亲就是一个“甩手掌柜”。的确，他爱他的宝宝，但不包括换尿布或者给宝宝洗澡的时候。在他看来，这是女人该做的。宝宝出生后，他可能会立即全身心地投入工作中，也可能发自内心地考虑自己现在需要挣更多的钱来养活他越来越多的家人。无论是哪种情况，他都相信自己有正当理由不做既无聊又肮脏的儿童看护工作。随着时间的推移，尤其是随着宝宝与成年人的互动越来越多，他可能会变得温和。但是，我敢保证，如果你向他唠叨他应该做什么，或者将他与其他父亲比较（“蕾拉的丈夫会给麦肯齐换尿布。”），他也不会接受。

“哦，不——出问题了。”第一次抱起孩子的时候，这个家伙浑身紧张僵硬。他可能已经和妻子一起参加了所有分娩和养育课程，甚至还听从建议，参加了心肺复苏课程，但他依然害怕把事情做错。当他给宝宝洗澡时，他担心烫伤宝宝，把宝宝放到床上睡觉时，他担心婴儿猝死综合征。而且，当家里彻底安静下来，他开始怀疑自己是否能负担得起孩子上大学的费用。与孩子在一起的成功经验，通常能让爸爸树立自信，并能帮助他消除这些感受。来自母亲的温柔鼓励和赞许对他也有帮助。

“看看这个宝宝！”这种父亲骄傲得让人难以置信。他不仅希望每个人都来看看自己的宝贝，还可能会吹嘘自己的功劳。你会听到他告诉来访的客人：“我让我的妻子夜里睡觉。”与此同时，他的妻子怒火中烧，在他背后翻白眼。如果这是他的第二段婚姻，即使在上一段婚姻里，他是“甩手掌柜”型爸爸，他也经常会用诸如“我以前不是这样做的”之类的不屑一顾的话语来纠正他的妻子。他想做什么就由着他做，妈妈，尤其是如果他看起来心里有数的情况下，但是，不要让他做出有违你的直觉的事情。

“什么孩子？”正如我前面提过的，一些妈妈拒绝接受宝宝出生的事实。好吧，亲爱的，爸爸们也有自己的版本。我最近去医院探望刚刚分娩完不到3小时的尼尔。我天真地问："汤姆在哪里？"她回答："他在家里。他想整理一下花园。"——就好像这是世界上最自然不过的事情一样。这并不是说汤姆认为照顾孩子不是他的份内事，相反，这个家伙没有明白宝宝已经降生而且他的生活将发生变化。即使他觉察到了这种变化，他依然遁入做自己擅长的事情的安逸状态中。他需要的是一剂清醒剂以及尼尔的鼓励。然而，如果他拒绝接受，或者如果尼尔没有为他留出参与的空间，他可能会变成我见过的那种父亲——在客厅里看电视，对周围的混乱浑然不觉。一边忙着接电话，一边忙着做饭的妈妈已经累坏了，于是对他说："亲爱的，你能抱抱宝宝吗？"他抬起头，说："啊？"

无论一个男人最初的反应是什么，大多数人确实会改变，尽管往往会以让妻子不开心的方式。当妈妈们问我："我怎么才能让他多多参与？"她们会失望，因为并没有魔法答案。我发现，男人们喜欢按照自己的时间、以自己的方式参与。当宝宝开始微笑、坐起来、走路或者说话的时候，一个"工作狂"父亲可能会减少工作，而一个不可能养育孩子的父亲，可能会突然投入地照顾孩子。而且，大多数父亲往往都喜欢做自己认为最擅长的一些具体工作。

"这不公平，"当我建议安吉让她的丈夫菲尔选择他喜欢做的家务时，她喊道，"我从来没选择过我想做什么，不管我有什么感受，我都要'上'。"

"没错，"我承认道，"但是，你不得不与你选择的这个男人打交道。而且，如果菲尔不给宝宝洗澡，或许他至少晚饭后会洗碗。"

此处的"诀窍"是本书的基本主题之一——尊重。如果一个男人感到自己的需求得到认可，他就更可能尊重你的需求。但是，一开始，当你们都在努力找到自己的立足点时，你应该用点儿谋略。

"我们"怎么办？

当宝宝长到3个月大时，夫妻关系也会改变。多数情况下，现实与理想之间存在很大差距。但是，造成夫妻关系破裂的，通常是隐藏在表象之下的一些问题。下面就是一些常见问题：

初学者的恐慌。妈妈感到不堪重负。爸爸不太清楚怎么做才能帮助她。当他真的介入时，妈妈可能会不耐烦，并且厉声斥责他。他则可能会退缩。

“他把尿布穿反了。”一位母亲背着丈夫这样抱怨。

“这是因为他在学习，亲爱的，”我说，“给他一个机会。”事实上，在这件事上，每个人都是初学者。父母双方都在努力学习中。我尽量让妈妈和爸爸回想他们的第一次约会。难道他们不需要互相了解吗？随着时间的推移，随着彼此越来越熟悉，他们也了解得更深入了吧？他们与宝宝之间也是如此。

我喜欢给爸爸们分配具体工作——购物、给宝宝洗澡、夜间给宝宝喂奶，这会让他觉得自己在参与。毕竟，妈妈需要自己能得到的任何一点儿帮助。我强烈建议男人成为妻子的耳朵和脑子。除了有太多的新知识需要吸收，很多女性会患上产后健忘症，一种虽然是暂时性的但会让她们发疯的疾病。或者，父亲可以满足一个特别需求。例如，劳拉（在第4章提到过）是一个在哺乳方面特别有压力的妈妈。她的丈夫杜安觉得自己很没用——就好像他完全没有办法帮助她度过这一困难时期一样。然而，当我教给杜安什么是正确的衔乳方式，并且要求他在劳拉遇到麻烦时温柔地指导她时（此处强调的是温柔），这让他觉得自己真正在做贡献。我还让他负责确保她每天喝够她的身体必需的16杯水。

性别差异。在孩子刚出生的头几周里，妈妈和爸爸之间无论发生什么冲突，我都无一例外地提醒他们要一起面对，尽管他们可能会从非常不同的角度看待自己的处境。正如我在第2章（见第34页）里提到的，爸爸往往是一个“修理工”，而所有妈妈们想要的是一只倾听的耳朵，一个可以靠着哭泣的肩膀，以及两只能拥抱她们的强壮有力的胳膊。通常，夫妻问题就根源于这类性别差异。我经常发现自己充当了翻译的角色，让“金星人”知道“火星人”的意思，反之亦然[①]

① “火星人”代指男人，“金星人”代指女人。该比喻出自《男人来自火星，女

他说/她说

任何一对父亲和母亲，都有各自的观点。我经常扮演联合国翻译官的角色，告诉一方另一方想让他或她知道什么。

妈妈希望我告诉她的丈夫：

· 分娩究竟有多疼
· 她有多累
· 哺乳让人多么崩溃
· 哺乳有多疼（为了证实这一点，我曾经掐一位父亲的乳头，并说："让我像这样一直掐20分钟。"）
· 她哭或者大喊大叫是因为激素而不是因为他
· 她无法解释自己为什么哭

爸爸想让我告诉他的妻子：

· 不要事事都批评他
· 宝宝不是瓷做的，所以是不会碎的
· 他正在全力以赴
· 当她否定他对宝宝的看法时，他感到很受伤
· 养活新家庭，让他感到压力更大
· 他也感到压力和不堪重负

（见上方"他说/她说"）。当夫妻双方对事情的看法发生分歧，他们不仅要学会翻译，还要学会不将它看作是针对自己的，这样才能做到最好。他们应该从不同中找到长处，因为这样他们的视野才能更开阔。

生活方式改变。对于一些夫妻来说，主要的绊脚石是学习如何改变他们制定计划的方式。他们可能有很多愿意帮忙的亲戚，也可能有带薪保姆，但是，他们不善于规划时间，来让第三方加入——因为他

人来自金星》一书。——译者注

致所有的伴侣!

下面是给那些还未生产以及那些没有时间整天待在家里陪宝宝的人的几句忠告:

要做的事情:

◎休假一周或更长时间。如果你负担不起,可以攒点儿钱,请人来做家务。

◎倾听,不必提供解决方案。

◎以充满爱心并且不加评论的方式提供帮助。

◎当她说她不需要你的帮助时,你要接受。

◎不要等到她吩咐,就要去购物、清洁、洗衣服、扫地。

◎当她说"我觉得都不像我自己了"时,要承认她这样说是有充分理由的。

不要做的事情:

◎试图"解决"她的情感或者身体问题——可以安然度过。

◎为她摇旗呐喊,或者以高人一等的姿态对待她——比如,拍拍她的背,并且说"干得好",就好像她是一条狗一样。

◎走进你们自己家的厨房,并大声询问东西都在哪里放着。

◎在她身旁批评她。

◎如果商店里的熏火鸡卖完了,打电话回家问她:"我应该买什么?"——你自己好好想想吧。

们从来没有这样做过。迈克尔和丹妮斯都三十多岁了,结婚四年后才生的宝宝,是一对真正有实力的夫妻。迈克尔是一家大企业的管理人员,也是一位一周打3次网球、周末踢足球的运动健将。丹妮斯是一位电影公司经理,每天从早上8:00干到晚上21:00,只为每周4天的例行锻炼留出时间。毫无疑问,他们的三餐主要在饭店里解决,有时候一起吃,有时候各吃各的。

我们初次见面是在丹妮斯怀孕9个月的时候。在听了他们典型的一周生活之后，我对这两个人说："让我澄清一件事，你们需要放弃一些，但不必放弃全部。要想在产后过上你们想要的生活，就要为它制定计划。"

值得赞扬的是，迈克尔和丹妮斯坐了下来，列出了他们的需求和欲望。在宝宝出生后的头几个月，也就是他们适应为人父母的过程中，他们能够放弃什么？对他们的精神健康来说，什么是必需的？丹妮斯决定减少工作，尽管她只给了自己一个月的恢复时间。迈克尔承诺他也会额外向公司争取更多时间。一开始，他们给自己安排的日程太满——对一些夫妻来说，以这种方式减少工作太难了。但是，当丹妮斯意识到，生孩子给她带来了多大痛苦之后，她又给自己延长了一个月的假期。

竞争。这是目前我见到的夫妻关系中最棘手的问题。以乔治和菲莉斯为例。在40岁出头的年纪上，他们收养了1个月大的梅莉。他们互相比赛，看谁能让她多喝一瓶奶，谁更擅长让她安静下来。乔治给梅莉换尿布，菲莉斯会说："你换得太慢了。让我来。"菲莉斯给宝宝洗澡，乔治就在旁边指指点点："注意她的头。小心——你要让肥皂水流进她的眼睛里了。"二人都读了关于婴儿护理的书，然后向对方引经据典，目的不是为了做对孩子最好的事情，而是为了表达"看见没？我说对了"。

乔治和菲莉斯给我打电话，因为梅莉总是尖叫。那时，这两个人一致相信宝宝患了腹绞痛，但对怎么做却无法达成一致。一个人试着做点儿什么，另一个人就会批评。为了挽救这种局面，我先向这对夫妻解释了我认为的真实

夫妻关爱秘诀

- ♥安排在一起的时间——散步、晚上约会、去冰激凌店。
- ♥安排一个不带孩子的旅行，即使你们在一段时间内无法成行。
- ♥给你的伴侣藏一些惊喜信息。
- ♥送一个惊喜礼物。
- ♥给对方的办公室送一封情书，告诉他/她你所有的仰慕和感激。
- ♥永远善待彼此，互相尊重。

情况，而且宝宝并没有患腹绞痛。梅莉之所以一直哭，是因为没有人倾听她。她的父母忙着挑战彼此，而不是观察她。我建议给梅莉采用E.A.S.Y.程序，并告诉菲莉斯和乔治一些小窍门，让他们慢下来，这样他们就能开始真正关注宝宝（见第3章）。或许，在这对夫妇的案例中，最重要的是，我还把照顾宝宝的工作做了分配，并告诉他们："你们现在都有了各自分内的差事。你们不能监督、评论或者批评另一个人做的事情。"

无论出于什么原因，如果夫妻之间一直存在问题，那么问题就会蔓延到夫妻生活的方方面面。他们可能会为了琐事争吵，可能会拒绝协调和合作，而且，最可能的是，已经停止了数周（或者数月）的性生活，可能会彻底消失。

性生活和突然紧张过度的伴侣

让我们谈谈你们的"他说/她说"问题。性，高居每位父亲的待办清单榜首，却往往排在大多数母亲的待办清单的末尾。确实，当她做完产后检查回到家里，他问的第一个问题就是："他说我们可以做爱了吗？"

与此同时，这个问题本身就让她怒火中烧，因为她的丈夫没有询问她的感受或者用鲜花向她示爱，他想要的是一个关于他们性生活的第三方意见，就好像这会让她动摇一样。如果在问这个问题之前，她就不愿意做爱，问完之后她会变得更坚定。

所以，她会深吸一口气，并且说："不行，还不行。"言下之意是，医生说她还没有准备好，不过，当然是她说的。一些女性还会用宝宝在他们夫妻的床上睡觉当作借口。还有人会让以前的借口"我头疼"升级，变成"我累了""我很疼""我不能忍受你这样看着我的身体"。顺便说一句，所有这些论调都有一点道理，但是，一个害怕性生活的女性却将其当作铠甲一样穿在身上。

在我的小组和我拜访过的家庭里，一些绝望的父亲向我寻求帮助。"我该怎么做，特蕾西？我担心我们永远也不会做爱了。"一些人甚至祈求我："特蕾西，你和她聊聊吧。"我想强调的是，六周并没有什么神奇之处，这通常是女性进行第一次妇产科检查的时间，也通常是会阴切开术或剖宫产愈合所需的时间，但这并不意味着所有女性在六周内都能完全康复，也不意味着你的妻子已经做好了性交的心理准备。

而且，生育后的性生活确实会改变。如果我们不警告父母，对他们就不公平。想马上过性生活的男人，往往没有意识到女性的身体在分娩时的变化程度：她的乳房酸痛，阴道被拉伸，阴唇被拉长，激素水平低导致她的阴道干燥。哺乳还会使情况进一步复杂化。如果一个女人在产前喜欢被刺激乳头，她现在可能会感到疼痛，或者厌恶——她的乳房突然属于她的宝宝了。

产后健身操

我说过产后6周内不要做运动，但是，有一种运动，最早产后3周就能做，动作是这样的：**收缩并保持住，一、二、三！**

盆底运动，通常被称为凯格尔运动，是以发现存在于阴道内壁这些纤维组织的医生的名字命名的。该运动的目的是强化支持尿道、膀胱、子宫和直肠的肌肉，并且有目的地增强阴道的力量。做该运动时，就好像你在小便，然后试着憋住——这些就是你要收紧和放松的肌肉。我建议一天做三次。

一开始，这会是一个挑战——你会觉得那里就好像不存在肌肉一样。你甚至可能觉得有点酸痛。并拢膝盖，慢慢地开始。为了测试你锻炼的肌肉是否正确，可以将一根手指插入阴道，你会感觉到肌肉收缩。随着你对肌肉的控制越来越精准，你就可以试着分开双腿。

考虑到所有这些变化，人们对性的感受怎么能不改变呢？恐惧也是原因之一。一些女性担心她们的阴道"过度松弛"，无法获得快感或者无法给予对方快感。还有些女性预感到会疼痛，而且单这一点就会让她们紧张不已，哪怕仅仅听到做爱的建议。当一个女人达到高潮，她的乳房会同时喷出乳汁，她可能会感到尴尬，或者担心伴侣心生厌恶。

一些男性也确实这么认为。被母亲的乳汁洒在身上，并不一定能撩起性欲。这取决于男人本身以及妻子怀孕前他对她的看法。他可能很难把她当作新手妈妈看待，甚至可能对触摸她感到不安。事实上，有些男人向我坦承道，当他们在产房看到妻子，或者当他们第一次看到她哺乳时，他们就失去了兴趣。

那么，夫妻双方该怎么做呢？并没有什么立竿见影的解决方法，但是，我提出的一些建议，一般情况下至少能减轻双方的压力。

开诚布公地谈谈。不要让情绪在心底沸腾，要承认你真实的感受。（如果你很难找到合适的词语，可以看看第202页的表格——大家普遍关注的一些问题可能正符合你的情况。）例如，一天，艾琳哭着用车载电话打给我："我刚刚做了产后6周检查，医生说我能够过性生活了。吉尔一直在等着医生给我们开绿灯。我不能让他失望——他对宝宝实在太好了。我欠他的太多了，不是吗？我该怎么对他说？"

"让我们从实话开始。"我建议。从以前的对话中，我了解到艾琳的产程相当漫长，还有一个外阴切开手术造成的大刀口。"首先，你有什么感受？"

"我害怕做爱的时候会疼。而且说实话，特蕾西，一想到他触碰我，尤其是下面，我就无法忍受。"

听到很多女性也是这样想的，让艾琳松了一口气。"你必须告诉他你的恐惧和感受，亲爱的，"我告诉她，"我不是性治疗师，但是，你觉得你在性生活方面'欠'他的，这不是什么好事。"

有意思的是，吉尔参加了"爸爸与我"课堂，而在课堂上，性总是一个热辣话题（请原谅我用双关[1]）。在这周早些时候，我已经向爸爸们解释过，男人可以也应该诚实地对待自己的欲望，但他也需要理解女性的看法。我补充说，女性在生理上做好准备和在心理上做好准备之间的差距非常大。吉尔十分赞同并且愿意接受这个观点，他需要和艾琳谈谈，认可她的感受，并且，最重要的，请他的妻子吃大餐——不是作为达到目的的手段，而是让她看到他有多么欣赏她，爱

① Hot topic，hot，既有热门的意思，也有火辣的意思。——译者注

她，以及想和她在一起。这是发自内心的关心，而且女性觉得这比“被说服”更能撩起性欲。

审视你们在做父母之前的性生活。这是有一天我顺道去看望米吉、基斯和他们快3个月大的女儿帕梅拉时想到的。我曾经照顾过帕梅拉2周。

当米吉去厨房沏茶，基斯把我拉到一旁。“特蕾西，自从帕梅拉出生以来，米吉和我就没有做过爱，而且我越来越等不及了。”他倾诉道。

“基斯，让我问你个问题，‘宝宝出生前，你们的性生活频繁吗？’”

“不太频繁。”

“哦，亲爱的，”我跟他说，“如果在宝宝出生之前你们的性生活就不那么频繁，孩子出生后肯定也不会有所改善。”

这次谈话让我想起了一个老掉牙的笑话：有一个人询问医生，他手术后能不能弹钢琴。“当然能。”医生说。“哇，太好了，”这个人说，“因为以前我根本不会弹。”抛开笑话本身，夫妻对性生活的期待要合乎实际。很明显，如果一对夫妻一周有三天晚上做爱，然后突然停止了，那么产后性生活对他们的影响要大过一个月或者一周做一次爱的夫妻。

明确你们的优先事项。一起确定现在什么对你们最重要，并且要允许几个月后重新评估。如果你们共同决定做爱很重要，要给它留出时间和空间。每周安排一次晚间约会。找一个保姆照顾孩子，然后离开家。我总是提醒我的小组里的男人们，女人对浪漫的看法往往与性无关。“你可能想在干柴里打滚，”我说，“但她想要的是沟通、烛光和合作。她可能觉得没等她吩咐你就洗了衣服很性感！”而且，正如我的外婆经常说的：“甜言蜜语比尖酸刻薄得到的多。”给她买鲜花，小心应对她的情绪。但是，如果你的妻子在身体上和情感上都没有做好准备，你要让步。压力不是春药。

提示：妈妈，当你和爸爸晚上出去约会时，不要聊宝宝。你已经把你的小宝贝留在家里——他应该在的地方。除非你想让爸爸潜意识里怨恨宝宝，否则你情感上也要将宝宝留在家里。

降低你的期待。性生活让人亲密，但并非所有的亲密关系都要有性生活。如果你们没有准备好做爱，可以寻找增进亲密关系的其他方式。例如，一起手拉手去音乐会。或者考虑一个“接吻”活动，你们什么也不做，只亲吻1小时。我总是告诫男人要有耐心。女人需要时间。而且，男人不要把女人的不情愿当作是针对他的。事实上，我建议男人们试着想象一下，在肚子里孕育一个小生命又把他推出去是什么感觉。我的意思是，在此条件下，他们生完孩子之后多长时间想要做爱？

产后性生活	
女人有什么感受？	男人有什么感受？
极度疲惫：性让人觉得像是又一件琐事。 **过于紧张：**每个人似乎都在夺走我的东西。 **内疚：**她们剥夺了孩子或者配偶的权利。 **害羞：**“如果宝宝在隔壁，我感觉自己在偷情。” **不感兴趣：**这是我最不想做的事情。 **自卑:** 她们觉得自己肥胖，而且觉得自己的乳房很“奇怪”。 **提防：**“如果他亲我的脸颊，说‘我爱你’，或者用一只手搂住我的腰，就像是一种期待——做爱的第一步。”	**沮丧：**“我们还要等多长时间？” **拒绝：**“她为什么不想和我做爱？” **嫉妒：**“她更在乎宝宝而不是我。” **怨恨：**“宝宝占用了她所有的时间。” **生气：**“难道她不想恢复正常吗？” **迷惑：**“可以让她和我做爱吗？” **受骗：**“她说如果医生说可以做爱，我们就可以做，但自那以后已经好几周了。”

工作：回去工作，不要感到内疚

无论一个女人是否是因为想要一个孩子而放弃了一份前途光明的职业、一份舒适的办公室工作、一个志愿者岗位，甚至一个爱好，到了某个时间——对一些女人来说是产后一个月，对其他人来说是产后数年——“我怎么办？”这个问题就会开始在她的脑子里盘桓。当然，一些女性已经规划好了什么时候返回工作岗位或者继续跟进自己从事的项目，其他人则要视情况而定。无论是哪种情况，她们同样都要应对两个问题：“我如何才能毫无愧疚地去上班？”以及“谁来照顾宝宝？”至少在我的脑海里，第一个问题更简单，所以，让我们马上解决它。

内疚是为人母的诅咒。正如我的外祖父曾经说过的：“人生没有彩排。寿衣没有口袋。”换句话说，你什么也带不走，所以，内疚是在浪费我们宝贵的时间。我不知道美国人发明“内疚”一词的时间、地点和原因，但是，在我看来，如果你这样想，你会受到谴责，如果你不这样想，你也会受到谴责。参加我的课堂的一些妈妈因为“只是妈妈”或者“只是家庭主妇”而感到自己不够好。但是，职场妈妈，无论是从事令人印象深刻的事业，还是只是支付账单的卑微工作，同样感觉自己很糟糕，只不过原因不同罢了。“我妈妈认为我去工作很糟糕，”这类女性可能会说，“她告诉我，我将错过宝宝人生中最美好的时光。”

那些决定外出工作的女性，在做出这个决定前要考虑很多因素，其中包括她们爱自己的孩子这个事实。但是，它还事关金钱、情感上的满足和自尊。一些妈妈很坦白地说，如果没有只属于自己的东西——不管赚不赚钱，她们会发疯。我鼓励她们爱宝宝，照顾宝宝。但是，这并不意味着她们不能追求自己的梦想。工作不会让母亲变成坏妈妈。它会让女人有足够的权力说：“事情本该如此。”

很明显，一些女性因为经济原因除了工作别无选择，另一些女性工作是为了自我满足。但是，无论是否为了报酬，重点在于这些女性在滋养日渐壮大的自我。而且她们和那些终日操持家务的母亲一样，不需要向谁道歉。我记得有一次我问我的母亲：“你曾经想过做点儿什么吗?”她满脸不高兴地看着我，说：“做什么？我是个管家。你说‘做什么’是什么意思？”我永远忘不了这个教训。

这件事的真相是，尽管一些爸爸在家里非常勤快，但很多妈妈依然承担了大部分养育孩子的责任——如果她们是单身母亲就更不必说了，她们不能奢望伴侣晚上会回家。你希望自己至少能接电话、和朋友们吃饭、觉得自己不只是一个母亲，这样想并没有什么错。但是，由于你被各种建议狂轰滥炸，被责任压得喘不过气来，以及最核心的，感到迷惑，你很容易就会陷入内疚之中。我总是接到过度疲惫的妈妈的电话，她们在专心带孩子和什么都不管两个极端之间苦苦挣扎。“我爱这个孩子，”她们告诉我，“我也想尽力成为最好的妈妈，但是，我就必须放弃自己的生活吗？”

提示：当你感到内疚时，对自己念这个“咒语”：“给自己留点儿时间不会伤害孩子。”

如果你不花时间去做任何滋养你的灵魂的事情，你的生活就全部围着你的宝宝转。面对现实吧：你和一个婴儿一起做的事情就那么多，你和你的新“快乐天使”能说的话也就那么多。所以，与其感到内疚，倒不如花点儿精力想出改善你的状况——无论什么状况——的解决方法。如果你希望或者需要一天工作12小时，就想办法让你在家里的时间更有意义。例如，当你和你的孩子在一起时，不要接电话。把电话藏起来或者转到答录机上。不要在周末工作。当你在家里的时候，把心思也放在家里，而不是办公室里。当你心不在焉时，甚至你的宝宝也能感觉到。

现在，我们来思考另一个大问题——谁来照顾宝宝，答案是要么获得有偿帮助，要么寻求无偿帮助。下面我将逐一讲述。

你的邻居、朋友和亲戚：建立一个支持圈

我们家有一个产后卧床40天的传统。意思是在萨拉出生后6周的

大部分时间里，我只需要照顾新宝宝。我的外婆、妈妈、一大群女性亲戚以及邻居们围绕在我身边。我的家务有人料理，一日三餐有人准备。我从来没有感受到做这些事的压力。当我生了苏菲之后，这个支持圈还会照顾三岁的萨拉，这样我就能了解她的小妹妹了。

这种情况在英国非常常见。在那里，生孩子在很大程度上是公共事务。从奶奶到隔壁邻居，每一个人都会出一份力。英国还有一个额外的福利，那就是建立起了一个医疗系统，以家庭健康助理的形式提供专业帮助。但是，对一个新手妈妈帮助最大的，要属女性亲朋好友形成的关系网络。她们会教给她很多诀窍，毕竟，谁能比她们更有资格？她们亲身经历过。

支持圈在很多文化里都很常见。有些文化有帮助妇女渡过怀孕和分娩阶段的习俗，还有尊重她们向为人母亲过渡的过程中的脆弱母亲的传统。新手妈妈的身体和情感都能得到支持，有人给她做营养丰富的饭菜，让她从一般家务活中解脱出来，能自由地观察她的宝宝，并且恢复身体。有时候，一些阿拉伯国家会指定婆婆给刚当上妈妈的儿媳妇做饭，并照顾她。

可悲的是，在美国，没有多少女性生活在有这种文化的社区。妈妈几乎得不到周围邻居的帮助，而且亲戚们通常都住得非常远。不过，如果一位女性很幸运，至少会有一些家人来探望她，也会有好朋友愿意带个派或者一顿热饭过来。或者，新手妈妈可能是一个宗教组织或者社区机构的成员，该组织的其他成员会来帮助她。无论是哪种情况，重要的是至少要尝试给自己建立一个支持圈，如果人数不多，一个人也行，她会给你鼓励，并且让你放松下来。

评估你与各个家庭成员的关系。你和你的妈妈关系亲密吗？如果亲密，那就没有人比她更了解你了。她爱她的新外孙，所以，她会把宝宝的安全放在心上。她还具备丰富的经验。当我在一个家里与前来帮忙的外公或外婆一起工作时，那感觉真是太好了。我会给每个人一张待办清单，从用吸尘器打扫卫生到往信封上贴邮票，不一而足——都是妈妈现在不应该考虑的事情。

然而，当妈妈的家庭关系不和睦，这个田园诗般的画面就彻底改变了。父母有时候会对年轻一代横加干预或者评判。尤其是涉及母乳时，外婆的经验可能还不如新手妈妈丰富。她可能会非常巧妙地说出自己的批评，比如：“你为什么抱孩子那么长时间？”或者“我以前不是这样做的。”在这些情况下，寻求帮助有什么意义？你承受的压力已经让你无法轻松应对。我不是说你应该把你的妈妈赶出家门，但是，不依靠她并且了解她的局限是一个好主意（见下方“维持你的支持圈”）。

新手妈妈们经常问我如何处理不请自来的建议，尤其是人际关系一开始就很紧张的情况下。我建议她们正确地看待别人的建议。这是一段敏感时期。你刚刚站稳了脚跟。如果有人建议一种与你正在做的不相同的技巧或者措施，即使这个建议的目的是提供帮助，也会让你觉得像批评你。所以，在你立刻做出自己受到了攻击这个结论之前，要考虑一下来源。这个人很可能真的在试图帮助你，而且提出的建议可能很好。要让自己听取各种各样的建议——你妈妈的、你姐姐的、你姑姑的、你奶奶的、你的儿科医生的以及其他女性的。全部听进去，

维持你的支持圈

下面是充分利用无偿帮助的方法：

- 不要期望别人能读懂你的心思——要主动寻求帮助。
- 尤其是在宝宝出生后的头6周，请他人去购物、做饭、带食物、打扫卫生、洗衣服——这样你就有时间陪着你的宝宝并且开始了解他。
- 要现实。只请求别人做他真正能做到的事情——不要让一个健忘的爸爸不带购物清单就去商店；不要要求你的妈妈在你知道通常是她打网球的时间来看孩子。
- 将宝宝的日程安排写下来，这样其他人就知道宝宝的一天是怎么过的，并且能围着它工作。
- 当你发脾气时，要道歉……因为你会发脾气的！

然后决定哪一个适合你。要记住：养育不是一个辩论的话题。你不必与人争辩或者为自己辩护。毕竟，你抚养孩子的方式与我抚养孩子的方式相去甚远。正是这一点让每个家庭都与众不同。

提示：可以对那些不请自来的建议说："哇，这真的很有意思——听起来特别适合你的家庭。"尽管你的脑子里可能在说："我要用我自己的方法。"

聘请一个保姆，而不是一个笨蛋

在本章，我不想让自己听起来像一个盲目热爱英国的人，但是，与英国相比，美国的保姆行业到处都是缺陷。在英国，保姆——或者我们常说的家庭教师——是一个公认的职业，受到严格的法律管制。希望成为保姆的人，需要在一所官方认可的保姆学校培训3年。当我来到美国，我惊讶地发现，修指甲需要执照，但照顾孩子不需要任何执照。筛选的程序留给了父母或者机构。因为我一般在婴儿出生后的头几周为父母们工作，所以经常参加挑选保姆的工作。我可以告诉你，往好里说，这是一件很困难的事情——而且压力非常大。

提示：要给自己留至少2个月时间，理想情况下3个月，来寻找保姆。比如，如果你计划在宝宝6~8周左右回去工作，这意味着你不得不在孕期就开始找。

寻找合适保姆的过程非常艰难。但是，孩子是你最宝贵的财富，也是无可替代的财富。雇一个人来照顾他应该是首要任务。要运用你所有的洞察力和精力来寻找保姆。下面是你需要考虑的其他几点：

你需要什么？很显然，第一步是评估你自己的情况。你想要一个全职住家保姆，还是一个兼职保姆？如果是后者，她应该在固定时间来还是在你需要的时候来？还要考虑你自己的界限。如果有人要跟你一起住，家里有禁止入内的区域吗？她是自己吃饭还是坐在家庭餐桌上跟你们一起吃？当宝宝睡着时，你希望她“消失”吗？你给她提供一个单独的房间吗？她有自己的电视？有无限制地使用电话和厨房的特权吗？可以使用娱乐场地，比如健身房或泳池吗？家务活属于她的工作范围吗？如果是，范围多大？很多经验丰富的保姆拒绝除给宝宝洗衣服以外的任何家务活，有些人甚至连这件事也拒绝。她需要什么读写技巧？至少，她需要能够读懂说明书，能够写便条，而且能填写每日“保姆日志”（见第211页）。但是，你还希望她具备良好的计算机操作能力吗？你希望或者需要她开车吗？她需要有自己的车还是可以用你的？你希望她受过急救训练并且会做心肺复苏吗？她需要具备营养学知识吗？在开始寻找之前，你关注的细节越多，你为面试做的准备就越充分。

提示：写一份岗位职责说明，列出你希望保姆做的每一件事。这样一来，你会清楚自己想要什么，而且当未来的保姆们来访时，你就可以告诉她所有的细节——不仅仅是与你的宝宝以及你的家庭有关的职责，还有薪酬、休息日、限制、节假日、奖金和加班，等等。

中介机构也许帮得上忙，也许帮不上。信誉良好的中介机构有很多，但它们收取的费用等于保姆年薪的25%。较好的中介机构会仔细审查它们的保姆，并且排除不合格的应征者，为你节省时间。然而，一些不可靠的操作弊大于利。中介机构不会仔细核查推荐信。一些机构甚至在保姆的资格和资历方面撒谎。找到一个靠谱的中介机构的最好方法是通过口碑。问问朋友们的相关经历。如果你认识的人都没有用过中介机构，可以搜索一下育儿杂志或者黄页电话本。问问它们每年能安排多少保姆——一家大型中介机构一年能为1000~1500名保姆安排工作。问问它们的收费标准，并弄明白有哪些收费项目——包括背景调查的范围有多么广泛？如果保姆不能胜任怎么办？有什么保证吗？如果它们没有找到让你满意的人，你不应该付钱。

面试过程中要密切观察。弄清楚保姆对工作有什么要求。它符合你的岗位职责说明吗？如果不符合，讨论一下哪些方面不符合。她接受过什么培训？让她谈谈以前的工作以及为什么离职（见“保姆的危险信号”）。她对感情、管教和访客有什么看法？试着弄清楚她是一个有主见的人还是听从你命令的人。两者都很好，具体取决于你想从保姆身上得到什么。如果你希望找一个助手，最终却找了一个专横跋扈的人，你肯定不会高兴。除了看护孩子，这位女士具备你要求的技能吗？比如，开车，以及有助于建立良好工作关系的个人品质？问问她的健康状况。尤其是如果你养着宠物，过敏可能是个问题。

她是你要找的那个人吗？互相吸引很重要。这就是你朋友喜欢的一个保姆却无法打动你的心的原因。所以，问问你自己：“我心里有一种特殊类型的人吗？”记住，没有人是完美的，或许童话中的玛丽阿姨除外。你还需要考虑保姆的年龄和敏捷程度。如果你的家里有很多楼梯，或者是住在一栋楼房的四层，你可能需要一个相当年轻而且

保姆的危险信号

- 她近期有过很多职位。或许她打短工，还可能是她与雇主的相处中遇到了问题。相反，当一个人在3年内只有过1~2个长期职位，这通常说明她有能力和奉献精神。
- 她近期没有职位。这可能是因为她一直在生病或者没有人雇用她。
- 她说其他母亲的坏话。我面试过的一个保姆不停地说她上一任雇主是怎样的一个坏妈妈，因为这位妈妈每天晚上都工作到很晚。我不明白她为什么不和雇主谈谈这件事。
- 她自己有一个学步期的孩子。她可能会把自己孩子身上的细菌带到工作中，或者她可能自己有急事，从而让你陷入困境。
- 她需要一张绿卡。如果你愿意帮助，这就不是一个无法解决的问题。但是，如果你没有考虑该问题，你心爱的保姆可能有被驱逐的危险。
- 直觉告诉你她不好。相信你自己。不要雇用任何你感觉不好的人。

身手敏捷的人——如果你还有一个学步期的孩子的话，这是一个好主意。或者，基于各种其他原因，你可能希望找一个上岁数的、更稳重的人。你要找一个有某种民族背景的人吗？和你所属的民族相同还是不同？记住，保姆会带来她们的文化传统——比如，她对喂奶、管教的看法以及表达感情的方式可能与你的不同。

自己做背景调查。要求每一位应征者提供至少4份前雇主的推荐信以及她的交通事故记录，这会告诉你她有多么负责。给她的每一位推荐人打电话，但还要亲自拜访至少2位推荐人。如果有人提供了一份热情洋溢的推荐信，最好也要见见这个人。

做一次家访。一旦你缩小了你的调查范围，可以安排在她家里见面。见见她的孩子，如果可能的话。尽管这并不一定能说明她与你的宝宝的互动方式，尤其是如果她的孩子的年龄已经很大，但是，你至少能感受到她的温暖以及她的清洁和护理标准。

牢记你自己的责任。这是一种合作关系——你不是雇了一个奴隶。岗位职责说明是双向的，所以，不要给她一堆额外的责任。例如，如果你没雇她做家务，你就不应该指望她上班时会做。为了让她把工作做好，要给她提供她需要的所有资源——说明书、零钱、日常联系电话号码、紧急情况下使用的电话号码。还要记住，她有自己的需求——休息时间以及和她自己的家人和朋友在一起的时间。如果她住在乡下，可以给她提供关于当地教堂、社区中心或者健康俱乐部的信息，来帮助她培养社交生活。你不希望她在工作中感到孤单。如果所有时间都围着孩子转对你没有好处，剥夺保姆与其他成年人的联系同样是不可取的。

定期重新评估她的表现，并且立即纠正错误。真诚地与人沟通交流，是与任何人保持良好的人际关系的最佳方式。对于保姆来说，沟通交流至关重要。让她每天都填写一份我所说的“保姆日志”（见第211页），这样你就能了解在你不在的这段时间发生了什么。还有，如果你的宝宝夜里表现得不正常或者出现某种过敏反应，你就能更好地评估原因。每当你提出建议或者要求她做不一样的事情时，要坦诚而直接。要私下与她谈谈，并且在表达时要保持体贴。不要说“我不

保姆日志
要求你的保姆每天写一份简单的日志，记录在你离开的时间发生了什么。下面是一个范例。你可以根据你的情况调整自己的保姆日志。把它输入你的电脑，这样你就可以随着宝宝的成长和变化对其加以修改。它应该既详细又简洁，这样你的保姆就不需要花太多时间才能填完。
食物 吃奶时间：__________ 当日吃的新食物：__________ 宝宝的反应：□胀气 □打嗝 □呕吐 □腹泻 详情：__________
活动： 室内：□婴儿体操____分钟 □婴儿围栏 其他：__________ 户外：□步行去公园 □早教班 □泳池 其他：__________
成长里程碑： □笑 □抬头 □翻身 □坐起来 □站起来 □迈出第一步 其他：__________
预约 医生：__________ 玩耍约会：__________
不寻常的事件 意外：__________ 发脾气：__________ 其他不寻常的事情：__________

是告诉过你不要这样做了吗”，你可以用更积极的方式表达同样的信息：“我希望你这样给宝宝换尿布。”

监控你自己的情绪反应。对让别人照顾你的宝宝的不言而喻的恐惧，会扭曲你对你的保姆的行为的看法。嫉妒是一种正常而且常见的反应。甚至当我的亲妈照顾萨拉时，我也有点儿嫉妒她们的关系。我也从很多在职妈妈那里听到，尽管找到一个那么美好那么值得信赖的人让她们喜出望外，但是，想到这个人将见证她们的宝宝第一次微笑或者迈出的第一步，就让她们心痛。我的建议是与你的伴侣或者好朋友谈谈这些感受。要知道，有这些感受没什么好羞愧的，几乎所有妈妈都体验过。只要记住你是妈妈，谁也替代不了你就好。

第8章

特殊情况和意外事件

重大突发事件和危机让我们看到，我们拥有的重要资源比我们认为的要多得多。

——威廉·詹姆斯[①]

① 威廉·詹姆斯（William James,1842—1910），美国心理学家和哲学家，美国机能主义心理学派创始人之一，美国最早的实验心理学家之一，美国心理学会的创始人之一。——译者注

人算不如天算

当我们计划要孩子时，我们当然希望能轻轻松松地受孕，平平安安地度过孕期，毫不费力地分娩，并且生下一个健康的宝宝。但是，上天往往并不总是让人得偿所愿。

比如，你们可能会遇到生育困难并且不得不收养孩子，或者使用辅助生殖技术（ART）。所谓辅助生殖技术，是对帮助或者绕开传统受孕方式的各种替代方式的总称，其中包括代孕[①]，实际上就是由另一个女性将你的宝宝怀至足月。显然，无论在美国还是其他国家，领养要比代孕流行（见下页方框“可能……”），但是，在我在美国从业的这些年里，我知道8对父母使用了“代孕妈妈”——人们有时候这样称呼她们。

一旦怀孕，你可能会被一些始料未及的情况困扰。你可能会被告知怀了双胞胎或者三胞胎——这当然是一件幸事，但也有着让人望而生畏的前景。在你怀孕期间，还可能出现其他问题，需要你卧床休息。如果你的年龄在35岁以上，尤其是如果你服用过辅助怀孕的药物，你就必须比年轻一些的准妈妈更小心。一种原先就患有的疾病，比如糖尿病，也可能会让你步入高风险妊娠的行列。

最后，你分娩的过程中可能会出现并发症。你的宝宝（或者宝宝们）可能会早产，也可能在生产过程中发生某些事情，需要延长住院时间。当你不能直接抱着宝宝回家时，情况会尤其困难。例如，凯拉不得不两手空空地离开医院，因为萨沙早产3周。萨沙又小又弱，她的肺部有积液，要在新生儿监护病房度过接下来的6天。作为一个劲头十足的运动员，凯拉回忆道：“就好像你已经准备好比赛，却有人进来说：‘算了——比赛推迟了。’”

诚然，关于不孕、领养、多胞胎和生产问题的书籍有很多。但是，在此，我最关心的是你运用我在本书中提出的这些概念的能力，不管你是如何怀上或者生下你的宝宝的，也不管出现了什么问题。

---

① 再次强调，在中国，代孕是违法行为。——译者注

可能……

收养：20世纪90年代，美国每年约有120，000个孩子被收养。尽管约40%属于亲属间收养，但仍然有15%是通过公共机构收养的，35%是通过一些中介机构、医生、律师等私下收养的，还有10%是从美国国外收养的。

代孕：尽管没有官方记录，但是，据代孕育儿组织（Organization for Parenting Through Surrogacy,OPTS）估计，自1976年以后，有10，000~15，000名婴儿甚至更多，是通过代孕出生的。

多胞胎：双胞胎占活产儿的总体比率是1.2/100，三胞胎的比率是1/6889。随着生育药的使用，该比例也大幅度提升：使用克罗米芬(Clomid)，生双胞胎的比率上升到8%，三胞胎的比率上升到0.5%；使用普格纳（Pergonal），双胞胎的比率是18%，三胞胎的比率是3%。

早产：每年约有30万个宝宝早产，或者有大约10%的人在怀孕第37周或者更早时生产（正常情况应该在第40周生产）。如果你年龄超过35岁、怀双胞胎或者有以下疾病中的一种或多种，你就可能会早产：极度紧张、患有诸如糖尿病之类的慢性疾病、感染或者孕期出现并发症，比如胎盘前置。

一个又一个麻烦

尽管我在上文中提及的情形区别非常大，而且我将在下面几页中分别讨论它们，但是，在所有特殊情况和不可预见的事件中，依然有一些共同的主线贯穿其中。你的反应会影响你的决定，扭曲你观察和聆听宝宝的方式，并且影响你实施一个有条理的常规程序的能力。不管你所处的情形如何，也不管你遇到了什么麻烦，下面是你会产生的一些最常见的情绪。知道将会发生什么，有助于你避开这些陷阱。

你可能会更加疲惫，情绪更紧张，从而对每件事情感到更焦虑。

如果你的孕期历经艰难或者分娩时风险很高，那么，到孩子出生时，你已经筋疲力尽了——如果你生的是双胞胎或者三胞胎，情况会更糟糕。或者，如果在生产过程中出现了意料之外的事情，它会向你的全身发出冲击波，并在未来的几天和几周内持续在你的身体里震荡。所以，就像任何一个女人在生完孩子后都会筋疲力尽一样，不可预见的情形会让你更加疲惫不堪。而且，持续的压力不仅会影响你的养育能力，还会影响你与配偶的关系。

没有什么灵丹妙药能让这一切好起来；任何危机都伴随着强烈的情绪（见第225页方框）。解决办法是充分休息并且接受别人提供的所有帮助。要明白你身上发生了什么，并且知道事情会过去。

你可能更加害怕失去你的宝宝，甚至在他或她到来以后。如果你尝试了六七年才怀孕，如果你怀孕期间或者生产时遇到了困难，那么一旦孩子出生，你那一开始可能就很高的焦虑水平会再次升高。即使是收养，你甚至也可能会把常见的小病小灾错误地当成潜在的灾难。你可能会痴痴地听着宝宝监视器，它每发出一点儿动静，你都会跳起来。你可能会说服自己，你正在“做错事”。凯拉承认，她和保罗害怕“害死宝宝”。萨沙一开始衔乳并没有问题。然而，到3周大时，她会任性地吐出乳头——到那时，她吃奶已经很有效率，并且能迅速吃空一只乳房。但是，凯拉立刻将这一行为解读为“一个问题”。

再说一次，解决方法是自我觉察。要知道自己很紧张，知道自己可能看不清楚真相。与其草率地得出可怕的结论，不如核实一下现实情况。给你的儿科医生、新生儿重症监护室的护士或者朋友（她的孩子

你什么时候应该担心

如果你的宝宝出现了下列症状的任何一种，要给你的儿科医生打电话：

- 口干、无泪或者小便赤黄（可能是脱水的信号）
- 大便中有脓或者血，或者持续呈绿色
- 腹泻持续8小时以上，或者如果伴随着呕吐
- 高烧
- 剧烈腹痛

比你的稍微大一点儿）打电话，看看何谓“正常”。不妨有点儿幽默感。凯拉回忆道：“每当我发神经似地跟保罗说话，比如‘你不能这样给她换尿布’，或者，在萨沙不饿也没哭时对着他大喊大叫：‘我现在必须给她喂奶。’保罗就会说：‘你正在变成那个老广播电台，亲爱的。’他的意思是‘可怕的妈咪’。这时，我通常会听听自己内心的声音，并且平静下来。”到萨沙3个月大时，凯拉成了一个能放松下来的母亲，我发现这在很多焦虑的妈妈里非常典型。

你可能想知道“我做得对吗？”你为了得到一个孩子而做的很多事情，都是经过深思熟虑的，你也为此历尽艰辛。如果你努力了很多年才怀孕，如果你经历了漫长而且痛苦的收养过程，并在这个过程中历经失望，那么，当你最终成为一个妈妈时，你可能想知道自己所做的所有努力是否值得，或者，自己是否贪多嚼不烂，如果生的是双胞胎或三胞胎的话——这是生育治疗的常见副产品。苏菲通过代孕妈妈得到了一个宝宝。她非常感激，整个过程相当顺利——她找到了代孕妈妈玛格达，让玛格达用弗雷德的精子受孕，并在接下来的9个月里照顾玛格达。然而，当开始照顾新生儿，苏菲就一蹶不振了。严格来说，她的激素并没有受到怀孕的影响，但是，她回忆道：“贝卡的出生带来了快乐，但我经历了很多情绪波动，很多自我怀疑。”

苏菲经历的煎熬，要比母亲们通常愿意承认的更普遍。母亲们可能对这类情感感到尴尬，甚至感到羞愧，从而不愿意谈论它们。因此，很多母亲完全没有意识到自己的情绪是多么典型。在内心深处，当然没有人真的希望把宝宝还回去。然而，这些情绪会让人彻底崩溃。而且，因为女性的沉默让她们被孤立起来，她们很难相信这些消极情绪和恐惧最终会过去。日子一天天过去，到贝卡出生整3个月那天，苏菲舒服地进入了母亲的角色。

如果你认同苏菲的故事，就要振作起来。你能够挺过这些情绪，尤其是如果你提醒自己它们不会永远持续下去的话。可以向一位咨询师、一个群体、有过同样经历的其他父母寻求帮助。无论你的问题涉及的是领养、多胞胎、难产，还是一个让人费心费力的婴儿，都有人能帮你。

你可能更依靠外界的认可，而不是你自己的判断。如果你去过生殖诊所，你可能会和里面的很多专业人士建立电话联系。或者，如果你有一个低出生体重儿，你可能会依赖新生儿重症监护室里的护士。一旦宝宝回到家里，如果你和很多母亲一样，就会变成时钟和体重秤的奴隶。你记下每一顿奶吃了多长时间，同时问自己："我给他哺乳的时间，足够他摄入需要的营养吗？"你还会测量他的体重增加了多少。你习惯了不断地给医生和护士打电话寻求指导，但现在，你感到孤独而且困惑。

我并不是说不需要专业意见和精准测量——刚开始的时候，确保你的宝宝走上正轨是很重要的。但是，父母往往在宝宝脱离困境很长一段时间后依然依赖这些支持。看到你的宝宝的体重开始增加后，你要每周称一次体重，而不是每天。永远不要停止寻求帮助，但是，在打电话之前，要花一些时间努力弄明白你哪些地方想错了以及你认为什么解决方案好。让专家来确认而不是解救，将让你越来越相信自己的判断力。

你可能很难将宝宝当作一个独一无二的人来看待。有时候，父母会不知不觉地陷入"一个病孩子的父母"状态中。害怕和担心蒙蔽了他们的双眼，让他们只能看到自己的情绪或者宝宝早产或者难产这件事。如果你发现你用"那个婴儿"称呼自己的宝宝，这可能就是你没有把他当作一个人来看待的信号。要记住，尽管你的宝宝历经艰难才来到这个世界上，但他不失为一个人。看到一个一两千克重的宝宝被裹住，放在新生儿重症监护室的保温箱里，而且身上插满了各种管子，你就很难记住这一点。然而，你必须开始交谈：和你的宝宝交谈，注意他的反应，并且努力了解他。当你把他带回家，尤其是当他以前既定的预产期（这通常是我们确定一个早产儿真实"年龄"的基础）到来后，你要继续这种仔细、缓慢的观察。

多胞胎身上可能会出现一种相似的现象——他们会变成"婴儿们"。事实上，研究表明，双胞胎的父母往往会把注意力放在两个宝宝"之间"，而不是在宝宝身上。要注意把你的小宝宝当作个体看待，要直视他的眼睛。我向你保证，每一个宝宝都将有他自己独特的个性和需要。

你可能抗拒一个有条理的常规程序。当然，早产儿或者低出生体重儿不得不比正常宝宝更频繁地吃奶、睡更长时间。毫无疑问，我们希望生病的婴儿好起来，所以，我们可能必须给他们用药。但是，到了一定的时候——通常是宝宝长到2.5千克时——让你的宝宝采用E.A.S.Y.程序不仅是可能的，也是明智的。再说一遍，问题在于，你可能会继续把你的宝宝看成厌食症患者。你没有意识到，在宝宝出生几个月后，他已经赶上他的同龄人了。

领养也是如此，父母有时候不愿意采用有条理的常规程序，因为他们对于让自己的新宝宝经历太多变化感到不安。相反，他们试图让宝宝主导——这种行为必定会造成混乱。正如我在本书前面说过的，他是一个婴儿，看在上天的分上，为什么要让他主导呢？在过度保护宝宝的一些更加极端案例中，宝宝如此受保护、如此受尊崇，以至于他变成了一对夫妇口中戏称的“小皇帝”。不用说，我并不是要告诉父母不珍惜他们的孩子——事实恰恰相反。但是，我讨厌看到天平如此倾斜，让宝宝当家作主。

这类育儿陷阱天然存在于任何家庭中。但是，当宝宝出生的头几天出现特殊情况时，他们的父母更可能掉进去。现在，让我们看看你也可能会遇到的一些具体问题。

特殊生产：领养和代孕[1]

“特殊生产”指的是爸爸妈妈在医院、中介机构、律师办公室或者机场迎接他们的宝宝时的经历。这一刻通常出现在一条漫长而艰辛的道路——包括申请、家访、没完没了的电话、与准生母或者代孕妈妈见面，以及安排不成功或者在最后一分钟被取消的失望——的尽头。

提示：如果你将要收养一个宝宝，可以让生母或者代孕妈妈播放录有你声音的录音带，这样至少宝宝在子宫里就能听到你的声音。

[1] 在中国，代孕违法。——译者注

当一位女性怀孕时，她有9个月的时间来做准备。尽管她在这个过程中可能会再三犹豫，但是，妊娠期给了她充裕的时间适应。特殊生产则不然，在这种情况下，你的特殊生产的消息可能来得相当突然，而且把宝宝抱在怀里的经历通常让你感到震惊。“我记得我看到很多女人向门口走来，”一位养母说，“每个人怀里都抱着一个宝宝，我想，‘哦，天呐，里面有一个是我的。’”还有一个事实会给收养孩子的夫妇额外增加压力，那就是接下来往往不得不带着新生儿长途跋涉，所以，他们面临双重调整：首次见到孩子的冲击，以及紧随其后的将新生儿带回家的刺激经历。

的确，养母不需要经历怀孕和生产给身体造成的余波。她至少能够维持正常的生活，可以通过慢跑或者平时做的任何事情来释放紧张。夏洛特是一个地产经纪人，她通过代孕得到了一对双胞胎。她能像年轻人那样四处奔波，直到她的两个儿子出生的那一刻。与此同时，由于照顾宝宝的重担通常落在新手妈妈的肩膀上，其情感创伤可谓相当沉重。

尽管所有“特殊生产”都有共同之处：别人怀着你的孩子，而且你必须合法地收养他或她，但是，这两种安排之间还是有一些重要区别的。首先，对于代孕来说，其法律上的安排比收养更麻烦，因为后者有几十年的先例可循。此外，你是真正把所有的鸡蛋放在了一个篮子里——不仅因为你要依靠一位女性，还因为十分之一的代孕母亲最终会流产。对于收养来说，你有更多准妈妈，还能够与本国或和国外的代理机构打交道。尽管两者都要花钱，但是，与代孕这个不太传统的选择有关的费用，要超过领养的费用，尤其是如果代孕妈妈是在实验室受孕的——这种情况并不常见。例如，苏菲和玛格达在一家能俯瞰大海的漂亮宾馆里见面，一起喝茶、吃点心。然后，苏菲用一根玻璃吸管将弗雷德的精子注入玛格达体内，让她受孕。

孩子生母的潜在动机，也造就了完全不同的情形。代孕妈妈会慎重地决定是否帮助不孕夫妇怀小孩。在挑选过程中，她要做的事情往往和养父母做的一样多，而且她甚至可能与养父母有血缘关系，比如姐姐或姑姑自愿成为孕母。对于领养来说，孩子生母弃养的原因可能是因为自己太年轻或太老，也可能因为没有经济或情感资源来照顾自己的孩子。她以前可能与养父母有联系，也可能现在一直与养父母有联系，也可能两者都没有。她甚至可能都不知道他们是谁。

对于代孕来说，养父母通常会参与怀孕的过程，而且他们确切地知道什么时候得到宝宝。有一些养父母与代孕妈妈关系密切，甚至认识她们的孩子，而且代孕妈妈的家庭最终会成为他们家庭的一部分。以苏菲为例，玛格达生产时，苏菲就在产房里。“我是第一个抱贝卡的人，”苏菲回忆道，“而且当天晚上，我就把她抱到了宾馆里，和她睡在一起。”

进展顺利的代孕会让整个领养过程非常真实，而且比传统的领养更有可预测性。对于后者来说，养父母不可能确切地知道他们的小宝贝什么时候到来。我记得那是一个星期天，我接到了塔米的电话。她已经申请领养一个宝宝，然后问我的时间安排。让她和我感到震惊的是，下星期四——也就是4天以后，她又给我打电话：“特蕾西，他们告诉我明天就能得到宝宝。”根本就没有多少时间做准备！塔米不得不坐飞机去一千多英里以外的医院里去接宝宝，并且做了一系列医学测试——领养的宝宝通常都要做，以确保他没什么问题。塔米从来没有见过宝宝的妈妈，也没有她的信息，只有一份宝宝的完全健康证明书和对怀中这个无助的幼小孩子瞬间倾注的爱。

与孩子见面

当你带你的小宝宝回家时，要记住下面这些事情。

与他交谈。显然，养母必须做的第一件事情，是与她的新宝宝交谈。如果这个宝宝在子宫里的时候就听到过她的声音，那就太好了，但是，在很多情况下，这是不可能的。要真诚地介绍你自己。告诉孩子拥有他让你感到多么幸运。如果你收养了一个来自另一种文化的宝宝，他可能需要更长时间来适应你的声音。你的音高、语调以及说话的方式听上去与他所习惯的不一样。这就是我往往建议尽量找一个与你的新宝宝同一国籍的保姆的原因。

要预见到头几天会非常艰难。对于一个既要经历常见的出生创伤之苦，还要受到各种陌生声音狂轰滥炸并且不得不忍受长途跋涉的宝宝来说，回“家”可能让他感到迷惑。因此，很多被收养的婴儿到家后，脾气会变得格外坏。塔米“特殊生产”的宝宝亨特就是一个例子。为了缓解他的恐惧，让他舒服地待在新环境里，塔米几乎衣不解带地陪着亨特一起度过了头48小时，只在他小睡的时候眯一会儿。她不停地与他交谈，到第三天时，他就不那么烦躁了。你可以将他的烦躁归因于长时间的飞行，但是，我还认为他是在想念他生母的声音。

不要因为你无法哺乳而沮丧。对很多希望亲身体验哺乳的养母或者希望宝宝获得母乳里的营养成分的养母来说，这是一个难题。如果代孕妈妈或者孩子的生母愿意在头1个月左右将自己的乳汁吸出来，那么后者的愿望可以实现。我知道很多家庭会把母乳冷冻起来，然后快递到全国各地。如果养母希望体验哺乳的感受，她至少可以通过使用一个辅助喂奶设备来模拟这一经历（见第109~111页）。

采用E.A.S.Y.程序前，要先花几天时间观察你的宝宝。尽管给宝宝尽快采用一个有条理的常规程序非常重要，但是，对于领养的宝宝来说，你不得不花几天时间单纯地观察他。当然，这也取决于你的宝宝是什么时候到你家里的。对于通过代孕出生的宝宝来说，你可能有机会在他一出生就立刻和他在一起。在这种情况下，你可以和任何生母一样立即采用这个程序。但是，其他领养方式通常会有时间间隔，从几天到几个月不等（当然，时间还可能更长，如果你要收养的是一个学步期孩子或者年龄更大的孩子的话，但是，我们在这里关心的是婴儿）。那些两三个月、三四个月大的宝宝在照顾他们的孤儿院或者寄养家庭里通常已经有了日程安排。然而，由于刚到新家的小宝宝面临额外的压力，你需要给他时间来适应。主要是要记住，你必须倾听。你的宝宝会告诉你他需要什么。

即使是一个直接从医院抱到你家里来的新生儿，你也需要仔细观察，判断他喜欢什么以及需要什么。以塔米的儿子亨特为例，到了第4天或者第5天，亨特开始觉得自在起来，而且很显然，他是一个教科书型宝宝。他吃奶很好，情绪很容易预测，而且每次能连续睡接近2小时，所以，对塔米来说，让他采用E.A.S.Y.程序并不困难。

然而，每一个被收养的宝宝的经历都不相同。你需要将你的宝宝的所有经历都考虑进去。如果你的宝宝看上去特别迷茫，那么你不仅要一直和他交谈，还要做大量的亲密接触。抱着他到处走走。事实上，在宝宝来到你家的头4天，你可以将他放在一个可以穿在身上的婴儿背带里，并且让他紧紧地贴着你的心脏，来模拟他出生前的环境。但是，这样做不要超过4天。一旦你的宝宝看上去更平静，而且对你的声音反应更迅速，你就可以开始让他接受E.A.S.Y.程序。否则，你可能会遇到我将在下一章中描述的那些意想不到的养育问题。

如果你的宝宝有点儿大了，也已经习惯了其他的日程安排，而不是E.A.S.Y.程序，而这个日程安排让他每次吃完奶后都要睡觉，你可以温和地改变他，但是，在这种情况下，你必须给他几天时间。首先，花时间看看他能吃多少奶。大多数被收养的宝宝都喝配方奶，而且用奶瓶喝。由于我们大致知道配方奶通常以每小时30毫升的速度分解，你要确保每次喂他吃的配方奶的量足以支撑3小时。如果他在吃奶时睡着了——因为他就是这样被训练的，要唤醒他（见第87页的“提示”）。和他玩一会儿，以便让他在吃饱后保持清醒。用不了几天，他就能适应E.A.S.Y程序。

记住，你并不比孩子的生母差。通过代孕或者传统的收养方式成为妈妈的女性，一开始可能觉得自己配不上宝宝或者不知道该如何与其相处，但是，头3个月过去以后，孩子的养母与生母就没有任何分别了。女性不必为收养孩子感到愧疚。毕竟，成为一个妈妈靠的是行动，而不只是说说。如果你已经有了一个宝宝，他生病时你夜以继日地陪着他，并且在各个方面扮演着父母的角色，那么，你不需要血缘关系，就能获得母亲或父亲的头衔。

在很多养父母的脑海里都有这个问题：“孩子长大后希望找到他的生母吗？”对此，你可以预期，但不必担心。你需要尊重你的孩子探索他的过去的权利——那是他的根，他的决定。事实上，我保证，你越害怕他对这件事感到好奇，他就越好奇。

要保持心态开放。让领养这个话题成为你和宝宝日常对话的一部分，这样你就不必寻找“合适的时间”来告诉宝宝他的身世。对于代孕，我建议用植物来做类比。你有一个混凝土院子，而你的邻居的院子里有土。你把种子给你的邻居，等到植物发芽，你将它们移植回你的院子里。接下来，你不停地给植物浇水，帮助它们成长。

我说“心态开放”，并不是说你要与孩子的生母或者代孕妈妈保持联系。这是一个复杂而且非常私人的决定，最好由夫妻双方经过仔细思考自己的特殊情况后做出。然而，无论你们最终做出什么决定，重要的是要诚实地告诉孩子他的身世。以夏洛特为例，她就没有与代孕妈妈保持联系。代孕妈妈是用夏洛特的卵子和麦克的精子怀孕的（这个过程被称为妊娠代孕。这与传统的代孕不同，后者只使用父亲的精子）。宝宝一出生，夏洛特和麦克就切断了与代孕妈妈薇薇安的联系，因为他们只是把她当作一个受体。“她怀了两个孩子9个月，现在他们是我们的了。”夏洛特解释道。不过，两个男孩的房间里有一张薇薇安的照片，而且这家人会谈论她。“你们的爸爸和我真幸运，”夏洛特会和她的两个儿子说，“因为尽管我自己的肚子不能生宝宝，但我们找到了薇薇安。她是一位非常美好的女人，用她的肚子怀着你们，并照顾你们，直到你们为出生做好准备。”从两个孩子出生开始，她就一直给他们讲他们出生的故事。

不要吃惊，如果你怀孕了的话。不，这不是什么无稽之谈，尽管没有人确切地知道为什么一些看上去不孕的女性在收养了一个孩子后会突然怀孕。当雷吉娜被告知她永远也不会有自己亲生的孩子时，她收养了一个新生儿。几天后，你瞧，她怀孕了。也许是她不再有怀孕的压力，也许不是。无论哪种情况，她现在有了两个宝宝——两者相差9个月。雷吉娜非常感激她收养的儿子，她很确定是他“帮助”她怀孕的，并把他称作自己的“奇迹宝宝”。

早产和有健康问题的宝宝

说到奇迹，回想往事，没有比看到一个早产儿（你担心他可能熬不过出生后的第一个晚上）或者一个天生就有健康问题的宝宝长成一个正常宝宝，更让人惊奇的了。我之所以知道，是因为我的小女儿就早产7周。她在医院里待了5周。在英国，医院允许我们陪伴宝宝。所以，我头3周在医院里陪着她，后2周在医院和家之间奔波——晚上在家里陪着萨拉，白天回医院陪着苏菲，天天如此。

由于我自己有过这种过山车一般的经历，所以我真的非常同情那些早产儿的父母和那些宝宝在新生儿重症监护室里的父母。头一天你满怀希望，第二天你就被吓得瘫软在地，因为他的肺停止工作了。我理解

高危分娩的情绪过山车

伊丽莎白·库伯勒·罗斯（Elisabeth Kübler-Ross）最先提出了“接受死亡和临终五阶段”理论。后来，人们一直沿用这一理论，来解释适应任何危机的一般过程。

震惊：你感到头晕目眩，难以消化细节，也难以清晰地思考。最好让一个朋友或家人陪在你身边，来记住信息和问问题。

拒绝：你不想相信这个事实——医生肯定弄错了。看到躺在新生儿重症病房里的宝宝，最终会让你面对现实。

悲伤：你为这个完美的宝宝和他理想的降生感到难过，更难过的是你不能把宝宝带回家。你的心里在痛，每时每刻都饱受煎熬。你经常哭泣——而泪水会帮助你活下去。

生气：你会问：“为什么是我们？”你甚至可能感到内疚，担心你本可以做些什么阻止这个问题的发生。你可能会将怒火撒在你的伴侣或者家人身上，直到你进入下一阶段。

接受：你意识到生活必须继续下去。你明白什么是你能改变或者控制的，什么是你无法改变或者控制的。

提示：要记住这个重要教训：你的生活中发生了什么并不重要，重要的是你如何应对。

人们对每增加一千克体重的执着、对感染的担心、对可能出现的发育迟缓和其他问题的害怕。你眼睁睁地看着你的宝宝躺在新生儿重症监护室里，而自己却无能为力。你的身体正在恢复，你的激素正失控般地骤然下降，你却必须面对你的宝宝随时死亡的可能性。你仔细倾听医生说的每一句话，但有一半时间你会忘记他或她说了什么。你试图让自己相信，还有一些好消息，有一线希望。但是，你时时刻刻都在想："他能活下来吗？"

当然，有些宝宝没能活下来——大约60%的严重并发症或者死亡都是早产造成的。当然，具体取决于宝宝早产了多长时间（见第227页"早产儿存活比率"）。活下来的宝宝也可能会出现问题或者需要手术，这只会让人们愈发焦虑。但是，在这些宝宝中，有很多不仅活了下来，而且活得很好，几个月内就与同龄人几乎没有区别。不过，当父母带着一个早产儿回家时，尽管被告知他们的宝宝已经度过了最糟糕的时期，但是，他们的神经是那么紧张，以至于他们很难相信生活会和以前一样。以下这些指导原则可以帮助你和你的宝宝度过艰难时期。

等到你的宝宝到达预产期后，再像对待一个正常宝宝一样对待他。当你的宝宝长到2.5千克时，医院会允许你带着他回家。但是，如果此时还不到你既定的预产期，你需要继续小心谨慎地对待他。你的目标是让宝宝尽可能多吃多睡，并且不受刺激。这是我唯一建议"按需"喂养的一段时间。

记住：严格来说，你的宝宝应该还在子宫里，所以，你要尽可能地复制子宫的条件。用襁褓把他裹成胎儿的姿势。将室内温度保持在22℃左右。你可能也注意到，在新生儿重症监护室里，护士有时候会把婴儿的眼睛遮住，来减少视觉刺激。所以，在家里，你最好也让他的房间暗一些。不要让孩子看黑白色的玩具——他的大脑还没有完全发育好，不应该受到连续刺激。注意不要让婴儿接触任何细菌，对于早产儿，你必须执行更严格的清洁要求。肺炎是一种实实在在的危险。要给所有的奶瓶消毒。

到了晚上，一些父母还轮流让早产儿贴着他们的胸口睡觉。这种方式被称为“袋鼠育儿法”，已经被证明有助于促进早产儿的肺和心脏发育。伦敦的一项研究表明，与待在恒温箱里的宝宝相比，那些趴在妈妈的胸口，与她肌肤相贴的宝宝增重更快，而且出现的健康问题更少。

让宝宝用奶瓶喝奶而不是给他哺乳，或者两者都用。在宝宝长到2.5千克以前，他的饮食方案是由新生儿专家决定的。然而，一旦你的宝宝回到家里，这条救生索就消失了。你最关心的问题之一当然是如何让他增重。如何喂养你的宝宝，是你需要与你的儿科医生探讨的问题。但是，我喜欢用奶瓶给宝宝喝奶——最理想的是吸出的母乳，因为我能够看到宝宝喝了多少。而且，一些宝宝在衔乳方面会遇到问题。他可能还没有形成吮吸反射——一般在受孕后32或34周左右形成，具体取决于你的宝宝早产多久。如果他出生的时间比吮吸反射形成的时间早，他就不知道如何吮吸乳头。

早产儿存活比率

从最后一次月经开始计算周数。以新生儿重症监护室里的婴儿为基础，估计可能因个别情况而异。

23周 10~35%

24周 40~70%

25周 50~80%

26周 80~90%

27周 90%以上

30周 95%以上

34周 98%以上

在23~24周之间，婴儿的存活率每天提高3%~4%，在24~26周之间，每天提高2%~3%。在26周后，由于存活率已经很高，每天的增长率就没那么重要了。

监控你自己的焦虑情绪，并为它找到一个出口。你希望一直抱着宝宝，来弥补你错过的时光。当他睡觉时，你可能害怕他再也醒不过来。考虑到你的经历，这些感受和数不清的其他保护欲是可以理解的。然而，焦虑并不能帮助你的宝宝。恰恰相反——研究表明，婴儿能凭借本能感受到母亲的抑郁情感，并且可能受到其负面影响。至关重要的是，你要找到成年人来帮助你——一个你可以诉说你心底最深

当你的宝宝不能回家

如果你的宝宝早产或者在医院里出现了任何问题，你可能不得不比他早回家。下面是一些措施，希望能让你感到更多参与、更少无助：

- 将母乳吸出来，并且在6~24小时内送到新生儿重症病房。无论你最终计划哺乳与否，你的乳汁对你的宝宝都有好处。然而，如果你还没有分泌乳汁，配方奶也能让你的宝宝茁壮成长。
- 每天去探望宝宝，并且设法与他进行身体接触，但是，不要住在医院里。你也需要休息，尤其是当你的宝宝回家后。
- 知道自己会沮丧。这是正常的。你可以哭泣，也可以谈谈你的恐惧。
- 日子要一天一天地过。担心你无法控制的未来没有意义。要专注于你今天能做的事情。
- 与其他遇到过这些问题的妈妈谈谈。你的宝宝可能遇到了麻烦，但他不是唯一一个需要帮助的。

处的恐惧，而且会鼓励你在他们的怀抱中哭泣的人。这个人可以是你的伴侣。毕竟，还有谁更理解你的恐惧呢？但是，由于你们都处在同样的困境中，各自找另外可以依靠的人也很有帮助。

体育锻炼在释放压力方面也很有帮助。冥想也可以让你平静下来。只要管用，就去做，并且坚持下去。

当宝宝脱离危险后，就不要再把他看作早产儿或者生病的孩子。如果你的宝宝早产，或者如果他虽然足月生产但出生时出现了问题，你最大的障碍就是无法克服伴随着这段经历而来的不祥感。你可能依然保持着一个身体虚弱或者有病的孩子的父母的心态。确实，当父母们因为吃奶或者睡眠问题给我打电话时，我问的第一个问题就是：“他曾经是个早产儿吗？”下一个问题是：“他出生的时候出现过什么问题吗？”通常，这两个问题中总有一个的答案是肯定的，或者两个都是。由于专注于让宝宝增重，父母们往往会让孩子吃得太多，而且在宝宝的体重进入正常范围很久后，依然给他称重。我见过一些8个月大还在父母的胸口睡觉，还在半夜醒来要求再喂一次奶的宝宝。解决之道是E.A.S.Y.程序。让你的宝宝采用一个有条理的常规程序，对他有益处，对你也是无尽的仁慈。（在下一章，我将讲述与这些父母有关的几个故事，并且解释我是如何帮助他们解决问题的。）

双倍的快乐

幸运的是，多亏了神奇的超声波技术，如今怀两个或三个宝宝的女性几乎不会感到意外了。如果你怀了双胞胎或者三胞胎，至少在你孕期的最后一个月——如果不是最后三个月的话——你会被要求卧床休息。而且，多胞胎早产几率是85%。因此，我建议这些父母在怀孕后第3个月就着手准备婴儿房。但是，即使这样，也可能太晚了。我最近遇到了一位母亲，她怀孕第15周就被要求卧床休息，不得不依靠其他人为她的双胞胎准备一切。

由于多胞胎妈妈们在孕期过得很艰难，而且她们通常会进行剖宫产，一旦宝宝降生，她们不仅有两倍或三倍于单胎妈妈的工作要做（我还没说四胞胎呢！），她们的身体也更需要恢复。然而，我可以告诉你，双胞胎妈妈最不想听到的话就是：“哦，你的麻烦可大了。”这些话语通常来自那些单胎妈妈，而且显然也没什么帮助。我更喜欢说：“你的快乐翻倍了，而且还给你的孩子找了一个现成的玩伴。”

双胞胎早产或者体重不足2.5千克时，就要采取我前面针对早产提出的相同的防范措施。当然，最大的不同之处在于，你要担心两个宝宝，而不是一个。双胞胎并不是总能一起回家，因为其中一个可能体重较轻，或者明显比另一个孱弱。但是，无论是哪种情况，我都会让他们待在同一张婴儿床上。慢慢地，在8~10周左右，或者当他们开始探索并且抓包括他们彼此在内的东西时，再开始将他们分开。我会先用2周的时间，让他们距离越来越远。最终，我会把他们移到各自的床上。

一旦你的宝宝们度过了可能出现并发症的时期，你最好将他们的日常程序错开。的确，你也许能够同时给两个宝宝喂奶，但是，这样一来，你就很难把两个宝宝当作单独的个体来关注。而且，这样做对你来说会更困难。你可能能够同时给宝宝们喂奶，但是，像拍嗝和换尿布之类的其他工作就不得不分开做。

对于双胞胎或者三胞胎来说，最紧迫的问题是妈妈似乎有做不完的事儿，还需要找出时间分别与两个宝宝相处。难怪多胞胎的妈妈会立刻接受一种有条理的常规程序，因为这简化了她们的生活。

比如，当我建议芭芭拉让她的宝宝约瑟夫和哈雷采用E.A.S.Y.程序时，她非常高兴。因为出生体重轻，约瑟夫不得不在医院里多待3周。尽管离开他让芭芭拉心碎不已，但这也给了她一个机会，来给哈雷采用E.A.S.Y.程序。由于哈雷在医院里的时候已经养成了3小时进食一次的日常惯例，给他采用E.A.S.Y.程序就相当容易。接下来，当约瑟夫回到家里，我们让他比哥哥晚40分钟进食，并相应地错开每一项活动的时间表。我将约瑟夫和哈雷的E.A.S.Y.日程列了出来。

尽管芭芭拉选择不给她的宝宝补充配方奶粉，但我通常建议妈妈们这样做。在剖宫产后恢复的过程中，始终吸出母乳并喂给宝宝是非常困难的。当然，有了一个孩子后再生一对双胞胎，就更困难了。正如坎迪斯的例子那样。她在女儿塔拉刚满3岁时生了一对龙凤胎。说来也奇怪，坎迪斯的双胞胎比她更早出院。他们经阴道自然分娩，而在这个过程中，坎迪斯失血过多。医生让她多住院3天，直到她处于危险边缘的血小板计数升上来。坎迪斯的妈妈和我一起照顾宝宝们，给他们直接采用E.A.S.Y.程序。

当坎迪斯回到家里时，她已经准备好投入“战斗”了：“我很幸运，能够将宝宝怀到足月，而且我的身体本来就很好。”坎迪斯还相信，她没有“过度疲劳”，因为这并不是她的第一个孩子。她还从一开始就意识到克里斯托弗和萨曼莎的性格，因此能将他们当作独立的小生命来对待。“他是那么平和，甚至在医院的婴儿房里——他们不得不把他逗哭。她生来脾气火爆。时至今日，甚至给她换尿布，她都

	哈雷	约瑟夫
吃	6：00~6：30：喂奶（随着他们成长，吃奶的时间会变短；你可以早一点儿叫醒约瑟夫，这样就能多给你自己一些时间。） 9：00~9：30 12：00~12：30 15：00~15：30 18：00~18：30 在他能睡一整夜之前，让他在21：00和23：00梦中进食	6：40~7：10：喂奶 9：40~10：10 12：40~13：10 15：40~16：10 18：40~19：10 21：30、23：30 梦中进食
活动	6：30~7：00 换尿布（10分钟） 在芭芭拉给约瑟夫喂奶时，自己玩一会儿 9：30~10：30 12：30~13：30 15：30~16：30 18：00喂完奶后，让哈雷玩，同时给约瑟夫喂奶	7：10~8：10 换尿布（10分钟） 在芭芭拉哄哈雷小睡的时候，自己玩一会儿 10：10~11：10 13：10~14：10 16：10~17：10 19：10在喂完约瑟夫后，给两个宝宝洗澡

（续表）

	哈雷	约瑟夫
睡觉	7：30~8：45 小睡 10：30~11：45 小睡 13：30~14：45 小睡 16：30~17：45 小睡 洗澡后直接上床睡觉	8：10~9：25 小睡 11：10~12：25 小睡 14：10~15：25 小睡 17：10~18：25 小睡 洗澡后直接上床睡觉
你自己的时间	没有，妈妈！	在约瑟夫入睡以后，妈妈休息至少35分钟，或者一直休息到哈雷醒来吃奶

表现得好像你在折磨她一样。”

直到生产后的第10天，坎迪斯才有了奶水，而且到第6周时，她的奶水依然不够，所以，她的双胞胎高高兴兴地继续吃母乳和配方奶。可以理解的是，再加上脚边3岁的塔拉，坎迪斯简直忙得不可开交。“我每周三都和塔拉在一起，但是，我整天在家里的那些日子就是一个无休止的循环：哺乳、吸奶、换尿布、哄宝宝睡觉，休息半小时，然后一切又从头开始。”

或许，多胞胎最让人惊喜的一面是，一旦你熬过了最开始的适应时期，双胞胎和三胞胎通常更容易照顾，因为他们会互相取悦对方。尽管如此，坎迪斯发现了大部分双胞胎妈妈必须接受的事实：有时候你不得不让宝宝们哭。“我过去认为，‘哦，不，我要怎么办？’但是，你一次只能应付一个宝宝，因为你只能做这么多。他们又不可能会哭死。”

我说我赞同。事实上，作为本章最后的说明，这个观点值得重复：你的生活里发生了什么并不重要，重要的是你如何应对。还要记住，几个月之后，很多意料之外的情形和分娩损伤就会变成遥远的回忆。一个人处理正常的养育问题以及不常见的情形，甚至创伤时，思维方式是关键。在下一章中，我们将探讨当父母们不能保持理智时，会出现的一些问题。

第9章

三日魔法：改变无规则养育的ABC法

如果我们希望改变孩子的某些方面，我们首先应该反躬自省，看看这是否是我们自身需要改善的地方。

——卡尔·荣格

“我们没有了自己的生活”

当父母们开始时没有当真，他们最终可能会采用我所说的“无规则养育”。以梅勒妮、斯坦和他们3周大的早产儿斯宾塞为例。斯宾塞开始时接受的是按需喂养。尽管他很快就从出生创伤中恢复过来，但是，在回家的头几周里，梅勒妮依然很担心他的健康。她还让斯宾塞和她一起睡，以便她半夜起来好几次给他喂奶更容易些。白天，斯宾塞一哭，他的父母就会通力合作，把他带到汽车里或者抱着他来回走，摇晃他，哄他睡觉。最终，他们养成了用袋鼠育儿法安慰他的习惯——让他在其中一个人身上睡觉。梅勒妮变成了一个“人形安抚奶嘴”，只要斯宾塞看上去不高兴，她就把乳头放到他的嘴里。他当然会停止哭闹——他的嘴巴被塞得满满的。

就这样过了8个月，这对用心良苦的父母意识到，他们的生活已经被可爱的儿子掌控了。妈妈或者爸爸不抱着斯宾塞在房间里快步走，他就无法入睡——而到这时，他的体重已经接近14千克，而不是3千克！他们的晚餐经常被打断。他们也从来没有找到“合适”的时间，将斯宾塞从他们的床上移到他自己的婴儿床上。梅勒妮陪斯宾塞睡一夜，斯坦则在客房好好睡一觉，第二天夜里，则轮到斯坦陪斯宾塞睡觉。可以理解，梅勒妮和斯坦的性生活也从未恢复过。

很显然，这对夫妻也没有料到自己的生活会变成这样——这就是“无规则养育”一词的由来。更糟糕的是，他们有时候会为此争吵，因为发生的事情指责对方。有时候，他们甚至还憎恨宝宝，但宝宝毕竟只是在做他们训练他做的事情而已。等到我去他们家拜访时，家里的气氛已经紧张到剑拔弩张了。没有人感到开心，最不开心的要数斯宾塞。他从来没有要求自己说了算啊！

在我接到的那些开始时没有当真的父母的电话中，梅勒妮和斯坦的故事非常典型。有时候，我一周能接到多达5~10个这样的电话。他们会这样说，“他不让我把他放到床上”或者“她一次只吃10分钟”，就好像宝宝故意不识好歹一样。真相是，父母在无意间强化了一种负面行为。

我写本章的目的不是为了让你难过，而是为了教给你如何扭转这种局面，并消除无规则养育带来的不良后果。相信我，如果你的宝宝的所作所为破坏了你的家庭，搅扰了你的睡眠，或者让你无法正常生活，你总是能做些什么的。不过，我们必须从下面这三个基本前提开始。

1. **你的宝宝并非故意或者恶意为之。**父母通常没有意识到他们对自己孩子的影响，而这种影响无论好坏，都塑造了孩子的期望。
2. **已经形成的习惯可以改变。**通过分析你自己的行为——你做的什么事情鼓励了你的宝宝——你就能够弄明白如何改变你无意中给宝宝养成的任何坏习惯。
3. **改变习惯需要时间。**如果你的宝宝不足3个月大，改变一个习惯通常需要3天，甚至还可能更少。但是，如果你的宝宝3个月大，而且已经形成了一个特定模式，你就不得不一步步地改变。这会花一些时间——每一步通常需要3天——而且需要你付出极大的耐心，来让你试图改变的行为“逐渐消失”，无论是拒绝小睡，还是喂奶方面的难题。但是，你必须始终如一。如果你过快地放弃，或者如果你做不到始终如一，今天尝试一种策略，明天尝试另一种，你最终会助长你正试图改变的行为。

改变坏习惯的“ABC法”

通常，那些与梅勒妮和斯坦处境相同的父母感到很绝望。他们不知道从哪里下手。因此，我制定了一个策略，让父母们能分析出自己对于问题的出现所起的作用，并且通过这个分析过程，帮助他们弄清楚如何才能改变一个困难模式。这是一个简单的ABC法。

“A”代表“前因（Antecedent）”：一开始发生了什么。当时你在做什么？你为你的宝宝做了什么——或者没做什么？他的周围还发生了什么？

“B”代表“行为（Behavior）”：在发生的事情中，你的宝宝有什么表现。他哭了吗？他看上去以及听上去很生气吗？害怕吗？饿了吗？他在做自己经常做的事情吗？

“C”代表“后果（Consequence）”：由于A和B，建立了什么模式？无规则养育的父母们意识不到自己是如何强化一种模式的，他们会继续做自己一直做的事情，比如摇晃着宝宝让他睡觉，或者把乳头塞到他的嘴里。这种举动或许能让宝宝现在的行为停上几分钟，但是，从长远来看，它将巩固这个习惯。因此，改变这一后果的关键，是做不一样的事情——引入一种新的行为，以便让旧行为慢慢消失。

让我给你举一个具体的例子。以梅勒妮和斯坦为例。无可否认，这是一个非常困难的案例，因为斯宾塞已经8个月大，而且已经习惯了在半夜得到父母的关注。为了回归正常的生活，梅勒妮和斯坦不得不采取几个步骤来消除无规则养育的影响。但是，我先用我的ABC法，帮助他们分析他们的处境。

在这个案例中，**前因**是一种始终存在的恐惧，这是可以理解的，它起源于梅勒妮和斯坦最开始对自己的早产儿的担心。由于想要给斯宾塞增加营养，妈妈或爸爸就一直摇晃他，抱着他。而且，为了安抚他，妈妈会把乳头塞到他的嘴巴里。斯宾塞的**行为**也是前后一致的。他经常变得烦躁而且挑剔。这一模式变得根深蒂固，因为斯宾塞每一次哭泣，他的父母都会迅速介入，做他们一直做的事情。**后果**是，斯宾塞8个月大的时候既不会自我安慰，也不能自己入睡。无疑，梅勒妮和斯坦原本并不打算这样养育他们的儿子。但是，为了改变这种情形，也就是他们无规则养育的副产品，他们不得不做一些不一样的事情。

每次迈出一小步

我必须帮助梅勒妮和斯坦追溯导致斯宾塞行为的一系列前因，然后将解决方案分解成几个步骤。换句话说，我们逆向工作，来消除做过的事情的影响。让我带着你看看这个过程。

观察并且找出解决方法。一开始，我只是观察。当梅勒妮晚上给斯宾塞洗完澡，换了尿布，穿上睡衣，并试图把他放到床上时，我观察他的行为。如果她抱着他走近婴儿床，他就会惊恐地紧紧抓住妈妈的胳膊。我告诉梅勒妮，他在对她说："你在做什么？我不应该在这里睡觉。我不要在这里睡。"

"你认为他为什么那么害怕？"我问道，"之前发生过什么吗？"斯宾塞感到恐惧的前因很明显：梅勒妮和斯坦不顾一切地想让他改掉趴在他们胸口睡觉的习惯。在读完他们能买到的所有书籍，并且与宝宝有过睡眠问题的朋友谈过以后，这对父母决定对斯宾塞使用"法伯睡眠法"，而且不止用了一次，而是用了三次："我们试着让他哭个够，但是，每次他都哭得那么凶，时间还那么长，我和我丈夫都陪着他哭。"第三次的时候，斯宾塞哭得太凶，以至于引发了呕吐。他的父母明智地抛弃了这个方法。

很显然，我们需要做的第一件事，或者我应该说要解决的第一件事是：让斯宾塞在婴儿床上有安全感。由于他那么害怕一个人待在他的床上——这是可以理解的——我告诉梅勒妮，我们必须非常有耐心，非常谨慎，不要做任何会让他想起他的创伤的事情。只有在完成这件事之后，我们才能着手解决斯宾塞的夜间行为和每隔2小时吃一次奶的问题。

慢慢地推进每一步——不能急于求成。在斯宾塞的案例中，他花了整整14天才克服了恐惧，不再害怕一个人待在婴儿床上。我们不得不将这个过程也分解成一些小步骤。先从小睡时间开始。首先，我让梅勒妮走进斯宾塞的卧室，放下窗帘，并播放一些舒缓的音乐。她只要抱着斯宾塞坐在摇椅上就好。第一天下午，尽管她距离婴儿床很远，但斯宾塞还是一直朝着门的方向看。

"这根本不管用。"梅勒妮焦虑地说。

我告诉她："不，会管用的，但我们还有一段很长的路要走。我们要慢慢来。"

有3天的时间，我陪着梅勒妮按着同样的顺序做这些事情：走进他的房间，放下窗帘，静静地放一会儿音乐。一开始，梅勒妮只是待在摇椅里，温柔地给斯宾塞唱歌。催眠曲有助于分散他对恐惧的关注，但他的一双小眼睛一直盯着门看。接下来，她抱着斯宾塞站了起来，并且注意不离婴儿床太近，以免吓到她的小宝宝。在接下来的三天里，梅勒妮一点点地逐渐靠近斯宾塞的婴儿床，直到即使她站在床边他也不会在她怀里扭来扭去。到了第7天，她把他放在婴儿床上，但同时弯下腰继续紧紧地搂着他，就好像她依然抱着他一样，不过现在他正躺在床上。

这是一个真正的突破。三天后，梅勒妮就能够抱着斯宾塞走进房间，拉上窗帘，播放音乐，坐在摇椅上，然后走近婴儿床，并把他放在上面。但是，她继续向他弯下身子，让他放心，她就在他身边，而且他很安全。一开始，他紧紧地靠着婴儿床的一侧，但几天之后，他就放松了一些。他甚至能让自己分心，从我们身边爬开，爬向他的玩具兔子。尽管他一意识到自己爬得太远，就会迅速回到婴儿床边的“哨所”，时刻保持警惕。

我们重复这个仪式，每天让他前进一小步。梅勒妮不再抱着他，而是站在婴儿床边，最终，她能够单纯地坐在这里，什么也不做。到第15天时，斯宾塞就心甘情愿地躺在他的婴儿床上了。然而，他刚睡着，就会自己醒来并且坐起来。每一次，我们就是简单地让他躺下。他会再一次放松下来，但仍然会哭一会儿，即使在他开始经历睡眠三阶段循环的时候（见第161页）。我告诉梅勒妮不要匆忙介入——这可能会打断他的睡眠进程，而他不得不从头来过。最终，斯宾塞学会了如何自己进入梦乡。

一次只解决一个问题。注意，我们已经帮助斯宾塞克服了对床的恐惧，但仅限于白天。我们甚至都没有试过改变他夜间面临的问题——他依然和爸爸妈妈一起睡，依然半夜醒来，要求进食。当你处理一个多层次问题，比如眼前这个，你需要时间和耐心。正如我们英国人说的：“一燕不成夏。”但是，一旦我看到斯宾塞不再将他的床当作是一个陌生的地方，我就知道，他拥有的安全感足以让我们开始解决其他问题了。

“我认为现在该让他停止夜间进食了。”我告诉梅勒妮。斯宾塞已经开始吃固体食物。正常情况下，斯宾塞会在19：30吃奶，到父母的床上睡觉，然后断断续续地睡到第二天凌晨1：00，这时，他会每隔2小时醒来一次吃一次奶。在这个问题上，其**前因**是每当斯宾塞在半夜惊醒，妈妈就认为他饿了，并且给他哺乳，尽管他每次只吃30~60毫升。此处的**行为**——他不断地醒来——由于她经验不足，甘愿露出乳房来给他喂奶而被强化了。**后果**是斯宾塞期待每2小时吃一次——这更适合一个早产儿而不是一个8个月大的宝宝。

再说一遍，我们不得不分阶段处理这个问题。前3天夜里，规则是凌晨4：00才给他喂奶，然后到6：00再次用奶瓶喂奶，这时，他可以喝一瓶奶。（幸运的是，这是一个一直用奶瓶和乳房两种方式喂养的小男孩，所以他很轻松地接受了这个改变。）因为他的父母坚持按计划执行，当他醒来时先给他一个安抚奶嘴而不是梅勒妮的乳头，并且在6：00时喂他喝一瓶配方奶，到第四天夜里时，斯宾塞已经很好地适应了该计划。

一周过后，我告诉梅勒妮和斯坦，轮到我在这里过夜了，这样我可以让这对父母休息一下，而且同样重要的，教给斯宾塞在没有妈妈、爸爸或者奶瓶的情况下，独自在自己的小床上入睡。他白天吃了固体食物和大量配方奶，所以，我们知道他夜里并不需要食物。而且，他已经连续10天心甘情愿地小睡了。现在可以让他一个人入睡——并且睡一整夜了。

要预料到会有一些反复，因为旧习难改，你必须全身心地投入这个计划。第一天夜里，给斯宾塞洗完澡后，我们把他放在婴儿床上，我们做了和白天一样的仪式，这太管用了……至少我们是这样认为的。他躺进婴儿床上时，看上去非常疲惫，但是，就在我们要把他放在床垫上时，他猛地睁开双眼，开始烦躁。他扶着婴儿床栏站了起来，我们让他躺下来，并且坐在婴儿床边的椅子上。他再次啼哭并且站起来。我们又让他躺下来。在把他放倒31次后，他终于躺下睡着了。

第一天夜里，他在凌晨1：00准时醒来，并且大哭。当我走进他的房间时，他已经站起来了。我轻轻地把他放倒在床上。为了避免刺激他，我没有说话，甚至没有看他的眼睛。几分钟后，他又开始烦躁，并且站了起来。就这样，他哭泣并且站起来，我把他放倒。在这样跳了43次“芭蕾”以后，他筋疲力尽，终于又睡着了。凌晨4：00，他又哭了起来。斯宾塞如此忠于他的模式，你简直可以用他来校正时钟。再一次，我让他躺了下来。这一次，我的小“玩偶匣”只“弹出”了21次。

（是的，亲爱的，当我这样做时，我真的会数数。人们经常要求我解决睡眠问题，当妈妈们问我“需要多长时间”时，我希望至少给她们一个精确的范围。对于一些宝宝来说，我不得不数到一百以上。）

第二天早上，当我告诉梅勒妮和斯坦发生的事情时，斯坦表示怀疑：“这根本不管用，特蕾西。他不会为我们这样做。”我使了个眼色，承诺接下来的两天晚上还会再来。“不管你信不信，”我说，“我们已经度过了最糟糕的时期。”

结果，第二天夜里，只把斯宾塞放倒了6次，他就睡着了。凌晨2：00，当他惊醒时，我蹑手蹑脚地走进他的房间，就在他刚刚要把肩膀从床垫上抬起来时，我轻轻地让他躺了下来。我只做了5次，之后他一直睡到早上6：45，这对他来说是前所未有的。第三天夜里，斯宾塞在凌晨4：00惊醒，但没有起身，然后一直睡到7：00。从那以后，他每天晚上都能连续睡12小时。梅勒妮和斯坦的生活终于恢复了正常。

他不让我放下他

让我们用ABC法看看另一个常见问题：宝宝需要一直被人抱着。你在第2章中见过的萨拉和2周大的泰迪便是一例（见第34~35页）。“泰迪不喜欢被放下来。”萨拉哀叹道。前因是自从泰迪出生后，瑞安就一直出差在外。他是那么喜欢和儿子泰迪在一起，以至于每当他回到家里，他就一直抱着泰迪到处走。萨拉还有一个来自危地马拉的保姆，在那个国家，宝宝经常被抱着。我完全可以预测小泰迪的行为，而且我见过上百个跟他一模一样的宝宝：我把他放在我的肩膀上，他高兴得像一只云雀。但是，我一打算把他放下——注意，这时他离开我的肩膀不超过20~25厘米——他就开始啼哭。如果我停下来，掉转方向，将他举向我的肩膀，他立刻就会停止哭。萨拉总是会屈服，认为泰迪不想“让她”放下他，这只会强化这一模式。你肯定猜到了，这样做的后果是泰迪总是希望别人抱着他。

当然，抱着你的宝宝或者用鼻子蹭蹭他并没有什么错。而且，无论如何，一个啼哭的宝宝应该得到恰当的安抚。问题是——我在前面提到过——父母们通常不知道该什么时候结束安抚，也不知道坏习惯是什么时候开始养成的。他们会继续抱着宝宝，远远超出了他的需要。然后，宝宝认定（当然，在他的小脑瓜里）：“哦，生活就是这样的：爸爸或者妈妈一直抱着我。”但是，当宝宝再重一些或者父母有抱着宝宝就很难完成的工作时，会发生什么呢？宝宝说：“嗨，等等，你应该抱着我。我可不想一个人躺在这里。”

你该怎么做？可以通过改变你的行为，来改变后果。不要一直抱着他，他开始哭就抱起来，但一平静下来就放下他。如果他再次啼哭，就把他抱起来。平静下来后再次把他放下。如此往复。你可能不得不抱起宝宝二三十次，甚至更多。实质上，你在说：“你很好，我在这里。你自己待着也没事。”我保证，这种情况不会永远持续下去——除非你又重操旧业，给他超过他需要的安抚。

“三日魔法”的秘密

尽管父母们有时候认为我所做的事情有点儿神奇，但它们实际上就是常识。正如你从梅勒妮和斯坦的情形中看到的，你可能不得不安排几周的过渡时间。另一方面，我们用了两天时间就设法改变了小泰迪总想被人抱着的需要，因为其前因——爸爸和保姆大部分时间都抱着他——只持续了几周。

我借助ABC法精确分析我需要什么样的“三日魔法”。通常，“三日魔法”可以归结为一两种技巧，全都与促进旧行为逐渐消失有关。在三天的努力中，你要放弃你以前做过的任何事情——让旧的逐渐消失——去做一些培养你的孩子的独立性和智慧的事情。当然，宝

改变的ABC法

记住：无论你试图改掉什么的坏习惯，它都是你做过的事情，也就是前因（A），在不经意间引起的、你现在想消除的行为（B）所造成后果（C）。如果你继续做同样的事情，就只会强化同样的后果。只有做不一样的事情——通过改变你做的事情——才能改掉这个习惯。

宝年龄越大，旧行为就越难消失。事实上，我接到的大多数电话都是5个月或者更大的宝宝的父母打的。

在第254~256页的“疑难问题解决指南”中，我快速回顾了父母们最经常要求我帮忙改变的坏习惯。然而，在每一个案例中，都有一些共同的主线。

睡眠问题。无论宝宝是无法睡一整夜（3个月大以后），还是不能独自入睡，两者是一个问题：首先，让他适应自己的床，然后，教给他在没有你安抚的情况下入睡。在最坏的情况下——通常是无规则养育已经持续好几个月之后，宝宝可能会害怕自己的床。有时候，问题在于他已经习惯了你抱着他或者摇晃他，而后果是，他永远学不会如何独自入睡。

我遇到过一个叫桑德拉的宝宝，她完全相信她的“床”就是某个人的胸膛。当我抱着她时，就好像我和她被磁铁吸在一起一样。每当我试图把她放下，她就会哭。她在以这种方式对我说：“我不是这样睡觉的。”刚开始时，甚至把她放在我身边都不行。我的任务是教给桑德拉另一种睡觉方式，而且我告诉她：“我要帮助你学会如何自己入睡。”当然，她一开始表示怀疑，也不是特别愿意学。第一天夜里，我不得不把她抱起来又放下126次，第二天夜里30次，第三天夜里3次。我从来没有让她“哭个够”，也没有再用她父母安抚她的袋鼠育儿法，那只会让她的睡眠问题更加严重。

喂养问题。当问题出在不良的饮食习惯上时，其前因往往是父母误解了宝宝发出的信号。例如，盖尔抱怨莉莉吃奶要花1小时。甚至在我去她家拜访之前，我就怀疑，当时1个月大的莉莉实际上并非吃整整60分钟奶，她是在安慰自己。盖尔发现哺乳让人那么放松——她的催产素水平可能很高，以至于她自己常常睡着。她可能会在哺乳的过程中睡着，然后在小睡10分钟后突然惊醒，却发现宝宝依然在吮吸。尽管我让很多妈妈扔掉定时器，但是，在这个案例中，我拿出一个定时器，并且建议盖尔设定45分钟。更重要的是，我告诉她要仔细观察莉莉是如何吮吸的。她真的在吃奶吗？通过认真观察，盖尔意识到，莉莉每次吃到最后，就是在安慰自己。所以，当定时器铃响后，我们就把妈妈的乳头换成一个安抚奶嘴。3天之内，我们就弃用了定时器，因为盖尔更熟悉她女儿的需求。随着莉莉不断长大，她也不再需要安抚奶嘴，因为她发现了自己的手指头。

关于喂养问题，你的宝宝的行为可能是他不断地吮吸，远远超过他吸收必需的营养所需要的时间，就像莉莉那样。他还可能会上下拨拉乳房——他试图用这种方式告诉你类似这样的话："妈妈，我现在很会吃奶了，我吃空你的乳房用的时间更少了。"如果你不理解他在说什么，你往往会继续哄着他吮吸你的乳房，而他也会继续吮吸，因为宝宝就是这样做的。或者，他可能会半夜醒来要求哺乳，而事实上，他此时已经不再需要半夜吃奶了。在以上任何一种情况下，你的宝宝都是在学习把乳房或者奶瓶当作安抚奶嘴使用，这个后果无论对你还是你的宝宝都没有好处。

无论是哪种行为，我做的第一件事就是建议采用一个有条理的常规程序。使用E.A.S.Y.程序，父母可以少一些猜测，因为他们知道宝宝应该什么时候饿，这样就能寻找造成宝宝烦躁的其他原因。但是，我也鼓励父母观察，评估他们的宝宝是否真的需要进食，如果不需要，那么就逐渐减少不必要的额外进食，并且教给孩子其他方式来安慰自己。我首先会减少额外哺乳的时间，让宝宝花在乳房上的时间少一些或者吮吸的量少一些。我可能会把奶换成水或者用一个安抚奶嘴，来让宝宝完成这个转变。最后，宝宝就会忘记旧习惯，这就是为什么"三日魔法"看起来像魔法一样。

"可是我的宝宝有腹绞痛"

这是我的"三日魔法"真正经受考验的地方。你的宝宝号啕大哭，并把自己的双腿拉到胸部。他便秘了吗？他的肚子在胀气吗？有时候，他看起来非常痛苦，你觉得你的心也要碎了。你的儿科医生和其他有过相似经历的妈妈说这是腹绞痛，而且每个人都会用不详的口气警告你："你对此无能为力。"在一定程度上，这样说没错，腹绞痛无法治愈。同时，腹绞痛这个术语已经被滥用，变成一个用来描述几乎所有困难情形的万能词语。而其中很多困难情形是可以改善的。

我向你保证，如果你的宝宝患有腹绞痛，对你和对他来说，都将是一场噩梦。据估计，有20%的宝宝患有某种形式的腹绞痛，其中，10%被认为是重症。腹绞痛发作时，围绕在宝宝的胃肠道或者泌尿生殖道周围的肌肉组织会开始痉挛性收缩。其症状通常以烦躁开始，紧接着是长时间的哭闹，有时候能持续好几个小时。通常情况下，腹绞痛几乎在每天同一时间发作。儿科医生有时候使用"3个标准"原则来诊断腹绞痛——每天哭3小时，每周哭3天，持续3周甚至更长时间。

例如，娜迪娅就是一个典型的患有腹绞痛的宝宝。她白天大部分时间都笑眯眯的，然后，每天晚上从18：00哭到22：00，有时候不停地哭，有时候断断续续地哭。只有一件事能让她缓解一下，那就是和她一起坐在一个黑暗的壁橱里，壁橱隔断了外界的刺激。

娜迪娅的妈妈艾利克斯非常可怜，她几乎和她的宝宝一样痛苦，甚至比一般的新手父母睡的还少。她和娜迪娅都需要帮助。仅仅管理自己的情绪，就让她忙不过来了。可以肯定的是，有时候，我能够给腹绞痛患儿的父母们的最好建议，是"对自己好一点"（见下页表格）。

腹绞痛通常会在宝宝出生第三周或第四周时突然发作，然后在宝宝3个月大左右神秘消失。（真的没什么神秘可言。大多数情况下，是因为消化系统发育成熟，而且痉挛减轻了。在这个年龄，宝宝对他们的四肢的控制能力也增强了，而且能够找到自己的手指头来进行自我安慰。）然而，依据我的经验，一些被认为患有腹绞痛的病例，可能是无规则养育的副产品——妈妈（或者爸爸）不顾一切地想让一个啼哭的新生儿平静下来，逐渐形成了一个模式：摇着宝宝入睡或者用乳头或者奶瓶给他安慰。这看上去是"治愈"了宝宝，至少短时间内如此。与此同时，每当宝宝感到难过，他就开始期待这种安慰。到他

让你自己休息一会儿

在满屋子的母亲里，即使没有一个宝宝哭泣，也很容易辨认出腹绞痛患儿的妈妈。她是那个看上去最憔悴的人。她认为生了一个“不好的”宝宝是自己的错。这简直是胡说八道。如果你的宝宝真的患有腹绞痛，那确实是一个问题，但这肯定不是你造成的。而且，为了安然渡过这个难关，你和你的宝宝一样，都需要得到支持。

不要互相指责——可悲的是，一些夫妻就是这样做的，你和你的伴侣需要轮班。对于很多宝宝来说，啼哭就像时钟一样准时，比如每天3：00~6：00。所以，要轮流照顾宝宝。如果这一天妈妈当值，第二天就应该由爸爸负责。

如果你是一个单亲妈妈，可以设法让外祖父母、兄弟姐妹或者朋友在宝宝啼哭的时间过来。而且，当帮忙的人来到时，你不要坐在这里听着你的宝宝啼哭。要离开房间。去外面走走或者兜兜风——做任何能让你远离这个环境的事情。

最重要的是，尽管你感觉你的宝宝的腹绞痛会永远持续下去，但是，我向你保证，它会过去的。

几周大时，这样做的后果就是他再也无法平静下来，而且每个人都认为他得了腹绞痛等。

很多妈妈告诉我自己的宝宝患有腹绞痛。她们都有着与第2章中克洛伊和塞斯夫妇类似的故事（见第38页）。在电话里，克洛伊已经告诉我，伊莎贝拉一直饱受腹绞痛的折磨：“她几乎一直在哭。”塞斯带着宝宝在门口迎接我。宝宝的脸蛋圆圆的，像天使一样可爱。她立刻在我的怀里安静了下来，而且在她的父母向我讲述详情的15分钟时间里，她心满意足地坐在我的膝盖上。

你可能还记得，克洛伊和塞斯是一对可爱的年轻夫妻，是坚定的自由主义者。一提到一个常规惯例对他们脾气暴躁的5个月大的女儿大有帮助，我就预料到他们会画十字架，就好像要把吸血鬼拒之门外一样！他们希望让一切轻松自然，但是，让我们看看他们将即兴而为的生活方式施加在小伊莎贝拉的身上带来的后果。

“她现在好一点儿了，”克洛伊说，“或许她终于长大了，腹绞痛消失了。”妈妈继续解释，伊莎贝拉从出生以来就一直在她父母的床上睡觉，而且夜里依然会有规律地醒来，大声尖叫。白天也差不多。克洛伊说，甚至在给她哺乳的时候，她也会尖叫，这种情况每一两个小时就发生一次。我问这对夫妻会做什么来让她平静下来。

“有时候，我们会给她穿上儿童防雪服，因为这会让她不能四处移动。或者，我们会把她放在秋千上，并播放《大门》[①]专辑。如果情况真的很糟糕，我们会开车带她兜兜风，希望汽车的行驶能安抚她。如果还是不行，”克洛伊补充道，“我会爬到后座上，把我的乳头塞到她的嘴里。”

“换一种活动方式，我们有时候能让她停下来。”塞斯说。

这对快乐、体贴的父母不知道的是，他们对伊莎贝拉所做的每一件事，几乎都与他们试图实现的目的背道而驰。通过运用ABC法，我们揭示了一个在5个月内一直被强化和增强的情形。由于伊莎贝拉一直没有采用过任何略微类似有规律的常规惯例的东西，她的父母不断地误解她给出的信号，将每一次啼哭都解读为“我饿了”。前因是过度哺乳和过度刺激——而宝宝的行为是尖叫，这是她在让该模式继续下去的过程中起的作用。后果是宝宝精疲力竭，不知道如何让自己停下来。而她的父母误解了她发出的信号，并且认为他们不得不“发明”新的方法来“让她停下来”，他们就在不知不觉地加重了她的痛苦，而且只会让这个问题恶化。

果然，不出所料，伊莎贝拉开始发出像咳嗽一样的哭声——很明显（至少对我来说），这是她在说：“妈妈，我已经受够了。”

“看到了吗？”克洛伊说。

“糟了。”塞斯插话道。

“等一下，爸爸妈妈，”我用宝宝的语气，替伊莎贝拉说，“我只是有点儿累了。”

---

① 美国摇滚乐队大门乐队于1967年发布的同名专辑。——译者注

对待肚子痛的方法

食物管理是避免腹部胀痛的最好方式，但是，在某个时刻，你的宝宝可能会肚子痛。下面是我发现的最有效的策略。

- 给任何宝宝，尤其是那些胀气的宝宝，拍嗝的最好方法，是用你的手掌根部由下向上按摩宝宝的身体左侧（他的胃所在的位置）。如果5分钟以后，宝宝没有打嗝，就把他放下来。接下来，如果他开始喘息、扭动身体、眼珠乱转，并且做出近似微笑的表情，那么他就是在胀气。要把他抱起来，确保他的双臂在你的肩膀上，双腿垂直向下，然后试着再次给他拍嗝。
- 当你的宝宝平躺着时，将他的双腿向上抬起，并且轻轻地做蹬自行车运动。
- 让你的宝宝趴在你的前臂上，脸向下，并用手掌轻轻按压他的腹部。
- 将毛毯折成10~13厘米宽的长条形，用它紧紧裹住宝宝的腹部，但不要裹得太紧，以免切断他的血液循环（如果宝宝皮肤变蓝，那就是裹得太紧了）。
- 为了帮助你的宝宝排出气体，可以抱起宝宝，让他背对着你，轻拍他的屁股。这样做会给他一个焦点，让他知道该把气体往哪里推。
- 用按摩的手法，顺着结肠的方向，在他的肚子上画一个反写的C：从左边按到右边，然后向下，再从右边按到小腹中间。

然后，我解释说：“诀窍是现在就把她放到床上，不要等到她变得过于烦躁了再放。”克洛伊和塞斯把我带到他们在楼上的卧室里。这是一间光线充足的房间，里面放着一张超大号的床，墙上装饰了很多张图片。

一个问题立刻就显现出来，而且很容易解决：这间卧室光线太亮，而且有太多刺激性的、让人分心的东西，所以伊莎贝拉没办法让自己休息。“你们有摇篮或者婴儿车吗？”我问道，“让我们试着把她放到那里睡觉吧。”

我教给克洛伊和塞斯如何用毯子当作襁褓包裹伊莎贝拉（见第166页）。我将她的一只胳膊留在了外面，并解释说，宝宝五个月大时已经能够控制自己的胳膊，并且能够找到自己的手指头了。然后，我走出卧室，进入一条昏暗的走廊里。我将用襁褓包裹好的宝宝紧紧地抱在怀里，有节奏地轻轻地拍着。我用柔和的声音安慰她：“没关系，小家伙，你只是太累了。”过了几分钟，她就平静了下来。

接下来，当我弯下身子，将小伊莎贝拉放到她的小摇篮里，并且持续轻拍她时，她的父母由刚才的惊奇变成了怀疑。她安静了几分钟，然后开始啼哭。所以，我再次将她抱起来，安慰她，当她安静下来后又把她放下来。就这样又反复了2次，然后，让她的父母震惊的是，她睡着了。

“我并不指望她睡太长时间，”我告诉克洛伊和塞斯，“因为她已经习惯了小睡。你们现在的工作就是帮助她延长小睡的时间。”我向他们解释，宝宝和成年人一样，会经历45分钟左右的睡眠周期（见第171页）。但是，像伊莎贝拉这样的孩子，他们的父母一听到点儿风吹草动，就会冲过来，所以，他们并没有学会让自己重新入睡的技能。父母必须教给她。如果她仅仅睡了10~15分钟就醒过来，不要假设小睡已经结束，他们必须温柔地哄她再次入睡，就像我做过的那样。最终，她将学会如何独自入睡，而且她的小睡时间将变长。

“但是，她的腹绞痛怎么办？”塞斯问，明显很关心。

“我怀疑你的宝宝并不是真的患有腹绞痛，”我解释道，“但是，即使真的患有腹绞痛，你也可以做一些事情来让她好过一些。”

我试图帮助这对父母意识到，如果伊莎贝拉确实患有腹绞痛，他们家缺乏规律的生活方式只会加重她身体上的任何问题。但是，我相信，她的不舒服是由无规则养育造成的。伊莎贝拉只要一哭就被喂奶所造成的后果是，她学会了将妈妈的乳头当作安抚奶嘴。而且，由于她被喂得如此频繁，她只能“浅尝辄止”，从而导致她喝到的大部分是克洛伊乳汁中富含乳糖的止渴乳部分，而这会导致胀气。“她甚至整晚都在吃‘零食’，”我指出，“这意味着她小小的消化系统永远得不到休息。”

除此以外，我解释道，不管是白天还是夜里，他们的宝宝都没有得到很好的休息，以便恢复体力，所以她一直非常疲惫。那么，一个过度疲惫的宝宝怎么做才能将这个世界拒之门外呢？啼哭。而当她啼哭时，她会吞下空气，这要么会导致胀气，要么会让已经存在肚子里的气体变得更多。最终，作为对这一切的回应，这对好心的父母会给她更多刺激——开车兜风、荡秋千、播放音乐（而且竟然是《大门》专辑）。他们没有帮助伊莎贝拉学习如何让自己平静下来，反而在无意间剥夺了她自我安慰的技能。

我给他们的建议是：让伊莎贝拉采用E.A.S.Y.程序。要前后一致。可以继续使用襁褓。（到伊莎贝拉6个月左右，就可以将她的两只胳膊都松开，因为到那时，她就不太可能抓伤自己或者用她乱舞的双手打到自己的脸了。）在18：00、20：00、22：00给她密集哺乳，这样她就有足够的热量度过一整夜。如果她再次醒来，不要喂她——而是给她一个奶嘴来过渡一下。当她哭了，要安慰她，但也要让她安心。

我建议循序渐进地做出这些改变，先解决白天的睡眠问题，这样伊莎贝拉就不会过于疲惫，也不会烦躁。有时候，只是解决小睡问题，对夜间睡眠也有好处。无论如何，我都提醒他们，在他们做这些改变的过程中，可能不得不面临宝宝哭好几周的情况。然而，考虑到他们的处境，这样做又有什么损失呢？他们已经痛苦地看着孩子不舒服好几个月了。至少现在他们能看到一丝希望。

如果我错了呢？如果伊莎贝拉确实患有腹绞痛呢？事实上，这并不重要。尽管儿科医生有时候会开一点儿温和的抗酸剂来缓解胀气的疼痛，事实上没什么能治愈腹绞痛。但是，我确实知道，恰当的饮食管理加上让宝宝合理睡眠，通常能缓解他的不适。

而且，过度喂食和缺乏睡眠会造成类似腹绞痛的症状。它是否

“真的”是腹绞痛重要吗？你的宝宝一样不舒服。想想这对成年人来说意味着什么。如果你熬了一夜，会有什么感受？烦躁，我敢肯定。一个乳糖不耐的成年人喝了牛奶会怎么样？宝宝是人，而且跟我们有着一样的肠道症状。困在肚子里的气体对成年人来说是个噩梦，对宝宝来说会更糟糕，他不能控制自己，不能按摩肚子，也不能用语言告诉我们出了什么事情。有了E.A.S.Y.程序，妈妈和爸爸至少能够推断出宝宝需要的是什么。

在塞斯和克洛伊的案例里，我向他们解释，合理地喂养宝宝，而不是让她整天吃“零食”，能帮助他们分析伊莎贝拉的需要。当她啼哭时，他们就能更有逻辑地思考：“哦，她不可能饿了。我们半小时前刚喂过她。她可能在胀气。”而且，当他们开始能真正理解伊莎贝拉的面部表情和身体语言，就能够辨别出沮丧的啼哭（“嗯……我看到她表情痛苦，并且将双腿抬了起来。”）和疲惫的啼哭（“她打了两次哈欠了。”）之间的区别。我向他们保证，采用一个有条理的常规程序，伊莎贝拉的睡眠模式将会改善，而且她将不再是一个总是烦躁的宝宝了。毕竟，她不仅能得到适当的休息，而且她的父母也将能够在她的啼哭升级到失去控制之前，弄明白她的需要。

“我们的宝宝不想放弃乳房”

我经常听到父亲这样抱怨，尤其是如果他们一开始就对哺乳不感兴趣，或者他们的妻子在宝宝出生一年后继续哺乳。如果妈妈没有意识到自己才是导致宝宝固执地抱着乳房不放的原因，可能会让家里的状况更糟糕。我觉得，妈妈延长哺乳时间，几乎都是为了自己，而不是为了宝宝。女人通常都很爱这个角色、这种亲密关系以及只有她才能让宝宝平静下来的隐秘认知。除了发现哺乳让她感到平静或者自我满足，她可能只是享受孩子对她的依赖。

例如，阿德丽安娜依然在给她两岁半的儿子纳撒尼尔哺乳。她的丈夫理查德简直要疯了。“我该怎么办，特蕾西？每当纳撒尼尔不高兴，她就让他吃奶。她甚至都不和我谈论这件事，因为她说国际母乳协会告诉她，这是‘自然的’，而且用乳房安慰一个孩子是一件好事。”

然后，我问阿德丽安娜有什么感受。“我想安慰纳撒尼尔，特蕾西。他需要我。”她解释道。然而，因为她知道她的丈夫已经变得越来越无法忍受，她承认自己已经开始躲着他了。“我告诉他，我已经给纳撒尼尔断奶了。但是，最近，我们参加一个朋友的周日烧烤会，纳撒尼尔开始边拉扯我的胸部，边说：‘tata，tata’（他对乳房的‘婴语’）。理查德瞪了我一眼，他知道我欺骗了他。他非常愤怒。”

现在，我的工作不是改变一个女人对哺乳的看法。正如我在本书前面说过的，这是一件非常私人的事情。但是，我确实建议阿德丽安娜至少要对她的丈夫说实话。我强调，我最关心的是她的整个家庭。“虽然不应该由我来说你是否应该给他断奶，但是，看看这件事对每个人都造成了什么影响，”我说，“你要考虑的是宝宝和丈夫，但是，现在看来是宝宝主宰了一切。”然后，我补充说：“如果你背着理查德向纳撒尼尔强化他能吃母乳，你也是在教给你的儿子欺骗。”

谈到无规则养育，我建议阿德丽安娜看看到底发生了什么，思考一下她哺乳的动机，并且展望一下未来。她真的要冒对理查德撒谎并给纳撒尼尔树立一个坏榜样的风险吗？她当然不想。她只是没有想清楚。“我不确定纳撒尼尔是否还需要哺乳，”我诚实地跟她说，“我认为是你需要。而且这是你应该看到的。”

值得称赞的是，阿德丽安娜做了一番重要的自我反省。她意识到，她在用纳撒尼尔当作不回去工作的借口。她曾经告诉过每一个人她是多么“迫切”地希望重新回办公室工作，但是，她私下里却怀着一个截然不同的幻想。她希望多休息几年，陪伴纳撒尼尔，或者再要一个宝宝。她最终和理查德谈了这件事。“他非常支持我，”她后来告诉我，“他说，我们不需要我赚钱养家，而且此外，他为我成为这样的母亲感到骄傲。但是，他希望自己也能平等地参与养育。”这一次，阿德丽安娜告诉理查德她要给纳撒尼尔断奶时，她是认真的。

她先停止在白天给他哺乳。有一天，她只是简单地对他说：“不能再吃‘tata’了，只有睡觉的时候才能吃。”每当纳撒尼尔试图掀

疑难问题解决指南

尽管下面并没有详细列出你可能遇到的所有问题，但是，这些是父母们经常要求我解释和纠正的长期困扰他们的难题。如果你的宝宝遇到不止一个，要记住，你一次只能解决一个。你可以问两个问题来引导自己：“我想要改变什么?”“我想要什么来取代它?”当同时涉及喂养和睡眠问题时，这两者通常是相互关联的，但是，你不可能只解决一个问题，例如，如果你的宝宝害怕一个人待在婴儿床上。当你试图弄明白首先做什么时，要运用你的常识——解决方案通常比你想象的更显而易见。

后果	可能的前因	你需要做什么
“我的宝宝喜欢一直被人抱着。”	你（或者保姆）从一开始就可能喜欢抱着他……现在，她已经习惯被人抱着，而你已经准备好继续你的生活。	当你的宝宝需要安慰时，抱起他并让他平静下来，但是，他一停止啼哭就放下他。告诉他：“我就在这里，我哪里也不去。”不要让你抱着他的时间超过你的宝宝需要安慰的时间。
“我的宝宝吃奶几乎要吃1小时。”	他可能把你当作人形安抚奶嘴了。你给他哺乳时是在打电话还是没有注意到他是怎么吃的?	一开始，宝宝的吮吸往往迅速而有力，而且你将听到他咽下止渴乳的声音。随着他最终喝到丰富的后乳，他吮吸的时间更长、更有力。但是，当他是在寻求安慰时，你将看到他的下巴在动，但你感受不到拉扯。认真观察，这样你就知道你的宝宝是如何吃奶的。给宝宝哺乳不要超过45分钟。

（续表）

疑难问题解决指南		
“我的宝宝每隔1小时或者一个半小时就会饿。”	你可能误解了他的信号，将每一次哭泣都解读为饿了。	不要给他哺乳或者奶瓶，给他换个环境——他可能厌倦了，或者给他一个安抚奶嘴来满足他的吮吸需求。
“我的宝宝需要含着奶瓶（或乳头）才能入睡。”	你在他睡前给他乳头或者奶瓶，可能已经让他习惯了。	给你的宝宝采用E.A.S.Y.程序，这样他就不会将乳房或者奶瓶与睡觉联系起来。你还可以看看第169~171页的秘诀，学习如何让宝宝独自入睡。
“我的宝宝5个月大了，还不能睡一整夜。”	你的宝宝可能日夜颠倒了。回想你怀孕的时候：如果他晚上经常踢你，而在白天睡觉，那么他就是带着这个生物钟出生的。或者你在他出生的头几周让他白天小睡很长时间，现在他已经习惯了。	重要的是白天每3小时唤醒他一次。（见第169页）。第一天他会昏昏欲睡，第二天会更清醒，到第三天你就能改变他的生物钟了。

（续表）

疑难问题解决指南		
“如果不摇晃我的宝宝，他就睡不着。”	你可能错过了他发出的睡眠信号（见第163页），而且他正变得过度疲惫。由于你或许一直通过摇晃他来让他平静下来，他没有学会自己入睡。	留意他打的第一个或者第二个哈欠。如果你错过了，看看第162页的内容。如果你摇晃他睡觉已经有一段时间，他会将摇晃与睡觉联系起来。当你逐渐停止摇晃时，你就不得不代之以其他的行为：抱着他一动不动地站着，或者抱着他坐在一张椅子上但不摇晃。要用你的声音或者轻拍来代替运动。
“我的宝宝整天哭。”	如果是字面意义上的一整天，可能是过度喂养、疲惫和/或受到过度刺激等问题。	宝宝很少会哭那么长时间，所以，你最好咨询你的儿科医生。如果是腹绞痛，那肯定不是你的原因，你们将不得不挺过去。但是，如果不是腹绞痛，你可能需要改变你的方法。第245~252页上的故事，听上去可能很熟悉。无论是哪种情况，让宝宝采用E.A.S.Y.程序并且促进合理的睡眠（见第155~161页）通常都有帮助。
“我的宝宝醒来总是很烦躁。”	撇开脾性不谈，一些宝宝醒来之所以烦躁，是因为没有睡够。如果你在宝宝只是转换睡眠周期的时候把他弄醒（见第171页），他可能就没有睡够。	不要他一发出声响就冲进他的房间。要等一会儿，让他自己重新入睡。延长白天小睡的时间。不管你信不信，这将让他在夜里睡得更好，因为他不会过度疲惫。

起她的上衣——在断奶的头几天他每天都掀好几次，她会重复说："没有奶了。"然后给他一个鸭嘴杯。一周以后，她停止给他在夜里哺乳。纳撒尼尔试图说服他的妈妈，说："再吃5分钟。"但是，她不停地跟他说："没有tata了。"纳撒尼尔又唠叨了2周才放弃，但是，当他这样做了，也就这样了。一个月后，阿德丽安娜告诉我："我真的非常惊讶。就好像他不记得曾经吃过奶一样。我简直不敢相信。"更重要的是，阿德丽安娜重新开始享受家庭生活："我觉得理查德和我在二次度蜜月一样。"

阿德丽安娜学到了关于自省和平衡的宝贵教训。为人父母，需要两者兼具。我见到的很多所谓的问题之所以出现，是因为妈妈和爸爸没有意识到他们把自身的多少东西投射到了宝宝身上。永远重要的是要问自己："我这样做是为了宝宝还是为了我？"我见过很多父母在他们的宝宝不需要被抱着时还抱着他，在他们的宝宝不再需要母乳后很长时间还给他哺乳。在阿德丽安娜的案例中，她利用她的蹒跚学步的孩子来让自己逃避，她没有意识到，她同样也在逃避她的丈夫。一旦她能真正看到发生了什么，诚实地面对自己和爱人，并且看到事实上她有能力把一个坏情形变成一个好情形，她就自然而然地成为了一个更好的妈妈、更好的妻子，以及一个更坚强的人。

后记

最后的一些想法

在走每一步之前
都要深思熟虑。
记住，这就是生活
一场平衡的表演。
永远保持机警的大脑
不要搞错你的步伐。
你会成功吗?
是的！你会成功的！
（98.75%保证）

——苏斯博士《噢，你将去的地方！》

我想以一个重要的提醒来结束本书：享受养育的乐趣。如果你不能快乐地为人父母，那么，世界上所有的婴语建议都毫无用处。是的，我知道会很难，尤其是在头几个月，尤其是你筋疲力尽的时候。但是，你必须永远记住，为人父母是一份多么特殊的礼物。

还要记住，养育一个孩子是一生的承诺——对待它，必须比对待你完成过的任何任务都认真。你的责任是帮助引导和塑造另一个人，没有比这更伟大、更崇高的使命了。

当事情变得特别艰难时（而且我保证会出现，即使是一个天使型宝宝，也有这样的时候），要尽量不要失去洞察力。你的宝宝的婴儿期非常奇妙，既让人害怕，又弥足珍贵，而且所有的一切都转瞬即逝。如果有那么一刻你怀疑将来是否有一天会满怀渴望地怀念这段甜蜜而又简单的时光，那就去和那些大孩子的父母谈谈吧，他们会作证：照顾你的宝宝只是你的人生雷达上的一个小小的光点——清晰、明亮，但可悲的是它会一去不复返。

我希望你能享受每一刻，甚至是那些艰难的时刻。我的目标不仅仅是给你提供信息或者技能，还要给你提供更重要的东西：对你自己以及你的解决问题能力的信心。

是的，亲爱的读者，你能够赋予自己力量。无论是妈妈还是爸爸，奶奶还是爷爷——无论拿着这本书的是谁，这些秘密不再属于我一个人了。好好地利用它们，享受与你的宝宝平静、连接和沟通的美妙时光吧。

[美]特蕾西·霍格
梅林达·布劳　著
北京联合出版公司
定价：42.00元

《实用程序育儿法》

宝宝耳语专家教你解决宝宝喂养、睡眠、情感、教育难题

《妈妈宝宝》、《年轻妈妈之友》、《父母必读》、“北京汇智源教育”联合推荐

本书倡导从宝宝的角度考虑问题，要观察、尊重宝宝，和宝宝沟通——即使宝宝还不会说话。在本书中，作者集自己近30年的经验，详细解释了0～3岁宝宝的喂养、睡眠、情感、教育等各方面问题的有效解决方法。

特蕾西·霍格（Tracy Hogg）世界闻名的实战型育儿专家，被称为“宝宝耳语专家”——她能“听懂”婴儿说话，理解婴儿的感受，看懂婴儿的真正需要。她致力于从婴幼儿的角度考虑问题，在帮助不计其数的新父母和婴幼儿解决问题的过程中，发展了一套独特而有效的育儿和护理方法。

梅林达·布劳，美国《孩子》杂志“新家庭（New Family）专栏”的专栏作家，记者。

[美]伯顿·L.怀特　著
宋苗　译
北京联合出版公司
定价：39.00元

《从出生到3岁》

婴幼儿能力发展与早期教育权威指南

畅销全球数百万册，被翻译成11种语言

没有任何问题比人的素质问题更加重要,而一个孩子出生后头3年的经历对于其基本人格的形成有着无可替代的影响……本书是唯一一本完全基于对家庭环境中的婴幼儿及其父母的直接研究而写成的，也是惟一一本经过大量实践检验的经典。本书将0~3岁分为7个阶段，对婴幼儿在每一个阶段的发展特点和父母应该怎样做以及不应该做什么进行了详细的介绍。

本书第一版问世于1975年，一经出版，就立即成为了一部经典之作。伯顿·L.怀特基于自己37年的观察和研究，在这本详细的指导手册中描述了0~3岁婴幼儿在每个月的心理、生理、社会能力和情感发展，为数千万名家长提供了支持和指导。现在，这本经过了全面修订和更新的著作包含了关于养育的最准确的信息与建议。

伯顿·L.怀特，哈佛大学“哈佛学前项目”总负责人，“父母教育中心”（位于美国马萨诸塞州牛顿市）主管，“密苏里‘父母是孩子的老师’项目”的设计人。

[美] 贝姬·坎农 著
美同 译
北京联合出版公司
定价：268 元

《天然有机育儿法》

用天然食物和用品助力 0~3 岁宝宝的身体、情感和智力发育

荣获美国“妈妈的选择奖”金奖

这是国内首部系统介绍天然有机育儿理念的经典之作，荣获美国“妈妈的选择奖”金奖，教你用天然食物和用品助力0~3岁宝宝的身体、情感和智力发育。

全书共3篇。第一篇“全人宝宝”介绍了有关宝宝成长的各方面信息，帮助你引导宝宝满足自己的需要，让宝宝在身体、情感和思维上得到发展，同时充分发挥潜力。该篇共3章，每一章都包含日常措施、发育理论和基本技能三部分，帮助你促进宝宝的健康。第二篇“天然有机饮食”介绍了0~3岁宝宝的健康饮食，其中包括与引入固体食物、菜单计划、外出用餐和度假庸才的饮食建议。第三篇“天然有机生活”介绍有关婴幼儿产品及其原料的知识。你会找到一份详细的指南，供你在为宝宝选择用品时参考。

[美] 黛博拉·卡莱尔·所罗门 著
邢子凯 译
北京联合出版公司
定价：35.00 元

《RIE 育儿法》

养育一个自信、独立、能干的孩子

美国著名的“婴幼儿育养中心（RIE）”倡导、践行 40 年并在全世界得到广泛传播的育儿法

RIE育儿法是一种照料和陪伴婴幼儿——尤其是0~2岁宝宝——的综合性方法，强调要尊重每个孩子及其成长的过程……教给父母们在给宝宝喂奶、换尿布、洗澡、陪宝宝玩耍、保证宝宝的睡眠、设立限制等日常照料和陪伴的过程中，如何读懂宝宝的需要并对其做出准确的回应……帮助父母们更好地了解自己的宝宝，更轻松、自信地应对日常照料事物的挑战……让孩子成长为一个自信、独立而且能干的人。

RIE育儿法是美国婴幼儿育养中心（RIE）的创始人玛格达·格伯经过几十年的实践提出的，并已在全世界得到广泛传播。

[美] 简·尼尔森
谢丽尔·欧文
罗丝琳·安·达菲　著
花莹莹　译
北京联合出版公司
定价：42.00 元

《0 ~ 3 岁孩子的正面管教》

养育 0 ~ 3 岁孩子的“黄金准则”

家庭教育畅销书《正面管教》作者力作

从出生到3岁，是对孩子的一生具有极其重要影响的3年，是孩子的身体、大脑、情感发育和发展的一个至关重要的阶段，也是会让父母们感到疑惑、劳神费力、充满挑战，甚至艰难的一段时期。

正面管教是一种有效而充满关爱、支持的养育方式，自1981年问世以来，已经成为了养育孩子的“黄金准则”，其理论、理念和方法在全世界各地都被越来越多的父母和老师们接受，受到了越来越多父母和老师们的欢迎。

本书全面、详细地介绍了0 ~ 3岁孩子的身体、大脑、情感发育和发展的特点，以及如何将正面管教的理念和工具应用于0 ~ 3岁孩子的养育中。它将给你提供一种有效而充满关爱、支持的方式，指导你和孩子一起度过这忙碌而令人兴奋的三年。

无论你是一位父母、幼儿园老师，还是一位照料孩子的人，本书都会使你和孩子受益终生。

[美] 默娜·B. 舒尔
特里萨·弗伊·
迪吉若尼莫　著
张雪兰　译
北京联合出版公司
定价：30.00 元

《如何培养孩子的社会能力》

教孩子学会解决冲突和与人相处的技巧

简单小游戏　成就一生大能力
美国全国畅销书（The National Bestseller）
荣获四项美国国家级大奖的经典之作
美国“家长的选择（Parents'Choice Award)”图书奖

社会能力就是孩子解决冲突和与人相处的能力，人是社会动物，没有社会能力的孩子很难取得成功。舒尔博士提出的“我能解决问题”法，以教给孩子解决冲突和与人相处的思考技巧为核心，在长达30多年的时间里，在全美各地以及许多其他国家，让家长和孩子们获益匪浅。与其他的养育办法不同，“我能解决问题”法不是由家长或老师告诉孩子怎么想或者怎么做，而是通过对话、游戏和活动等独特的方式教给孩子自己学会怎样解决问题，如何处理与朋友、老师和家人之间的日常冲突，以及寻找各种解决办法并考虑后果，并且能够理解别人的感受。让孩子学会与人和谐相处，成长为一个社会能力强、充满自信的人。

默娜·B.舒尔博士，儿童发展心理学家，美国亚拉尼大学心理学教授。她为家长和老师们设计的一套“我能解决问题”训练计划，以及她和乔治·斯派维克（George Spivack）一起所做出的开创性研究，荣获了一项美国心理健康协会大奖、三项美国心理学协会大奖。

[美]多萝茜·里奇　著
蒋玉国 陈吟静　译
北京联合出版公司
定价：45.00元

《培养孩子大能力的210个活动》

让孩子具备在学校和人生中取得成就的品质

畅销美国30余万册　被4000多所幼儿园和小学采用

这是一本实用的家庭教育指南，专门为3~12岁的孩子设计，通过210个简单易行、有用有趣的活动，让孩子具备在学校和人生中取得成就的12种大能力：自信、积极性、努力、责任感、首创精神、坚持不懈、关爱、团队协作、常识、解决问题、专注、尊重。

美国前国务卿希拉里·克林顿、美国儿童权益保护协会创始人兼会长阿诺德·菲格、耶鲁大学心理学教授爱德华·齐格勒博士等权威人士人对本书赞誉有加。自出版以来，本书已经在美国卖出30多万册，被4000多所幼儿园和小学采用。

[美]爱丽森·戴维　著
宋苗　译
北京联合出版公司
定价：26.00元

《帮助你的孩子爱上阅读》

0 ~ 16岁亲子阅读指导手册

没有阅读的童年是贫乏的——孩子将错过人生中最大的乐趣之一，以及阅读带来的巨大好处。

阅读不但是学习和教育的基础，而且是孩子未来可能取得成功的一个最重要的标志——比父母的教育背景或社会地位重要得多。这也是父母与自己的孩子建立亲情心理联结的一种神奇方式。

帮助你的孩子爱上阅读，是父母能给予自己孩子的一份最伟大的礼物，一份将伴随孩子一生的爱的礼物。

这是一本简单易懂而且非常实用的亲子阅读指导手册。作者根据不同年龄的孩子的发展特征，将0~16岁划分为0~4岁、5~7岁、8~11岁、12~16岁四个阶段，告诉父母们在各个年龄阶段应该如何培养孩子的阅读习惯，如何让孩子爱上阅读。

以上图书各大书店、书城、网上书店有售。

团购请垂询：010-65868687　13910966237

Email: marketing@tianluebook.com

更多畅销经典图书，请关注天略图书微信公众号“天略童书馆”及天猫商城“天略图书旗舰店”（https://tianluetushu.tmall.com/）